화목난로의 시대

고효율 화목난로, 축열식 벽난로, 러시아 페치카의 모든 것

김성원 지음 · 남궁철 그림

소나무

화목난로의 시대

초판 발행일 2014년 12월 20일
2쇄 발행일 2018년 12월 20일

지은이 | 김성원
그린이 | 남궁철
펴낸이 | 유재현
출판감독 | 장만
편집 | 강주한·박수희
디자인 | 박정미
인쇄·제본 | 영신사
종이 | 한서지업사

펴낸곳 | 소나무
등록 | 1987년 12월 12일 제2013-000063호
주소 | 412-190 경기도 고양시 덕양구 대덕로 86번길 85
전화 | 02-375-5784
팩스 | 02-375-5789
전자우편 | sonamoopub@empas.com
전자집 | blog.naver.com/sonamoopub1
책값 | 20,000원

ⓒ 김성원, 2014

ISBN 978-89-7139-824-1 03540

소나무

이 도서의 국립중앙도서관 출판예정도서목록(CIP)은 서지정보유통지원시스템 홈페이지(http://seoji.nl.go.kr)와 국가자료공동목록시스템(http://www.nl.go.kr/kolisnet)에서 이용하실 수 있습니다.(CIP제어번호: CIP2014034558)

화목난로의 시대

고효율 화목난로, 축열식 벽난로, 러시아 페치카의 모든 것

김성원 지음·남궁철 그림

| 들어가는 말 |

따뜻한 사람들을 기억하며

　제가 사는 집은 기름보일러와 화목을 사용하는 축열식 벽난로와 벽난로 구들로 난방을 해결합니다. 처음에는 기름보일러만 사용했는데 귀농할 때 한 드럼에 15만 원 하던 기름 값이 지금은 28만 원 정도로 올랐지요. 치솟는 기름 값을 감당하기 힘들었습니다. 에너지 위기는 사회적·환경적 이슈에서 제 삶에 닥쳐온 생활 이슈로 바뀌었습니다.

　'기름 값이 더 올라가면 어떡하지?', '에너지 위기가 본격적으로 닥쳐오고 있는데 어떻게 하지? 무얼 준비해야 하지?' 삶에 닥쳐온 불안감에 대한 대안으로 제가 찾은 기술은 인류가 수만 년 동안 사용해온 나무를 연료로 사용하는 화목난방이었습니다. 시골 뒷산에 간벌해 둔 나무가 지천으로 깔려 있기 때문이었지요. 사람이 참 이기적입니다. 제 자신의 문제가 되었을 때 그제야 화목난로와 보일러, 벽난로를 공부하기 시작했습니다. 그러면서 국내에 보급된 화목난로나 화목보일러가 효율이 아주 낮다는 걸 알게 되었습니다. 화목난로나 화목보일러를 개량해서 열효율을 높이고 나무연료 사용량을 줄일 수 있는 방법을 소개하기 시작했지요. 아내의 생일 선물을 핑계로 본채에 축열식 벽난로인 러시아 페치카를 만들었습니다. 그 덕에 기름보일러가 보조난방 수단이 되고 벽난로가 주 난방 수단이 되었습니다.

　제한된 산림자원을 앞으로 효율적으로 사용하려면 로켓스토브와 같은 고효율화덕,

난로와 구들을 겸할 수 있는 로켓매스히터와 같은 축열식 화목난방장치, 거꾸로 타는 화목난로, 고효율 화목보일러, 축열식 벽난로, 개량구들이 필요합니다. 이러한 장치들은 기존 것에 비해 목재연료를 1/6~1/10까지 절감할 수 있습니다. 또한 연기도 적게 나기 때문에 대기오염을 줄여줍니다. 지난 5년 동안 이러한 화목난방 장치를 가능하면 사용자들이 직접 제작할 수 있도록 기술을 가르치고 제작 방법을 알리고자 노력해왔습니다.

2011년 『점화본능을 일깨우는 화덕의 귀환』(소나무)을 출간한 지 벌써 3년이 지났습니다. 그 책에서는 로켓스토브와 로켓매스히터, 개량화덕을 주요 수제로 다루었지요. 하지만 아쉽게도 지면의 제약 때문에 못 다한 내용들이 많았습니다. 그 후 새롭게 수집한 자료와 연구한 내용들, 새로운 제작 실험과 워크숍의 경험을 정리해서 이제야 고효율 화목난로와 축열 벽난로를 본격적으로 다룬 이 책 『화목난로의 시대』를 출간하게 되어 너무나 기쁩니다.

이 책을 내면서 그동안 고효율 화목난로와 화목보일러, 벽난로를 만들며 인연을 맺은 따뜻한 사람들이 떠오릅니다. 그리고 다시 찬찬히 생각해 보니 불에 대한 저의 편집증 때문에 함께 고생한 사람들이 너무나 많습니다.

먼저 철 공예작가 이근세 선생님, 금속 공예작가 이주연 선생님과 도예 작가 정유근 선생님이 떠오릅니다. 세 분을 부추겨 그동안 만들어보고 싶었던 여러 대의 실험적인 화목난로와 벽난로를 만들어볼 수 있었습니다. 이분들의 도움이 없었다면 그 멋지고 예술적인 난로들을 만들 수 없었을 겁니다. 부평공고의 류제경 선생님은 학생들을 가르치느라 피곤했을 몸인데도 기꺼이 달려와 아직 국내에 소개되지 않았던 고효율 난로와 벽난로의 제작을 도와주셨지요. 뛰어난 용접 솜씨와 철에 대한 풍부한 지식을 갖춘 진일주 선배는 종종 휴가를 내면서까지 워크숍의 실습 강사와 지원자가 되어주었습니다. 저의 무리한 요구와 엉뚱한 구상을 구체적으로 실현해준 그가 없었다면 어떻게 지금까지 그 많은 워크숍을 진행할 수 있었을까요.

한편 필자와 유알아트의 김영현 대표가 함께 기획한 고효율 화목난로 공모전 〈나는 난로다〉에 난로를 출품하며 실질적으로 화목난로와 화목보일러 발전을 주도한 흙부대 생활기술네트워크 카페 회원들과 완주 전환기술사회적협동조합원들의 도전 정신, 자신의 지식과 경험을 여러 사람과 더불어 공유하고자 하는 마음이 없었다면 아마도 이 책은 나오지 못했을 것입니다.

3개월 동안 장흥 집에 기숙하며 축열식 벽난로를 함께 공부했던 함승호 님도 너무 고맙습니다. 그와 함께했기에 해볼 수 있었던 일들이 참 많았지요. 또한 담양에서 인연이 되어 벽난로와 구들, 화덕을 함께 만들고 있는 백동선 님은 동년배 친구이자 적정기술 영역의 좋은 동료가 되었습니다. 궂은일을 마다 않고 도와주는 든든한 이웃인 선강래 님과 깔끔하게 벽난로를 시공하는 강수철 님, 조각가 강태회 님, 그리고 순천의 윤평수 님은 항상 마음이 가고 앞으로도 오래도록 함께하고 싶은 사람들입니다. 강화도에서 벽난로 연구회원으로 벽난로 시공에 도전했던 유설현 장로님과 언제나 위로와 격려를 잊지 않았던 이석환 선생님, 벽난로 아마추어들을 위해 흔쾌히 벽난로 시공을 맡긴 일산

화사랑의 김원갑 화백님과 장흥의 조각가 강대철 선생님은 저의 멘토이자 든든한 지원자가 되어주셨습니다.

마지막으로 그동안 제가 겪었던 여러 일로 누구보다 애타고 속상해 하며 위로와 질책, 뒷바라지를 해온 아내에게 그저 고맙고 또 고마울 뿐입니다.

제가 불에 푹 빠져 살고 있는 까닭은 단지 추운 겨울을 견딜 난로를 만들기 위해서만은 아닙니다. 희망조차 겨울바다에 가라앉은 이 시절, 따뜻한 사람들을 만나 보다 따뜻한 세상을 만들고 싶기 때문입니다.

이 추운 세상을 따뜻하게 만들 화목난로와 벽난로를 자신의 손으로 만들고자 하는 이들에게 이 책이 좋은 불쏘시개가 되길 바랍니다.

전남 장흥에서

김성원

목 차

|들어가는말| 따뜻한 사람들을 기억하며 4

1부 화목난로

I 나무와 화목난로에 대해 알아야 할 기본상식 3가지 13

01 다시 나무의 시대 14
02 화목난로 각양각색 25
03 난로 안목 35

II 연소 효율을 높이는 6가지 방법 45

04 결코 사소하지 않은 장작받침 46
05 불꽃을 누르지 않는 기둥형 화실 56
06 화실을 뜨겁게 만드는 내화축열 라이너 64
07 다중연소의 비밀, 단계적 공기 공급 73
08 가스의 흐름을 바꾸면 난로가 바뀐다 85
09 이중 미세조절 기밀 화구문 93

III 열 이용률을 높이는 4가지 방법 103

10 열 손실을 줄이는 열기 우회 구조 104
11 불 꺼진 후에도 따뜻한 축열식 돌난로 111
12 대류식 화목난로 온풍기 119
13 연소 시간을 오래오래 125

2부 벽난로

IV 축열식 벽난로의 올바른 이해　　141

14 이것이 러시아 페치카다　　142
15 러시아 페치카의 기본 구조와 유형들　　156
16 핀란드와 스웨덴의 콘트라 플로우　　166
17 독일과 스웨덴의 타일 벽난로　　182

V 벽난로 이것부터 알아야 한다　　195

18 축열식 벽난로의 시공과 배치　　196
19 내화물의 이해와 조적　　207
20 벽난로에 부착되는 철물들　　217

VI 러시아 페치카 만들기　　237

21 벽난로의 내부구조　　238
22 벽난로의 외장　　255
23 꼭 알아두어야 할 굴뚝(연통) 상식　　268
24 벽난로의 사용과 관리　　286

| 참고 사이트 |　　293

1부
화목난로

Ⅰ. 나무와 화목난로에 대해 알아야 할 기본상식 3가지
Ⅱ. 연소 효율을 높이는 6가지 방법
Ⅲ. 열 이용률을 높이는 4가지 방법

I

나무와 화목난로에 대해 알아야 할 기본상식 3가지

01 다시 나무의 시대

02 화목난로 각양각색

03 난로 안목

01 다시 나무의 시대

"불을 처음 사용한 시기는 142만 년 전으로 거슬러 간다. 그 증거를 보여주는 아프리카의 유적은 최소한 열세 군데가 있다. 그 가운데 시대가 가장 이른 케냐의 체소완자에서는 짐승의 뼈가 올도완 석기, 불에 탄 진흙과 함께 나왔다. 고생물학자들은 50여 개의 불탄 진흙 조각들의 배열로 미루어 화로가 아니었을까 추측한다."

– 피터 왓슨, 《생각의 역사1》(들녘, 2009), 53~54쪽.

나무는 인류가 142만 년 전부터 사용해온 가장 오래된 연료입니다. 이에 반해 석탄은 중국이 기원전 4000년쯤, 유럽에서는 11~12세기부터 사용되었지요. 석탄이 본격적으로 사용된 때는 18세기 중엽 제임스 와트의 증기기관으로 촉발된 산업혁명 이후입니다. 석유의 경우는 1859년 에드윈 드레이크가 펜실베이니아 티투스빌에서 최초의 유정을 개발한 이후부터 본격적으로 사용하기 시작했습니다. 불과 200년 정도의 짧은 화석연료의 시대가 지나면서 석탄, 석유 등 화석연료의 고갈에 직면한 세계는 다시 나무를 주목하고 있습니다.

프랑스가 이미 10년 전에 발표한 목재연료계획(Wood Energy Plan 2000-2006)을 살펴보면 500만 호 이상의 주택에 목재난방장치를 사용토록 한다는 계획을 담고 있는데요. 2011

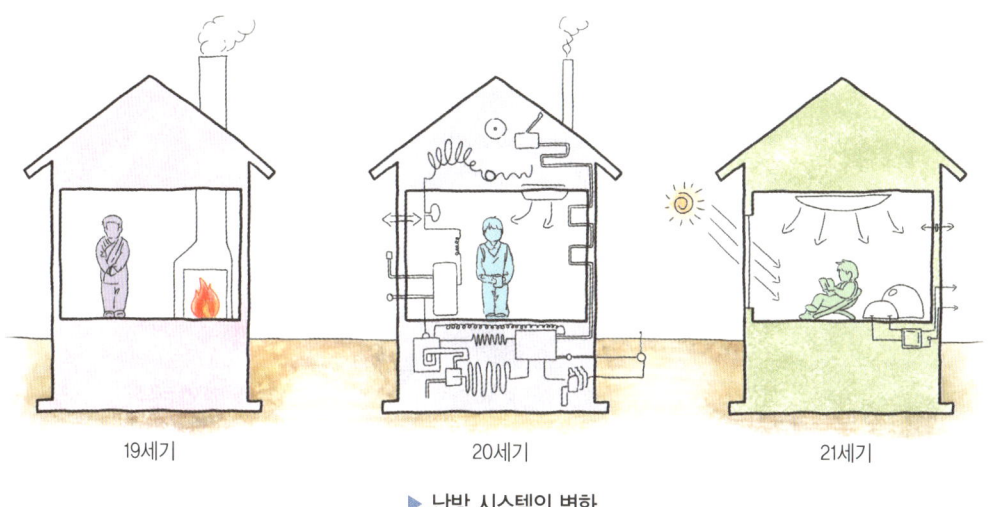

▶ 난방 시스템의 변화

년 발표된 EU 에너지시장 최종보고서(EU 27 Energy Key Figures)에 의하면 2020년까지 신재생 에너지 가운데 전기 분야에서는 풍력과 태양광이, 난방 분야에서는 바이오매스(목재, 톱밥, 펠릿, 잡풀, 짚 등 임농업 부산물)가 주도하게 될 것이라 예측하고 있습니다. 산업혁명 이전이 화목난로의 시대였다면 산업혁명 이후 20세기는 전기, 석유, 석탄, 가스 등 화석연료를 사용하는 복잡한 보일러와 전기난방 시스템의 시대였습니다. 앞으로 21세기 중후반은 태양과 나무의 시대가 될 것이며 고단열 주택에서 고효율 화목난방장치와 태양열을 적극적으로 난방에 이용하게 될 것입니다.

   인류가 그토록 오랫동안 나무를 연료로 사용할 수 있었던 까닭은 무엇일까요. 나무는 순환자원이기 때문입니다. 아무리 화목으로 소비한다 해도 다시 심고 살 가꾸면 나무는 자라나 연료로 사용할 수 있지요. 하지만 이제는 나무가 순환자원이라 해도 안심할 수 없는 상황입니다. 산업혁명 이전까지만 해도 10억 명 이하였던 세계 인구는 2013년 1월 약 71억 명으로 늘었죠. 이 많은 사람들이 나무를 효율적으로 사용하지 않는다면 오래

▶ 목재의 탄소 순환

지 않아 산림은 훼손되고 연료로 사용할 나무는 고갈되고 말 것입니다.

기후 변화를 일으키는 이산화탄소 발생과 관련해서 나무는 탄소 중립적입니다. 대기 중의 탄소를 저장하는 능력을 가지고 있기 때문인데요. 산불이 나거나 나무를 연소시키면 이산화탄소가 방출되어 지구온난화를 일으키게 됩니다. 반면 방출된 탄소는 나무가 자라면서 광합성 작용 과정에서 흡수되고 나무에 고착됩니다. 결과적으로 나무를 연소시키면서 우리는 에너지를 얻지만 대기 중에 탄소는 더 이상 증가하지 않는 것이죠. 이 때문에 나무의 에너지 이용은 '탄소 중립'입니다. 화석연료 대신 목재에너지를 사용하게 되면 온실가스 배출량을 감소시킬 수 있기 때문에 CDM Clean Development Mechanism 사업으로 등록되어 온실가스 감축량을 인정받을 수 있습니다.

순환자원으로서 목재의 이용은 지역의 사용자들로 하여금 이용할 수 있는 산림자원의 한계와 보존의 필요성을 실감할 수 있게 만듭니다. 조선시대나 일본 막부시대에는 지역의 식재, 육림, 벌목 등 산림경영은 지역 관부와 지역 공동체의 주요한 관심사였습니다. 조선시대 때 임야는 개인이 독점적으로 소유하지 못하게 하고 문중 또는 지역 공동체가 관리하도록 했는데 간벌이나 벌채의 시기 등을 엄격히 제한했고, 일본 막부시대에 각 영지는 산림자원을 배타적으로 관리했습니다. 최근 화목난방의 수요가 증가하자 유럽에서는 국가 차원에서 연료로서 산림자원의 지속 경영을 위해 산림관리를 체계화하고 있다고 합니다.

화목난방은 지역경제의 순환 차원에서도 이점을 갖는데요. 석유, 석탄, LPG, 전기와 같은 화석연료는 대부분 외부에서 구입해야 하기 때문에 그만큼 지역 밖으로 돈이 빠져나가게 됩니다. 그러나 풍부한 산림자원이 있는 지역이라면 벌목과 가공에 따르는 비용은 지역 내부에서 순환됩니다. 또 운송과 공급 비용 역시 지역 내부에서 순환되고 장거리 운송이 필요 없기 때문에 최소화됩니다. 만약 화목 사용자가 자신의 뒷산에서 직접 장작을 마련한다면 노동력 외에 추가적인 비용은 전혀 들지 않습니다. 이처럼 화목연료의 사용은 지역의 내재적 경제순환과 에너지 자급 차원에서 커다란 장점을 갖고 있습니다.

화목으로 적당한 나무들

어떤 나무가 화목으로 적당할까요? 다시 말해 어떤 나무가 연소할 때 화력이 좋을까요? 그을음과 연기가 덜 생기고 깨끗하게 탈까요? 오래 타는 나무는 어떤 수종일까요? 이런 질문에도 불구하고 나무 종류에 상관없이 중량 단위당 에너지는 같습니다. 중요한 차이는 수종마다 다른 수분 함량과 밀도인데요. 함수율과 밀도가 높아지면 목재의 무게는 더 나갑니다. 목재에 수분이 많으면 불이 잘 붙지 않고 불완전연소하며 연기와 그을음이 많이 납니다. 한편 밀도가 높은 나무는 화력이 좋고 오래 탑니다. 일반적으로 참나무나 단풍나무가 화목으로 좋다고 말하지만 모든 지역에서 풍부한 수종은 아니지요. 가장 좋은 나무는 쉽게 구할 수 있고 벌목할 때 끈적한 수액이 묻어나지 않는 나무입니다. 송진이 많은 소나무류는 우리나라에서 쉽게 구할 수 있으나 화목으로 적당치 않습니다. 하지만 캐나다와 같은 추운 북부 지역은 밀도가 높은 참나무와 같은 활엽수가 매우 귀합니다. 이 때문에 소나무과 침엽수인 가문비나무나 버드나무과 활엽수인 미루나무(포플러)가 화목으로 주로 사용되고 있습니다. 화목으로 좋은 나무는 결국 밀도가 높은 수종이 아니라, 쉽게 구할 수 있고 적당하게 자르고 쪼개서 잘 말린 나무입니다.

'생나무가 오래 탄다'는 말은 적잖은 오해를 불러일으킵니다. 하지만 생나무는 화목으로 사용하지 말아야 합니다. 정확히 표현하면 수분 함량이 50% 이상인 생나무는 좀처럼 불이 붙지 않고 붙었다 하더라도 나무에 포함된 수분을 증발시키느라 제대로 고온 연소하지 않은 채 더디게 탑니다. 그래서 그을음과 연기가 많이 나고 화력도 좋지 않습니다.

열효율 없이 다만 더디게 탈 뿐이죠. 고온청정 연소로 화력이 좋고 오래 탈 수 있는 장작의 함수율은 8~18%입니다. 이런 나무는 외견상으로는 바짝 마른 상태인데 부피에 비해 상대적으로 가볍고 딱딱하며 맞부딪치면 강하게 울리는 소리가 나야 합니다. 잘 마른 장작을 만들기 위해서는 나무의 수관에서 물이 빠지는 늦가을에 베어 적당한 크기로 자르고 쪼개어 건조한 겨울과 뜨거운 여름을 지나 최소 한 해를 바람이 잘 드는 곳에 보관해 두어야 합니다. 사정이 여의치 않다면 최소한 난로 옆에 사흘 이상 사용할 분량의 화목을 적당한 거리를 두고 쌓아두어 최대한 건조시킨 후 사용해야 합니다. 목재의 발열량은 수분에 따라 차이가 납니다. 완전 건조시 발열량이 평균 4,500kcal/kg입니다. 일반적으로 대기압 하에서 연료로 활용할 때 2,700kcal/kg을 기준으로 산정하는데 벌목 후 며칠 간 적재 후 자연증발에 따라 함수율이 약 28%로 감소되면 3,200kcal 정도의 발열량을, 그보다 더 건조시켜 함수율이 15~20% 이하일 경우 4,000kcal/kg 이상의 열량을 냅니다.

'어떤 나무가 화목으로 좋은가?'란 질문을 계속해보지요. 일반적으로 참나무가 가장 좋다고 알려져 있는데 참나무는 특정 수종이 아니라 떡갈나무, 신갈나무, 굴참나무, 상수리나무 등 도토리가 열리는 나무들과 종가시나무, 가시나무, 붉가시나무 등 참나무과에 속한 나무늘을 아우르는 이름입니다.

다음의 표를 보면 느릅나무가 가장 열량이 높습니다. 하지만 대개 활엽수종의 평균 발열량은 4,350kcal/kg인 데 반해 침엽수종은 평균 4,700kcal/kg입니다. 소나무 송진과 같은 수지는 발열량이 8,500kcal/kg으로 매우 높은데 소니무류와 같이 수시를 지니는 침엽수종은 대부분 발열량이 높습니다. 하지만 송진이 많이 나는 소나무 계열은 불완전 연소될 경우 그을음이 심하고 진액이 난로 내부나 연통에 쉽게 접착되어 과열로 재연소될 때 화재의 원인이 되곤 합니다.

수종과 열량

수종	폭 122cm × 높이 122cm × 길이 244cm 장작더미당 BTU
느릅나무(회색)	32,000
떡갈나무	30,600
너도밤나무	27,800
적느릅나무	27,300
물푸레나무	25,000
홍단풍나무	24,000
북미낙엽송나무	24,000
흰자작나무	23,400
솔송나무	17,900
북미사시나무	17,700
호두나무	17,400
미국포플러나무	17,260
백송나무	17,000
편백나무	16,300
북미가문비나무	16,200

* 부피 기준
* BTU(British Thermal Unit): 영국의 열량 단위로 1파운드 물의 온도를 1°F 올리는 데 필요한 열량

장작의 함수율과 배기가스

일반적으로 장작의 수분 함량이 대략 10%일 때 배기가스가 가장 적게 나옵니다. 함수율이 8% 이하로 떨어지면 도리어 배기가스가 늘어나고 18% 이상일 때도 급격히 배기가스가 늘어납니다. 즉 화목의 함수율은 8~18% 내외가 적당합니다(함수율 14%일 때를 최적이

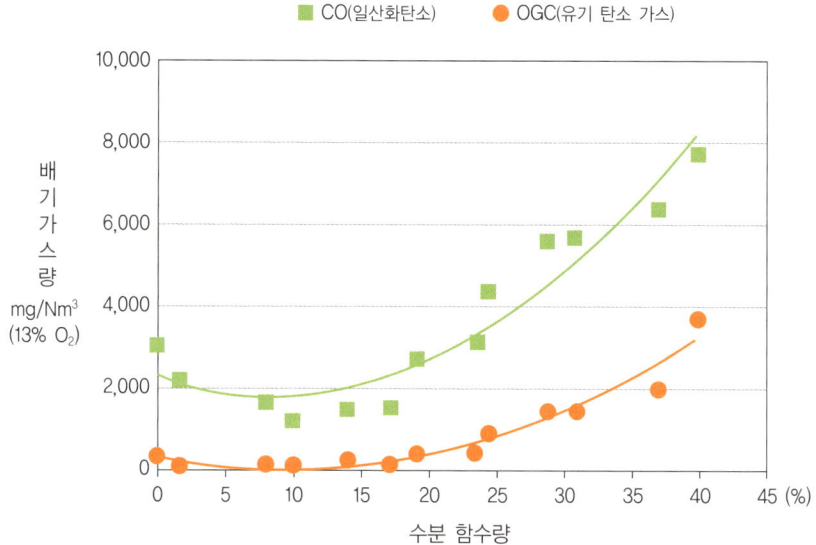

▶ 장작의 함수율과 배기가스

출처 : Project ERA-NET "Future BioTec" Workshop "Technologies for clean biomass combustion" Report 〈Low emission operation manual for chimney stoves〉 by Hans Hartmann, Claudia Schön, Peter Turowski

라고 봅니다).

  화목보일러나 화목난로는 절대 생나무를 사용해서는 안 되고 최소 1년 이상 건조한 나무를 사용해야 합니다. 그럼에도 적지 않은 사람들이 어설픈 지식에 기대어 생나무가 불이 오래간다며 고집을 부리곤 합니다. 생나무 불은 오래가지만 열량이 매우 낮고 화목난방 장치의 내부 구조물을 부식시키거나 막히게 하는 여러 가지 문제를 일으키곤 하지요. 아무리 좋은 화목보일러, 화목난로라도 건조되지 않은 나무를 사용할 경우 다량의 배기가스와 그을음, 목초액, 탄소덩어리인 크레오소트Cresote가 발생하여 여러 문제를 일으킬 수 있습니다.

LPG 가스통 재활용 로켓화목난로

로켓스토브Rocket Stove는 환경단체에서 널리 보급한 연료절감형 고효율 화덕입니다. 로켓화목난로는 로켓스토브의 원리와 공기를 위에서 아래로 공급하여 불꽃을 거꾸로 내려가도록 하여 고온 연소시키는 하방연소의 원리를 결합한 난로입니다. 이 난로는 생태와 환경을 중시하는 단체들에 의해 보급된 까닭에 많은 사람들이 LPG통이나 드럼통 등을 재활용하여 만들어 사용하고 있습니다. 제작이 비교적 간단하지만 장작 소모량이 적고 열효율이 높을 뿐 아니라 고온청정 연소하기 때문에 연기로 인한 대기오염도 상대적으로 적습니다.

고효율 LPG 로켓화목난로

밀폐 장작투입함을 만들어 긴 장작을 넣어도 연기가 역류하지 않도록 만들어져 있습니다. 화실에 2차 공기를 강제 주입하여 2차 연소를 유도할 수 있는 구조가 특징인데요. 별도의

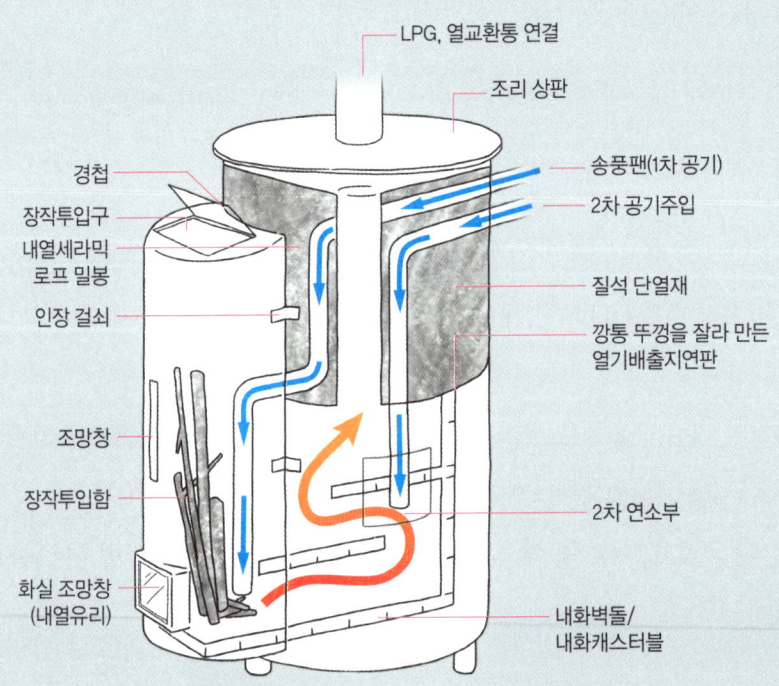

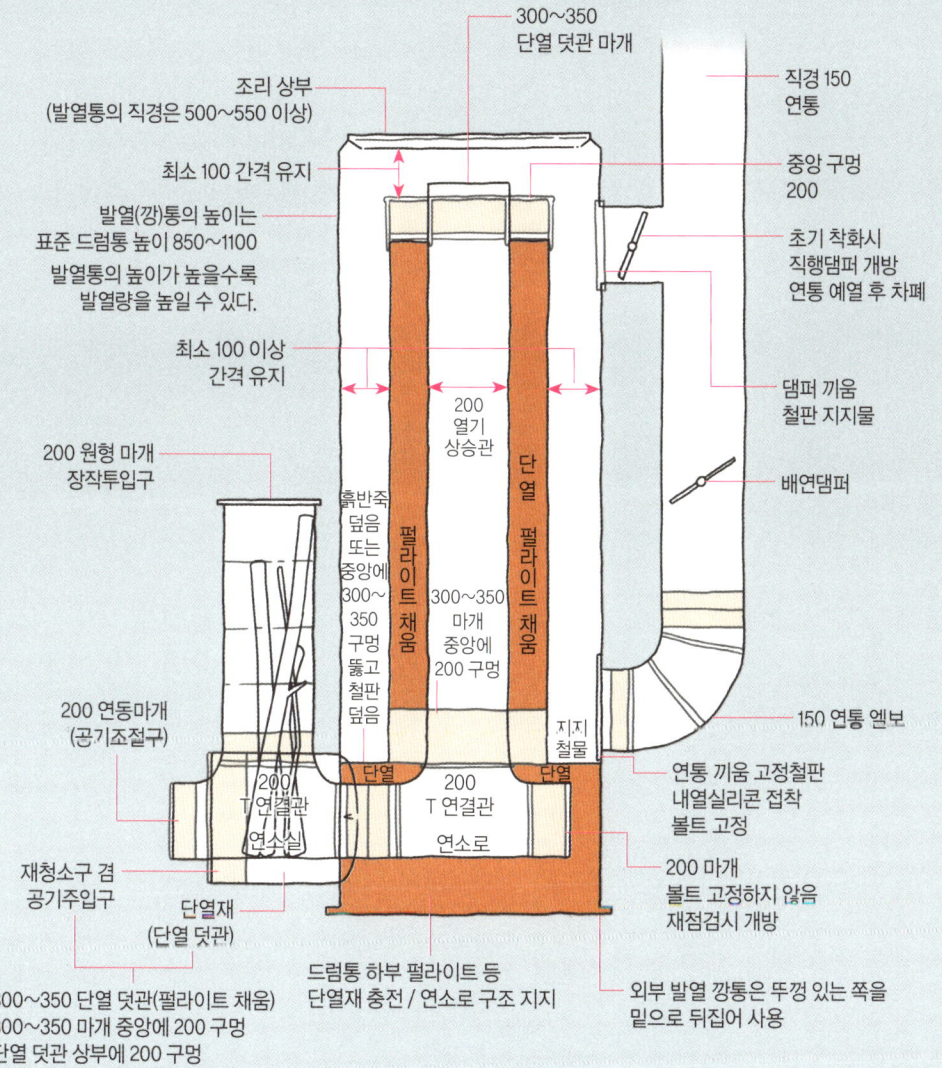

추가적인 열 교환을 위한 방열통이 부착되어 있어 상대적으로 적은 장작으로 난방이 가능합니다.

연통과 소형 드럼통으로 만든 로켓화목난로

중형 드럼통과 스텐 연통, 펄라이트를 이용해서 만들 수 있는 기본적인 로켓화목난로입니다. 일반 스틸 연통을 이용하면 고열에 의해 며칠 만에 쉽게 부식될 수 있으니 반드시 스테인리스 연통이나 강관을 사용해서 제작해야 합니다. 로켓화목난로는 구조상 처음 불을 붙일 때 역류할 수 있습니다. 이 현상을 막기 위해 발열드럼통 상부에 별도의 직행댐퍼를 달았습니다. 처음 불을 붙일 때만 댐퍼를 열었다가 연통에 충분한 상승압이 발생하면 닫아줍니다.

더 자세한 내용은 흙부대생활기술네트워크(http://cafe.naver.com/earthbaghouse/6609)의 내용 참조.

02 화목난로 각양각색

　세상에는 각양각색의 수많은 난로들이 있지요. 우리나라 사람들이 알고 있는 난로는 몇 가지나 될까요. 분류는 배움의 시작입니다. 화목난로에 대해 좀 더 깊게 알고자 한다면 화목난로의 종류부터 알아보는 게 순서입니다. 기준을 어떻게 세우느냐에 따라 화목난로를 다양하게 분류할 수 있습니다.

주택용과 작업장용

　작업장용 화목난로와 주택용 화목난로는 차원이 다릅니다. 주택은 일상적으로 사람이 거주하는 공간으로 작업장에 비해 단열과 기밀이 잘 유지되어야 합니다. 또한 안전이 가장 중요하고 실내 공기를 오염시키지 않아야 합니다. 주택용 화목난로는 연소 중에 연기가 실내로 새지 않는 것이 중요합니다. 연소 중 화구문을 열고 장작을 추가로 투입할 때도 연기가 실내로 역류하지 않도록 자연스럽게 배연되는 화실 구조와 배연 구조를 갖추어야 하는 것이지요. 집 안에서 화목난로를 사용해본 사람이라면 알겠지만 약간의 연기만 새어 나와도 실내 공기는 견딜 수 없게 오염됩니다. 만약 무색무취의 일산화탄소가 새어 나온다면 사람의 목숨까지 위험하니 주택용 화목난로는 철저한 기밀이 필수입니다. 반면 환기가 잘되는 작업장에 놓일 화목난로는 상대적으로 기밀이 완벽하게 유지되지 않는다 해도 크게 문제가 되지 않습니다. 이렇게 주택용이냐 작업장용이냐에 따라 화목난로에 요구되는 정밀도와 수준은 완전히 달라집니다. 종종 이 점을 간과하여 난로를 만들거나 선택하는 이들이 있습니다. 주의를 기울여야 합니다.

목질계 연료에 따른 구분

화목난로의 연료로 장작만 사용할까요? 그건 아닙니다. 목질계 연료에는 장작, 톱밥(Sawdust), 우드칩Wood Chip, 우드 펠릿Wood Pellet이 있습니다. 사용하는 연료에 따라 화목난로의 유형과 구조도 다릅니다. 그에 따라 연료를 투입하는 방식도 달라지고 연소현상에도 차이가 있기 때문에 화실 등 내부구조가 조금씩 달라집니다. 장작, 톱밥, 펠릿을 다양하게 사용할 수 있는 연료혼용(Multi Fuel) 화목난로도 있어 상황에 따라 연료를 선택해서 사용할 수 있습니다. 독일에서는 장작과 펠릿 혼합연소(Multi Fuel Combustion) 화목난로와 화목보일러들이 널리 사용되고 있습니다.

열 이용 방식에 따른 분류

열 전달 방식은 열복사, 대류 가열, 열전도 세 가지입니다. 열복사는 화목난로에서 발생한 열에너지가 마치 레이저빔같이 공간을 가로질러 물체에 부딪혀 다시 열에너지로 바뀌는 현상입니다. 열복사의 단점은 중간에 장애물이 있으면 장애물 뒤편의 물체로 열이 전달되지 않는다는 것입니다. 대류 가열은 화목난로 주변의 공기가 가열된 후 순환되면서 실내를 데우는 방식입니다. 가열된 공기는 주로 위로 상승하고 다시 창이나 문 쪽에서 차가워진 공기는 밑으로 내려옵니다. 대부분의 화목난로는 열복사와 대류 가열에 의해 실내를 따뜻하게 만들어 줍니다. 대류 가열을 좀 더 빠르게 일어나게 하기 위해 화목난로에 대류가열관을 장착하거나 강제 송풍기를 부착한 난로를 보통 대류식 난로라 부르지요. 축열식 난로는 난로 주변에 돌, 벽돌, 도기타일 등 열을 충분히 저장할 수 있는 축열재(밀도가 높아 단단하고 무겁다)를 난로 주변 가까이 두거나 밀착시켜 열을 우선 저장해두었다가 서서히 실내로 열을 방출하도록 고안된 난로입니다. 우리나라에서 사용되는 화목난로들이 대부분 열전도에 치우쳐 있다면, 유럽의 난로들은 열복사와 대류 가열, 축열 세 가지 방식을 균형 있게 이용하고 있습니다.

연소 방식에 따른 구분

화실 내 불꽃과 연기의 진행 방향, 공기의 공급 방식에 따라 상향연소(Up Draft), 바닥연소(Base Draft), 하향연소(Down Draft)로 나눌 수 있습니다. 상향연소 방식은 다시 가장 일반적인 상자형(Box Stove), 시가연소형(Front-to-Back Cigar Burn), TLUD형(Top Lit Up Draft)으로 나눌 수 있습니다. 불꽃이 화실바닥으로 향하는 하향연소 방식에도 여러 가지 유형이 있지만 이 중에 가장 많이 알려진 방식은 로켓스토브Rocket Stove입니다. 장작의 연소가 화실바닥에 제한되면서 연소 시간이 긴 바닥연소는 우리에게 아직 생소한 연소 방식이지요. 화실로 공급되는 공기량을 화실 내부의 온도에 따라 정밀하게 조절할 수 있는 기밀연소형(Airtight) 역시 주변에서 쉽게 발견할 수 없는 화목난로의 유형입니다.

우리 주변에서 쉽게 발견할 수 있는 대부분의 화목난로는 상향연소 방식 중에 상자형(Box Stove)에 속합니다. 속칭 '깡통' 난로인데 대부분 연소 효율이 60% 이하이고 열 손실도 큽니다. 시가연소형은 담뱃불처럼 장작의 앞에서부터 뒤로 다들이가며 연소하는데요. 불꽃이나 연기의 방향은 상향이지만 장작이 타들어가는 방향, 즉 연소 진행방향은

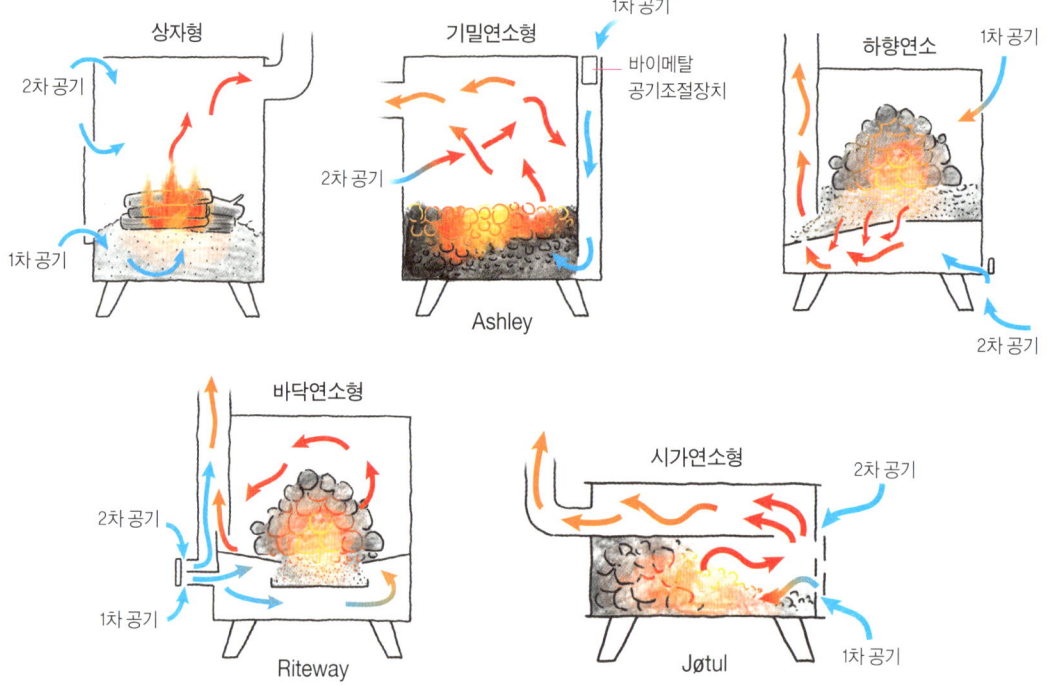

▶ **연소 방식에 따른 화목난로 유형**
Riteway, Jøtul, Ashley는 각 유형별 명품 화목난로 브랜드

앞에서 뒤로 향합니다. 상자형에 비해 연소 효율이 높고 열 이용률도 높습니다. TLUD형은 착화시킬 때 밑불이 아닌 윗불/위쪽에 불을 붙입니다. 장작의 위에서부터 붙은 불은 밑으로 타내려가고(연소의 진행방향은 하향), 불꽃과 연기는 위로 올라갑니다. 즉 상향연소 됩니다. 고온 연소하고 연소 시간이 박스형에 비해 상대적으로 긴 장점이 있습니다.

하향연소는 최근 각광 받고 있는 연소 방식입니다. 말 그대로 불꽃과 연기의 방향이 화실바닥 밑으로 향하지요. 유럽에서 고효율 나무가스화난로와 보일러의 기본 구조로 적용하고 있는 연소 방식입니다. 이 방식은 연소 효율이 80~90% 이상으로 높아 고온청정 연소하여 연소 효율이 다른 방식에 비해 가장 높습니다. 적정기술 화목난로로 가장 많이 알려진 하향연소 방식은 로켓스토브입니다. 로켓스토브 도입 초기에는 불을 화구 쪽으로 내뱉는 역화현상과 착화가 어려운 문제가 있었는데요. 국내 난로제작자들의 노력으로 기밀화구나 이중관을 이용한 장작투입구 냉각, 이중 공기주입관 등을 부착한 개량 로켓스토브들이 등장했습니다.

바닥연소는 말 그대로 화실 내 연소가 화실바닥에서만 유지되는 것입니다. 불꽃과 연기는 바닥 한쪽으로 빠져나갑니다. 고온의 열이 발생하며 연소 효율이 좋고 연소 시간이 길지요. 이 방식의 화목난로 중에는 한 번의 장작 투입으로 24~30시간 연소하는 난로도 개발되어 판매되고 있습니다.

기밀연소(Airtight) 방식은 화실로 공급되는 공기량을 화실 내 온도에 따라 자동으로 정밀하게 조절할 수 있는 화목난로입니다. 기밀 미세공기 조절 방식의 가장 큰 장점은 무엇보다도 연소 시간이 길고 최적의 연소 상태를 유지하기 때문에 청정 연소된다는 점입니다. 초기 모델에서는 소화(불이 꺼질 때)시 화실 내 상승압이 떨어지면서 공기주입구를 통해 실내로 가스가 역류하는 문제가 있었는데, 바이메탈을 이용한 온도변화 반응형 공기조절 방식을 채택하면서 이런 문제도 해결되었습니다.

스칸디나비안 화목난로

기술 발전의 자취를 거슬러 가다 보면 현재의 기술이 과거의 유산이라는 점을 겸손하게 받아들이게 됩니다. 종종 봉착하게 되는 대부분의 기술적 난제도 기술 발전의 역사를 살피다 보면 의외로 그 해결책을 쉽게 찾을 수 있습니다. 오랜 세월을 견디며 현재까지 명맥을 이어가고 있는 명품 화목난로들의 구조는 각기 독창적인 특징을 갖고 있는데요. 우리가 만들고 있는 난로들은 명품 화목난로들의 창조적 성과로부터 결코 자유로울 수 없습니다. 현재의 기술이란 본질적으로 이전 기술의 개선이기 때문이지요. 하물며 고유가 시대에 접어들어서야 서양의 오랜 화목난로의 성취를 뒤좇고 있는 우리는 더욱 겸손해질 수밖에 없습니다.

스칸디나비아에는 노르웨이, 스웨덴, 덴마크, 아이슬란드와 함께 때에 따라 핀란드가 포함되기도 합니다. 목재가 풍부하고 철강과 기계 산업이 발달한 이들 북유럽 국가들은 춥고 긴 겨울을 견뎌야 하는 까닭에 일찍이 효율 좋은 난로를 만들어 왔습니다. 스칸디나비아에는 세계적인 명품 주물난로 브랜드인 요툴Jøtul, 뫼르소mørso 외에도 트롤라Trolla, 우레포스Ulefoss, 도브레Dovre 등 주목할 브랜드들이 즐비합니다.

스칸디나비안 난로는 외관이 사각상자 모양입니다. 언뜻 보기엔 철제 관처럼 보이지요. 하지만 화실의 열기가 곧바로 연통으로 빠져나가는 상향연소식 상자형 난로와는 차원이 다릅니다. 스칸디나비안 화목난로는 열기배출지연판(Baffle)이 있는 시가연소(Cigar Burn) 스타일 화목난로의 원형이라 할 수 있습니다. 이 유형의 난로는 프론트 엔드 연소(Front-to-End Burn)라

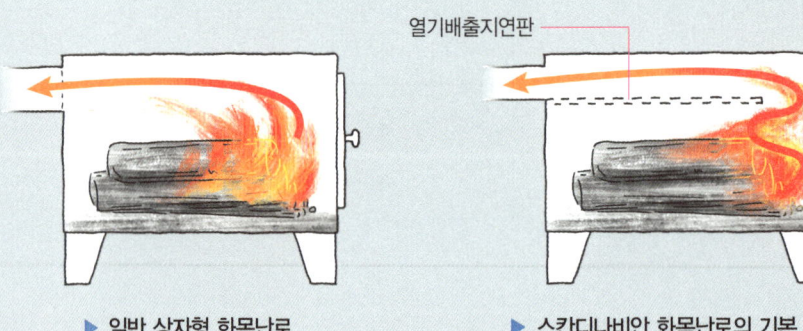

▶ 일반 상자형 화목난로   ▶ 스칸디나비안 화목난로의 기본 구조

▶ 개량된 스칸디나비안 시가연소 방식 화목난로의 세부 구조

고도 하는데, 담뱃불처럼 장작은 화구 앞쪽(Front)에서 화실 뒷쪽(End)으로 타들어가는 반면 불꽃과 연기는 화구가 있는 난로 앞쪽 윗부분의 열기배출지연판 불목을 통과하여 연통으로 빠져나갑니다. 열기배출지연판 구조는 열기가 좀 더 화실 안에 머물게 하여 열 손실을 줄여주는데요. 스칸디나비안 스타일 화목난로의 더욱 두드러지는 특징은 측면 열기배출지연판(Side Baffle)입니다. 측면 열기배출지연판은 현대에 와서 화실의 내화라이닝Lining으로 발전합니다. 화실 안벽의 측면 열기배출지연판은 화실 측벽이 열에 의해 급격히 산화되는 것을 방지하여 내구성을 높여 줍니다. 또한 열기가 곧바로 외부로 방열되지 않고 화실 내부로 열반사가 일어나도록 하여 화실의 고온 연소 환경을 만들어 줍니다. 그 결과 나무 조직이 열분해 되는 1차 연소 단계를 거쳐 숯 상태에서도 지속적으로 2차 열분해가 일어나게 되지요. 스칸디나비안 화목난로의 또 다른 특징은 화목난로의 외부 법랑질 페인팅, 즉 에나멜 코팅입니다. 에나멜 코팅으로 인해 축열이 되기 때문에 화목난로의 급격한 방열이 제어되면서 오랜 시간 은근하게 열을 발산하게 됩니다.

초기 스칸디나비안 화목난로는 점차 화실바닥에 재를 걸러낼 수 있는 장작받침(Grate)과 재서랍, 공기를 장작 하부와 불꽃 상부에 1, 2차로 나누어 공급하여 2차 연소를 유도하는 단계적 공기 공급 구조가 결합되면서 발전을 거듭합니다. 개량된 구조에서는 화실 상부 열기배출지연판 앞쪽 불목에 2차 공기를 분사하여 2차 연소를 일으킵니다. 최근 출시되고

▶ 요툴의 F118 Black Bear

있는 유럽의 고급난로는 열기배출지연판을 철판이나 주철이 아닌 내화토판으로 만들어 2차 연소가 일어날 수 있는 최적의 고온 환경을 만들어 줍니다.

요툴사는 1853년 설립된 이래 161년 역사를 지닌 세계 최고의 주물 제조 기술을 보유하고 있는 노르웨이의 유명 화목난로 제조사입니다. 요툴의 F118 Black Bear 모델은 요툴사의 화목난로 중 가장 많이 팔린 제품이자, 세계적으로 가장 널리 복제된 제품이지요. 이 모델이 이처럼 많은 인기를 끈 이유는 일명 시가연소형 방식과 요툴의 새로운 연소 방식인 횡단류 비촉매 2차 연소(Crossflow™ Non-Catalytic Secondary Combustion) 방식을 결합하여 적은 연료로도 고열량을 낼 수 있기 때문입니다.

스칸디나비아 화목난로의 특징인 시가연소에 대해 좀 더 자세히 살펴볼까요. 시가연소란 담뱃불처럼 화구 쪽 앞에서 화실 뒤 쪽으로 장작이 타들어가며 연소하는 방식을 말합니다. 시가연소 방식의 특징을 정리해 보지요.

1. 화실이 낮고 깊은 화목난로에서 공기가 공급되는 화구 방향의 장작 앞쪽에 공기 접촉이 많다. 열기배출지연판의 불목이 화구 쪽 상부에 있어 공기, 연소가스, 불꽃, 연기의 흐름은 주로 불목이 있는 화실 앞쪽 상부를 향한다. 이러한 구조적 특성은 장작의 뒤쪽으로 급속하게 연소가 진행되는 것을 방해하므로 연소 시간이 길어진다(긴 연소 시간).

2. 화실 안쪽에 놓인 장작이 가열되면서 발생하는 나무가스(연소가스, 연기)는 화실 앞 장작의 화염을 통과한 후 불목을 통과하게 되므로 재연소, 즉 2차 연소된다. 그 결과 고온청정 연소하므로 배기가스의 오염이 줄게 된다(2차 연소, 고온청정 연소).

3. 화실이 깊고 화구 앞쪽에만 공기주입구가 있을 경우 화실 안쪽 깊이까지 연소에 필요한 충분한 공기가 공급되지 못한다. 종종 화실 안쪽에 공기희박현상이 발생하게 되어 화실 안쪽의 장작은 불완전연소하고 심할 경우 완전히 타지 않고 숯으로 남게 된다(화실 안

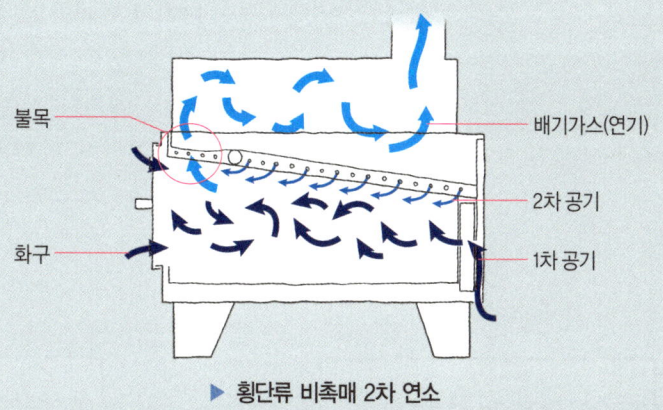

▶ 횡단류 비촉매 2차 연소

쪽의 공기희박현상). 이 문제를 해결하기 위해 화실 안쪽에도 역시 공기가 분사되도록 하여 공기희박현상을 해결할 수 있다. 화실 뒤편에서 공급되는 공기의 흐름과 배기가스의 흐름은 같은 방향, 즉 화실 전면을 향하게 되고 전면부의 공기 흐름과 후면부의 공기 흐름은 교차하게 된다.

4. 시가연소 방식에서 화실을 낮게 설계한 경우 종종 배기가스(연기)가 장작의 불꽃 상부를 눌러 고온 연소를 방해하게 되고 불완전연소의 원인이 된다(낮은 화실의 단점). 이러한 문제를 해결하기 위해 요튤은 열기배출지연판 밑면에 부착한 2차 공기주입관을 통해 뜨거운 공기를 분사하여 연소에 필요한 충분한 공기를 공급하여 2차 연소가 일어나도록 만든다(2차 예열된 공기주입). 이와 같이 화구 선면, 화실 후면, 화실 상부에서 공기를 교차 분사하여 나무가스와 공기가 와류를 일으키게 한다. 이처럼 2차 연소를 유도하는 방식을 '횡단류(Crossflow) 비촉매 2차 연소'라 한다.

트롤라Trolla 사에서 만든 난로는 열기배출지연판의 불목이 화구 방향 앞쪽이 아닌 약간 뒤쪽에 있는데요. 화구 방향으로 경사진 역류방지판을 수평으로 장착하여 연기 역류를 방지하고 그 뒤편에 불목이 있습니다.

스칸디나비안 스타일 화목난로의 높은 연소 효율에도 불구하고 기본 구조로 만들어진 트롤라 40CB 제품에 대한 설명 자료를 보면 연통을 통해 빠져나가는 배기가스 온도가 384℃

나 되는 것으로 봐서 열 손실이 높습니다. 열 이용률이 낮다는 말이지요. 이러한 문제를 해결하기 위해 열기가 좀 더 우회한 후 연통으로 빠져나가도록 열기 우회 통로를 길게 만든 랑게Lange 6302K와 같은 변형 모델들이 등장합니다. 열기 우회 구조를 만들면 열 교환이 일어날 수 있는 전열 면적과 열을 실내로 발산하는 방열 면적이 늘어나 열 이용률이 높아지고 연통으로 빠져나가는 열 손실도 줄어듭니다.

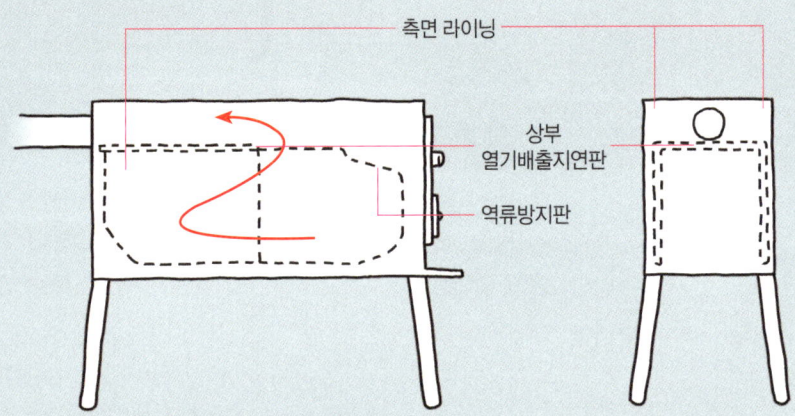

▶ 상부와 측면 열기배출지연판이 장착된 트롤라 사의 화목난로 구조

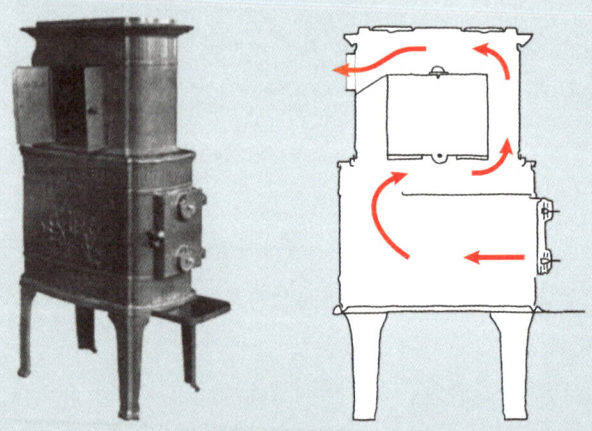

▶ 열 이용률을 높이기 위해 우회 구조를 보강한 랑게 6302K 화목난로의 구조

I. 나무와 화목난로에 대해 알아야 할 기본상식 3가지

03 난로 안목

난로를 만들고 사는 데도 예리한 안목이 필요합니다. '난로 안목'이랄까요. 난로를 분별하고 고르는 식견 없이 겉모양이나 가격만으로 난로를 판단해 덜컥 사들인다면 최악을 면키 어렵습니다. 우리의 '난로 안목'을 높여볼까요.

유럽이나 미국에서 승인된 최신의 화목난로들은 열효율이 높습니다. 장작이 적게 들고, 장작이 다 탄 후 남는 재도 적고, 연기가 거의 없지요. 미국 환경청(EPA)의 화목난로 승인 기준은 시간당 배연량 2~7g을 상한선으로 정하고 있습니다. 화목난로의 연기로 심각해진 대기오염 때문에 1988년 미국 환경청은 화목난로 기준을 새로 정하게 된 것입니다. 그럼 우리나라의 난로 상황은 어떨까요? 먼저 화목난로에 대한 공식적인 기준이 없습니다. 대개 지나치게 많은 연기를 배출할 뿐 아니라 장작 소모량이 많고, 연소 효율은 낮습니다. 열 손실도 크지요. 다행히 최근 고효율 화목난로 제작에 대한 관심이 늘어나면서 나름대로 장점을 가진 화목난로 제작자들이 늘어나고 있습니다.

우리가 좋은 화목난로를 선택하거나 제작하기 위해 갖추어야 할 '난로 안목'은 평가의 기준이 무엇인지 아는 데서부터 시작된다고 봅니다. 아는 만큼 볼 수 있으니까요.

연기가 적은 난로

먼저 미국의 상황을 살펴볼까요. 미국은 환경청이 1988년 화목난로 성능 기준을 발표하면서 미국 화목난로 산업의 혁신이 일어납니다. 화목난로의 시간당 연기 배출량에 대해 환경청은 백금과 같은 연소촉매형 화목난로는 4.1g/h, 비촉매형(일반형) 화목난로는 7.5g/h 이상의 연기를 배출할 수 없도록 규정하고 있습니다. 워싱턴 주에서 판매되는 화목난로 규정은 더욱 엄격해서 촉매형 2.5g/h, 비촉매형 4.5g/h으로 연기 배출을 제한하고 있지요. 시간당 연기 배출량이 적은 화목난로는 청정고온 연소되어 당연히 연소 효율도 높습니다. 배연량, 즉 연기의 중량이 낮으면 연기의 밀도가 낮습니다. 밀도가 낮은 연기 중에는 미세 그을음 등 불연소 입자가 적고, 연기 중 불연소 입자가 적으면 연통으로 배출되는 연기의 색상은 거의 투명합니다. 반대의 경우 연기의 색상은 검회색인데 검회색 연기는 불완전연소의 결과입니다. 맑고 투명한 연기를 배출하는 화목난로는 일반적으로 장작을 고온 연소시킨다고 볼 수 있습니다. 하지만 투명한 연기 속에도 질소산화물 등 유해한 물질은 섞여 있습니다. 이 때문에 유럽의 최고급 난로들이나 목질계 연료를

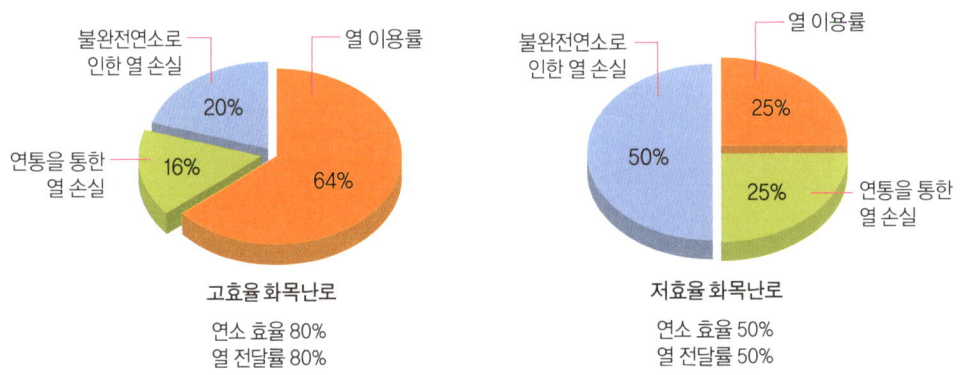

▶ 화목난로 열효율 비교 – 미국 환경청(EPA)

사용하는 보일러들은 연통에 전기필터를 부착하거나 중대형 장치들의 경우 집진 시설을 갖추고 있습니다. 지금 난로를 사용하고 있다면 밖으로 나가 연기의 색깔을 확인해보세요. 당신의 난로는 어떤 난로인가요?

장작이 적게 들어가는 난로

'열효율이 높은 난로가 좋은 난로다.' '적은 양의 장작을 넣고 빨리 목표 난방 온도에 도달할 수 있다면 역시 좋은 난로다.' '한 번 장작을 넣고 불을 붙이면 오랫동안 꺼지지 않고 적절한 난방 온도를 지속적으로 유지할 수 있다면 최상의 난로라 할 수 있다.' 이 말에 동의하시나요.

열효율은 열 기관에서 공급된 열 중에서 어느 정도가 역학적 일(동력)로 변환되었는가를 나타내는 값을 의미하기 때문에 난방 장치에 적용하기엔 다소 애매합니다. 화목난로의 성능을 비교할 때는 연소 효율과 열 이용률로 나누어 따져볼 필요가 있습니다. 연소 효율은 장작이 연소할 때 발열 효율을 말하지요. 같은 양의 장작이라도 재나 숯이 거의 남지 않고 고온 연소된다면 그렇지 않은 경우에 비해 당연히 연소 효율은 높습니다. 이때 발생되는 열에너지도 큽니다. 다시 말해 연소 효율이란 연료 그 자체로 본래 갖고 있는 에너지량에 대해 실제로 연소하여 발생한 열량의 비율을 말합니다. 연소 효율로 완전연소, 불완전연소 또는 연소 수준을 판단하는데요. 현대적인 유럽형 고효율 화목난로의 연소 효율은 평균 90~95% 이상입니다.

연소 효율이 높다고 반드시 열 이용률이 높은 것은 아닙니다. 아무리 장작이 활활 잘 탄다고 해도, 다시 말해 고온청정 연소된다 해도 열 이용률은 낮을 수도 있습니다. 화실의 뜨거운 열이 대부분 연통으로 빠져나가는 구조라면 열 이용률은 낮지요. 화실에서 발생한 열에너지를 최대한 활용할 수 있는 방법은 무엇일까요. 첫 번째 방법은 축열입니다. 온수나 돌과 같은 축열 매체에 열을 저장하는 방법입니다. 두 번째는 전열 면적과 발열 면적을 넓게 만드는 방법입니다. 연소실에서 발생한 열이 연통으로 빠져나가기 전에 열에너지를 흡수할 수 있는 난로 내부의 표면적이 전열 면적입니다. 발열 면적은 충분한 열을 실내로 발산시킬 수 있는 난로의 외부 표면적을 말합니다. 세 번째는 대류 가열 구조입니다. 모든 난로는 공기를 데우는 대류 가열을 일으키지요. 실내의 공기를 적극적으로 데울 수 있는 대류관이나 강제 송풍기가 달린 대류 가열 구조가 있다면 화목난로의 열을 효과적으로 실내 난방에 사용할 수 있습니다. 일반적으로 연통으로 빠져나가는 연기의 온도가 낮을 때 열 이용률이 높다고 말합니다. 열 이용률이 높은 화목난로는 장작이 적게 들어갑니다. 단, 연통으로 배출되는 배기가스의 온도가 지나치게 낮으면 연통 내부에 그을음이나 목초액이 낄 수 있습니다. 그 결과로 배연상태를 나쁘게 만들거나 연통 화재의 원인이 될 수 있습니다. 현대적인 고효율 화목난로의 열 이용률은 85% 이상입니다.

외유내강 화목난로

　매운 고추를 잘 먹는 까닭일까요. 우리나라 사람들은 화끈한 것을 좋아하지요. 화목난로 역시 가까이 다가서지 못할 정도로 후끈하게 달아오르는 난로를 최고로 여기는 듯합니다. 과연 그럴까요. 실내용 화목난로가 지나치게 과열되면 실내 공기는 건조해지고 이럴 경우 쉽게 오염될 수 있습니다. 화목난로의 표면이 70℃ 이상 과열될 경우 실내 공기 중 미세먼지를 태우기 때문입니다. 지나친 고온 대류 가열은 오히려 난방 효과를 떨어뜨릴 수 있습니다.

　'외유내강'은 화목난로에도 통합니다. 어떻게 화실 내부는 초고온인데, 난로 표면은 저온일 수 있을까요. 자칫 모순된 말처럼 들릴 수도 있지요. 해답은 화목난로의 외장과 대류 방식에 있습니다. 화목난로 본체와 간격을 띄우고 한 겹 외장을 덧붙이면 본체와 외장 사이 대류 열 교환현상이 일어나 빠르게 실내 공기를 데울 수 있습니다. 이때 난로 외장 표면은 화상을 입지 않을 정도의 온화한 열을 발산하지요. 작업장용 난로는 표면이 고온이어야 하기 때문에 외장이 없는 경우가 많습니다. 하지만 가정용 화목난로를 구한다면 외장이 없는 난로는 선택 목록에서 제외해야 합니다.

은근하게 오래 타는 난로

화끈하게 타오르지만 오래지 않아 식어 버리는 난로를 좋은 난로라 할 수 있을까요? 같은 양의 장작을 넣고도 목표 난방 온도를 유지할 정도로 은근한 열을 발산하면서 밤새 꺼지지 않는 화목난로가 좋은 난로 아닐까요? 장작불이 꺼진 후에도 난로를 감싼 축열체에 잔열이 남아 은근한 열을 지속해서 발산한다면 좋은 난로가 아닐까요?

화목난로의 연소 시간은 동일한 연료를 투입한 조건에서는 화실로 공급되는 공기량에 의해 좌우됩니다. 공기량을 줄이면 불꽃은 잦아들고 자칫 불완전연소하며 연기가 많이 날 수 있습니다. 이러한 문제를 해결하기 위해 화실 내부를 고온 연소 환경으로 만들어야 하는데요. 내화벽돌이나 축열 내화재로 화실 내부를 안쪽에서 한 겹 감싸는 라이닝Lining은 고온 연소와 긴 연소 시간을 만들기 위한 필수 조건이지요. 또한 화실로 공급하는 공기는 따뜻하게 예열해서 분사해야 합니다. 당신이 지금 막 고르려고 하는 난로에 화실라이닝이 없거나 공기 예열 구조가 없다면 얼른 손을 떼고 돌아서세요.

좋은 화목 난로의 또 다른 조건들

좋은 화목난로는 사용성이 좋아야 합니다. 사용성이란 어떤 물건을 사용하고, 유지 관리하기 편리한 수준을 의미하지요. 화구문이나 재서랍문은 여닫기 편해야 하고, 재를 쉽게 청소할 수 있어야 합니다. 겨울이 지나면 창고로 옮겨 놓기 편해야 합니다. 전착 도장을 한 화목난로는 오랫동안 사용해도 쉽게 녹슬거나 변색되지 않고, 열 변형이 일어나지 않고, 내구성이 우수합니다.

안전성 또한 매우 중요한데요. 화구 손잡이를 잡다가 화상을 입을 수 있다면 과연 좋은 난로일까요? 아이들이 뛰어놀다 화상을 입지 않도록 안전 보호망이나 외부 마감판이 부착되어 있고 실내로 연기가 누출되지 않도록 화구문이나 재점검구, 연통 부착 부위의 기밀성이 유지되는 등 안정성이 보장된 화목 난로여야 좋은 화목난로라 말할 수 있습니다.

한편 유럽에서 난로는 가구로 여겨집니다. 조형적으로도 실내 분위기와 조화롭고 아름다워야 고급 화목난로로 인정받는 것이지요.

안전한 화목난로 사용법

아무리 고효율의 화목난로라 할지라도 사용자가 적절한 안전 수칙을 알지 못한다면 무용지물이지요. 화목난로 사용자가 알아야 할 기본적인 수칙은 다음과 같습니다.

1. 여름을 포함하여 적어도 6개월 이상 야외에서 장작을 건조한 후 사용해야 한다. 잘 건조된 장작은 서로 마주 부딪쳤을 때 맑은 소리가 들린다.

2. 장작의 수분 함량이 18% 이하일 때 고온 연소된다. 생나무(수분 함량 60% 이상)는 절대로 화목으로 사용하지 않는다.

3. MDF 등 합성 가공목재, 접착목재, 도색되거나 코팅된 목재 폐기물, 곰팡이가 슨 장작, 쓰레기, 화학물질은 연료로 사용하지 않는다.

4. 착화시를 제외하고 종이를 연료로 사용하지 않는다. 일반적인 인쇄 종이에는 불에 타지 않는 미세한 돌가루가 섞여 있어 재가 많이 남는다.

5. 화실 내 적절한 공기와 연소가스의 흐름을 유지하기 위해 정기적으로 재서랍이나 재받침, 재점검구, 열기통로, 연통의 재나 그을음을 제거한다.

6. 단열 기밀이 철저한 현대 주택에서 화목난로를 사용할 경우 실외 공기 공급관을 화구 공기주입구에 연결하여 사용하여야 산소 부족에 의한 질식 사고를 피할 수 있다.

7. 연통은 반드시 이중 단열 구조로 시공하고 수시로 연통을 청소하여야 한다. 부적절한 연통 시공과 관리 부실로 인해 연통 화재 또는 배기가스의 실내 유출로 질식사고가 발생 할 수 있다.

8. 화목난로를 실내에서 사용할 경우 가능하면 일산화탄소감지기와 화재경보기를 설치한다. 미국 소비자제품안전위원회에 따르면 매년 평균 150명 이상의 사람들이 가정에서 화목난로 등 연소기구 사용과 관련된 일산화탄소 중독으로 사망하고 있다.

TLUD 화목난로 Deom Turbo

불을 붙일 때 밑불을 놓는 전통적인 착화 방법과 장작 위에 불쏘시개를 쌓아놓고 윗불을 붙이는 Top Lit(일명 TLUD 방식) 착화 방법을 비교한 결과, Top Lit 방식이 월등하게 배기가스가 적을 뿐 아니라 고온 연소된다는 연구 결과가 발표되었습니다. 최근 이러한 연구 결과를 간단하게 구현한 고효율 화목난로, 일명 TLUD 화목난로들이 속속 등장하고 있지요.

TLUD(Top Lit Up Draft) 방식은 장작의 윗부분에 불을 붙여서 장작 위에서부터 아래로 타 내려가게 만듭니다(Top Lit). 이때 불꽃과 연기(연소가스)는 불이 타내려가는 방향과 반대로 위로(Up Draft) 솟아오르지요. 상부 불꽃 밑부분의 장작이 가열되면서 장작에서 발생하는 나무가스(연기)는 장작 상부의 불꽃층을 통과하며 다시 불이 붙기 때문에 청정고온 연소됩니다. 이 방식의 화목난로에서 1차 공기주입관이 난로 상부에서 화실바닥까지 연결되어 있어 공기는 뜨겁게 예열되어 장작 사이로 공급됩니다. 이 때문에 더욱 고온 연소되지요. 이와 같은 TLUD의 원리를 가장 잘 구현한 난로가 프랑스에서 대중적으로 사용되고 있는 Deom Turbo 화목난로입니다.

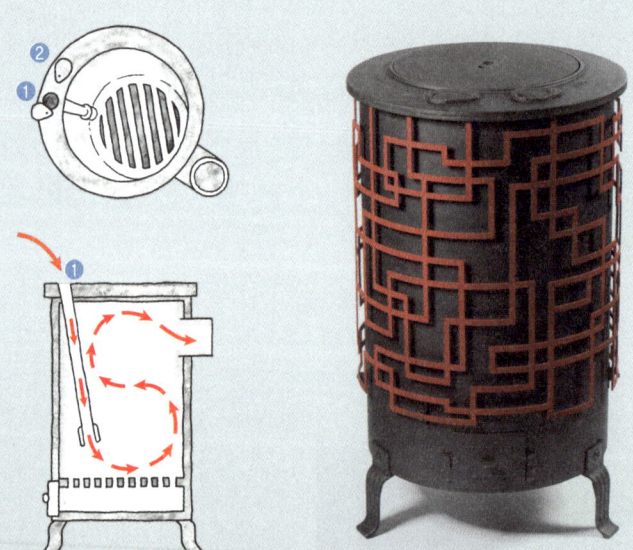

▶ 프랑스의 TLUD 화목난로 Deom Turbo의 구조 - ① 1차 공기주입관, ② 2차 공기주입구

Deom Turbo 화목난로의 구조

1. 연통을 꽂는 연도는 난로의 상부에 있다.
2. 장작은 난로 상부 뚜껑을 열고 넣는다.
3. 공기주입구는 난로 상부에 2개가 있다. 하나는 봉 형태로 장작 사이에 있고 다른 하나는 상부에 구멍 형태로 있다.
4. 하부에 기밀이 유지되는 재청소구가 있다.

TLUD 방식의 난로는 구조가 간단합니다. 기존 난로 상부에 지름 6cm 이상의 구멍을 2개 뚫고 그중 한곳에 화실바닥 장작받침(Grate)까지 스텐 봉을 용접하여 붙이고 각각의 구멍에 조절 마개를 달면 간단하게 고효율의 화목난로를 만들 수 있습니다. 화천귀농학교 교육생들은 기존 연탄화덕을 TLUD 화목난로로 개조하여 사용한 사례도 있는데요. 국내에서는 완주의 전환기술사회적협동조합, 천안의 작은손적정기술협동조합, 곡성의 항꾸네협동조합, 울산의 진솔공방, 아산의 송악공방 등에서 TLUD 화목난로를 제작·판매하고 있습니다.

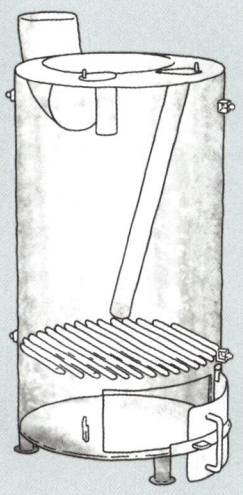

▶ TLUD 화목난로의 세부 구조

TLUD 방식 난로의 사용과 장단점

1. 상단에 불을 붙인다.
2. 장작 하부까지 예열된 공기를 위에서 불어 넣는다.
3. 가열된 나무에서 발생하는 가스가 상단 불꽃층을 통과하며 고온 연소된다.
4. 연소 시간이 상대적으로 길다.
5. 연통 위에 발열통을 추가로 부착하여 열 이용률을 높일 수 있다.
6. 구조가 아주 간단해서 기존 **난로**를 개조하기 쉽다.
7. 연소 중 추가 장작 투입시 가스가 투입구로 역화할 수 있다. 이때는 1~2차 공기주입구를 닫고서 장작 투입구 뚜껑을 천천히 열어야 한다.
8. 처음 불을 붙이기 어렵기 때문에 장작과 톱밥을 함께 넣거나 가연성 높은 불쏘시개를 사용해야 한다.

II

연소 효율을 높이는 6가지 방법

04 결코 사소하지 않은 장작받침

05 불꽃을 누르지 않는 기둥형 화실

06 화실을 뜨겁게 만드는 내화축열 라이너

07 다중연소의 비밀, 단계적 공기 공급

08 가스의 흐름을 바꾸면 난로가 바뀐다

09 이중 미세조절 기밀 화구문

04 결코 사소하지 않은 장작받침

장작받침 살의 간격은 5~10mm

장인은 작은 것을 놓치지 않습니다. 사소한 것이 성능을 좌우한다는 걸 알기 때문이죠. 화목난로의 구조 중 가장 하찮게 여겨지는 것이 장작받침입니다. 하지만 장작받침은

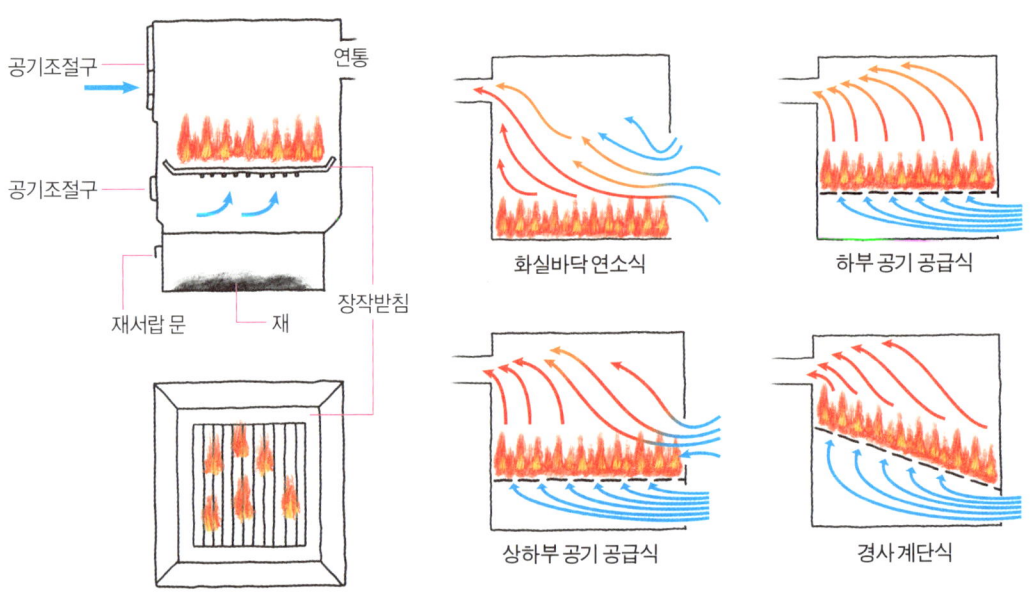

▶ 장작받침과 공기 공급 위치

매우 중요한 역할을 하는데요. 장작을 받쳐주고 재를 걸러낼 뿐 아니라 장작 밑으로 공기가 공급되는 통로이기도 합니다. 장작이 고온청정 연소하려면 화실바닥에 재가 쌓이지 않고 나무장작 사이로 고루 공기가 주입될 수 있어야 하죠. 재는 더 이상 연소하지 않는 불연물질이기 때문에 화실바닥에 재가 쌓이면 나무장작과 공기의 접촉을 방해합니다. 타고 남은 재가 잘 빠질 수 있도록 적절한 간격의 받침살을 가진 장작받침(Grate)이 안쪽으로 경사진 화실바닥에 놓여 있어야 합니다. 재가 잘 내려갈 수 있도록 만든다고 받침살의 간격을 지나치게 넓게 만들면 도리어 덜 탄 숯이 그대로 빠져 내려갈 수 있습니다. 바로 불완전 연소와 과다한 재와 숯이 쌓이는 원인이 됩니다. 장작받침 살의 간격은 5~10mm 정도가 적당한데요. 만약 이미 구입한 화목난로의 장작받침 살이나 틈의 간격이 너무 넓다면 스테인리스 철망을 덧씌워 좁혀주면 확실하게 재를 줄이고 연소 효율을 높일 수 있습니다.

장작받침(Grate)과 공기 공급 방식

장작받침을 기준으로 공기 공급 위치는 화력 조절과 고온 연소에 지대한 영향을 끼칩니다. 전통적으로 3가지 유형의 장작받침이 있는데 각각의 특성을 이해해 둘 필요가 있습니다. 우선 화실 내로 유입된 공기나 장작이 타면서 발생하는 연기는 모두 위로 상승하지요. 화실로 들어온 공기는 특수한 구조가 아닌 이상 화실바닥 밑으로 내려가지 않아요. 화실로 들어온 공기는 뜨거워져 상승하기 때문입니다. 이 점을 주의하면서 장작받침의 구조를 살펴보도록 할까요.

- 화실바닥 연소 방식

'화실바닥 연소 방식'은 재서랍도, 장작받침도 없는 화실 구조입니다. 장작은 그대로 화실바닥에서 연소하고 재도 그대로 화실바닥에 남지요. 이 구조에서는 화구문을 통해 공급되는 공기가 바닥에 쌓인 장작 사이사이로 충분하게 공급되지 못합니다. 대부분의 공기는 장작 위쪽의 불꽃층 위로 연기와 함께 연통으로 빠져나가 버립니다. 이와 같이 대부분의 공기는 가열되면서 장작 위로 스치며 올라가기 때문에 공기 공급량이 많아져도 실제 연소에 이용되는 공기량에는 크게 차이가 없습니다. 따라서 공기량을 조절해도 화력 변화에 큰 영향을 주지 못합니다. 이 점이 이 구조의 핵심이죠. 화력의 조절은 공기량이 아니라 주로 화실바닥에 쌓아 놓은 장작의 양에 의해 결정됩니다. 다시 강조하지만 이 구조에서는 화실로 공급되는 공기량을 이용해서 정밀하게 화력을 조절하기 어렵습니다. 정밀한 기밀화구문을 부착하기 어려운 경우, 화구문 높이보다 화실바닥을 낮게 만들고 일정한 화력을 유지하기 위해 채택하는 방식입니다. 동유럽의 벽난로에서 종종 발견되는 구조이지요. 보통 이 구조에서 화실바닥에 놓인 장작은 앞에서 뒤쪽으로(Front-to-End) 타 들어가며 연소가 진행됩니다. 이 구조에서 화실 내 장작의 완전연소를 위해서는 고온 축열이 가능한 내화벽돌이나 내화캐스터블Castable로 화실바닥을 만들어야 합니다.

– 장작받침 하부 공기 공급식

'장작받침 하부 공기 공급식'의 경우 화구문에는 공기 공급 구멍이 없습니다. 화실바닥에서 일정한 높이 위에 장작받침을 놓고 장작받침 아래는 재가 쌓이는 재서랍이나 재접시를 놓아둡니다. 화실로 공급되는 공기는 재서랍문에 뚫린 공기 공급 구멍을 통해 들어와 장작받침 밑에서 위로 공급되지요. 이렇게 공급되는 차갑고 밀도가 높은 공기와 화실 내 뜨거운 가스의 기압차로 인해 화실 내에서 강한 상승압이 생기는데요. 그 결과 재서랍문의 공기 공급 구멍에는 강한 흡입력이 발생합니다. 하부 공기 공급식 장작받침은 공기가 장작받침 위에 놓인 나무장작 사이사이로 공급되기 때문에 강한 화력을 얻을 수 있습니다. 이 구조는 공급되는 공기량을 조절하여 화력을 미세하게 조절할 수 있습니다.

– 상하부 공기 공급식 장작받침

'장작받침 상하부 공기 공급식'의 기본 구조는 '하부 공기 공급식'과 유사한데요. 다만 화구문에도 공기 공급 구멍이 있어서 연소에 필요한 공기는 장작받침 밑과 위에서 동시에 공급됩니다. 장작 위로 주입되는 공기량보다 장작받침 밑에서 위로 공급되는 공기량이 상대적으로 많습니다. 불꽃 상부에 공기가 주입되면 완전연소를 유도하기 때문에 연소 효율을 높일 수 있지요. 이 경우에도 장작받침 아래서 공급되는 공기량으로 미세하게 화력을 조절할 수 있습니다.

– 공기희박현상과 2개의 장작받침

화실이 깊은 경우 화실 안 가장 깊은 쪽 아랫부분에는 연소에 필요한 공기가 부족해지는데요. 곧 화실 구석에는 공기희박현상이 발생하게 됩니다. 공기는 화실 내에서 가열되면서 위로 곧바로 올라가기 때문이죠. 이 경우 화실 내 안쪽 구석에 있는 장작은 종종 완전히 타지 않고 숯 상태로 남습니다. 이러한 문제를 해결하기 위해 화실의 앞과 뒤에 2개의 장작받침을 놓습니다. 즉 2개의 장작받침을 통해 밑에서 올라온 공기가 화실 앞과 뒤에 골고루 공급되는 것이죠. 2개의 장작받침을 두기 어려운 경우 화실 안쪽까지 공기를 공급하는 별도의 공기공급관을 연결할 수 있습니다.

– 경사진 계단식 장작받침

화구문이 있는 앞쪽, 즉 공기구멍이 있는 쪽 방향으로 경사진 계단식 장작받침은 수평 장작받침에 비해 고온 연소를 유도합니다. 경사진 장작받침 위쪽에서부터 불을 붙이

▶ 고효율 보일러의 모듈화된 계단식 장작받침
고온의 열에 견딜 수 있도록 합금으로 만들어져 있다.

면 더욱 고온 연소됩니다. 경사진 장작받침 아래쪽에 놓인 장작이 가열되면서 발생한 연기(불완전연소된 연소가스)는 장작받침 위쪽의 장작 불꽃을 통과하게 되면서 다시 불붙게 되어 고온 연소되지요. 이처럼 연기(연소가스)가 통과하는 경로에 불꽃이 있게 되면 재연소가 일어나며 청정고온 연소됩니다.

  계단식 장작받침은 습기 많은 생나무나 균질하지 않은 각종 폐목 혼합물을 사용하는 대형소각로나 열병합발전시설에서 많이 사용하고 있는 방식입니다. 열에 강한 합금으로 모듈화하여 장작받침을 만들고 주기적으로 교체할 수 있도록 만들었습니다. 만약 열에 강한 합금을 사용할 수 없는 경우라면 열 변형이 적은 주철을 사용하여 만들고, 7mm 두께 이상의 강철로 만들 때는 미리 열팽창을 예상하여 크기를 정해야 하고 보강철을 덧대어 휨을 방지해야 합니다.

라이트웨이Riteway model 37

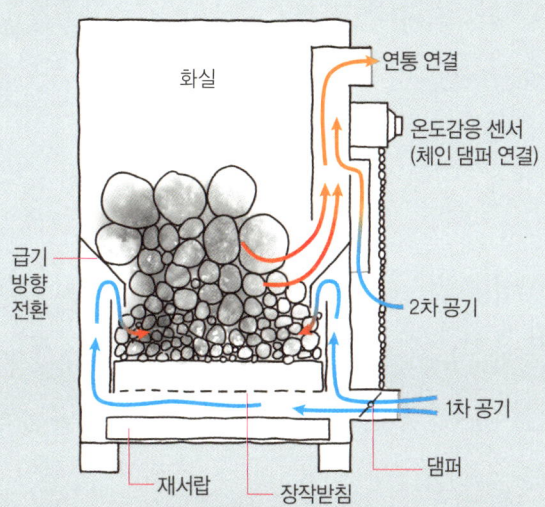

▶ 라이트웨이 모델 37의 하방연소 구조와 바이메탈 온도감응 센서에 의한 공기 공급 조절

하부연소(Base Buring) 또는 순환연소(Circulation Burning) 방식의 대표격인 라이트웨이Riteway 화목난로는 90년 전통을 가지고 있습니다. 이 역시 화구문 기밀(Airtight)과 공기 공급 미세조절이 필수적인 난로입니다. 1970~80년대 라이트웨이 화목난로의 전성기에 만들어진 모델 37과 모델 2000은 지금도 사용되고 있는데요. 내구성이 40년 이상이라니! 그 이유는 화실 내부가 내화물로 라이닝되어 있고 사후 서비스도 철저하기 때문입니다. 과연 우리나라에 보급되고 있는 난로 중에 40년 이상 사용할 수 있는 난로가 있을까요? 이 난로의 연소 효율은 90% 이상이고 한 번 불을 붙이면 온도 조절에 따라 최소 8~24시간 이상 길 정도로 연소 시간도 깁니다. 또 고온청정 연소하기 때문에 연통에 그을음이 잘 끼지 않습니다. 이러한 이유로 미국에서 라이트웨이 난로를 사랑하며 예찬하는 마니아들이 적지 않은데요. 어떤 이들은 평생을 함께한 최고의 난로라는 찬사를 보냅니다. 지금도 이 난로의 오래된 부품들이 온라인상에서 거래되고 있고, 위 두 모델의 매뉴얼과 도면을 구입하고자 하는 사람

들이 많지만 쉽게 구할 수 없다고 합니다. 다행히 풀 버전Full Version의 매뉴얼을 구할 수 있었는데 단순한 매뉴얼이 아니라 화목난로의 구조와 도면, 이론, 사용 방법 등 많은 정보를 담고 있는 작은 교과서라 할 정도였습니다. 과연 우리 주변에 이런 난로가 있을까요?

명품 난로 라이트웨이의 기술적 특징

첫 번째, 기밀 구조와 온도감응형 공기 공급 조절장치
바이메탈은 온도에 반응하는 두 금속의 수축과 팽창의 차이로, 온도에 따라 풀렸다 감기는데 이런 작용을 이용해 공기주입구를 자동으로 여닫을 수 있습니다. 라이트웨이 화목난로는 바이메탈 코일에 자석을 부착한 점이 특징인데요. 어느 순간 자석의 힘에 의해 갑작스럽게 공기주입구가 확 열리도록 설계되어 있습니다. 일반적으로 1차 공기는 생각보다 많은 양을 필요로 합니다. 이 모델에서 2차 공기주입구는 필수입니다. 어떤 난로들은 2차 공기주입 장치가 없지요. 만약 1차 공기주입구가 꽉 닫혀 아직 타지 않은 연소가스가 화실 안에 가득 찼을 때 갑자기 화구문을 열면 산소가 급격하게 공급되어 가스와 반응하면서 불이 확 붙어 폭발할 수 있습니다. 또한 닫힌 공기주입구나 화구를 통해 연기와 불꽃이 튈 수도 있고요. 이러한 현상을 역화 또는 역류(Back Draft)현상이라고 하는데 매우 위험합니다. 이 때문에 라이트웨이와 같은 기밀 미세 공기조절식 화목난로의 경우는 반드시 2차 공기주입구가 있어야 합니다. 즉 1차 공기주입구가 닫혔을 때에라도 미세하게 2차 공기가 주입되고 있어야 하는 것이죠. 그래야 화실 내 불완전연소 가스가 차는 것을 막고 2차 공기와 반응하여 연소 반응을 지속할 수 있습니다. 라이트웨이 화목난로의 2차 공기는 앞의 그림과 같이 연도 쪽에 분사되도록 만들어져 있는데요. 만약 이러한 모델의 화목난로에서 자동온도 조절장치가 고장 난다면 이 난로는 모든 부분이 지나치게 과열될 수 있습니다.

두 번째, 바닥연소(Base Burning) 방식
라이트웨이의 1차 공기는 재서랍 밑바닥을 거치면서 예열된 후 화실 안쪽 하부에 공급됩니다. 화실로 들어간 공기는 화실바닥 장작받침 위에 놓인 숯불층에 제한적으로 공급되지요. 화실에 불이 붙으면 화실 내부의 가득 쌓인 장작이 건조되면서 나무가스와 습기가 발생하여 화실 상부에 가득 차게 됩니다. 공기는 바닥의 숯불층에만 집중되기 때문에 연

화구문 상단에 연기역류방지판이 부착되어 있다.

연통 안쪽으로 댐퍼가 열린 모습이 보인다. 연통 밑에는 바이메탈을 이용한 온도센서가 부착되어 있다.

화실 하부의 갈비살 같은 장작받침.
장작받침 위쪽으로 하부 열기통로가 보인다.

연통 안쪽 댐퍼가 닫힌 상태

▶ **라이트웨이 모델 3**
장작투입구 상부에 역류 방지판이 부착된 점에 주목하자. 이 모델에서는 장작의 추가 투입을 위해 화구문을 열었을 때 연기 역류가 종종 발생하기 때문에 부착했다. 바이메탈 코일 공기조절장치가 연통 쪽에 부착되어 있다. 이 장치에 연결된 체인은 하부 공기주입구문과 연결되어 있다.

소 영역이 제한되요. 즉 불은 바닥층에서만 유지됩니다. 이때 연통으로 연결되는 하부 열기통로(불목)는 공기가 공급되는 높이와 같은 높이로 반드시 반대편 쪽에 있어야 합니다. 이러한 구조적 특징을 놓쳐서는 안 됩니다. 공기의 공급, 연기의 배출은 화실바닥의 앞쪽에서 뒤쪽으로 흐르는 관통형 흐름(Cross Flow)을 갖게 됩니다.

▶ 하부 열기통로(불목)와 상부 직행댐퍼
불목 위쪽에 초기 착화를 돕기 위한 직행댐퍼와 레버가 보인다.

세 번째, 순환연소(Circulation Burning)

순환연소는 바닥연소 방식과 밀접한 관계를 갖고 있습니다. 공기가 바닥 하부 숯불층에만 제한적으로 공급되고, 공기분사구와 연도 외에 다른 곳은 완전히 밀폐되기 때문에 화실의 가열된 장작에서 나온 수증기와 나무가스는 다른 곳으로 빠져나가지 못합니다. 구조상 화실 내부를 계속 순환하던 나무가스는 와류를 일으키게 되고 반드시 바닥의 불붙은 숯불층을 통과해야만 하부 불목을 통해 빠져나갈 수 있지요. 이 과정에서 나무가스는 숯불층을 통과하면서 고온청정 연소됩니다. 이때 다시 연도 쪽에서 2차 공기가 주입되면 더욱 청정 연소됩니다. 하지만 이 구조에서는 처음 불을 붙이기가 쉽지 않지요. 종종 화실 내 가득 찬 연기(나무가스와 수증기)로 인해 불씨가 자주 꺼질 수 있습니다. 이 때문에 처음 불을 붙일 때는 1차 공기주입구를 최대한 열어 충분한 공기를 공급해주어야 합니다. 또 불이 잘 붙을 수 있는 솔가지, 잔가지, 톱밥, 솔방울 등 불쏘시개를 바닥에 깔아주고 이 위에 장작을 쌓아야 합니다. 확실하게 숯불층이 만들어진 이후에는 공기량을 줄여서 오랜 시간 불이 은은하게 지속되도록 만듭니다.

초기 착화를 위한 가장 확실한 구조는 직행댐퍼(Bypass Damper, Direct Damper)입니다. 라이트웨이 37 모델에서 직행댐퍼는 화실 상부 뒷면에 부착되어 있습니다. 처음 불을 붙일 때 직행댐퍼를 열면 연기는 하부 불목을 거치지 않고 바로 연통으로 빠져나가지요. 일단 충분히 불이 붙고 연통이 가열되어 상승압이 생기면 직행댐퍼를 닫습니다.

윌리엄 대학Williams College의 실험에서 라이트웨이는 다른 순환형 화목난로에 비해 효율이 더 좋다는 것이 판명되었습니다. 아마도 라이트웨이의 독특한 연소가스 흐름 때문일 겁니다. 그러나 온도반응형 바이메탈 코일을 부착한 자석댐퍼나 장작받침 밑을 통과하는 긴 1차 공기주입관, 측면의 화실라이닝의 영향은 불확실합니다. 그러나 실험 결과로 분명해진 사실은 화실로 유입되는 1차 공기가 반드시 숯불층에 도달하기 전에 확실히 예열되어 있어야 한다는 점입니다.

모든 온도감응형 공기 공급 조절식 화목난로 중 특히 라이트웨이와 같은 바닥연소, 순환연소 방식의 화목난로는 용량이 큰 것이 유리한데, 한 번에 많은 장작을 넣을 수 있는 큰 화실이 매우 실용적입니다. 온도 조절을 해놓고 두꺼운 통나무를 자르지 않고 넣어두면 최소 8~24시간 이상 장작을 재투입할 필요가 없는데요. 그만큼 장작을 쪼개고 자르는 수고를 덜 수 있지요. 이러한 화목난로는 화실라이닝이 필요하고 본체 철판은 두꺼운 것이 좋습니다. 외표면 온도가 370℃ 이상 상승할 정도로 화실 내부에 고온이 발생하기 때문입니다.

05 불꽃을 누르지 않는 기둥형 화실

유럽형 고효율 화목난로는 왜 기둥 형태일까? 왜 화실을 높고 좁게 만드는 것일까? 화실의 크기는 어느 정도가 적당할까? 많은 사람들이 긴 통나무를 자르지 않고 바로 넣기 위해 키 작고 속 깊은 풍풍보 화목난로를 좋아하지 않는가? 큰 내화유리가 달린 화구문을 통해 활활 타오르는 장작불을 보고 싶어 하지 않는가? 화실은 크면 클수록 좋지 않을까? 키가 큰 화목난로는 주전자를 올리기도 어려울 텐데……. 도대체 왜 고효율 화목난로는 키 큰 기둥 형태일까?

관찰이 배움의 첫 걸음이라면 질문은 두 번째 걸음이겠죠.

화실의 높이는 화구문 높이의 2.5~3배

화실이 낮으면 연기가 불꽃을 눌러 고온 연소를 방해합니다. 화실 내 연기가 가득 차면 그만큼 산소 공급이 부족해지는데요. 이 때문에 불꽃이 충분히 치솟아 고온으로 활활 타오를 수 있도록 화실을 높게 만들어야 합니다. 도대체 어느 정도 높게 만들어야 할까요? 보통 화실바닥에서 화실 위 불목까지 높이는 평균 70cm 정도가 적당합니다. 좀 더 정확히 말하자면 화구문 높이의 2.5~3배가량 높이가 좋지요. 화구문의 높이가 한 번에 넣을 수 있는 장작의 높이와 양을 결정하거든요. 이때 고온의 불꽃이 치솟게 되는 최

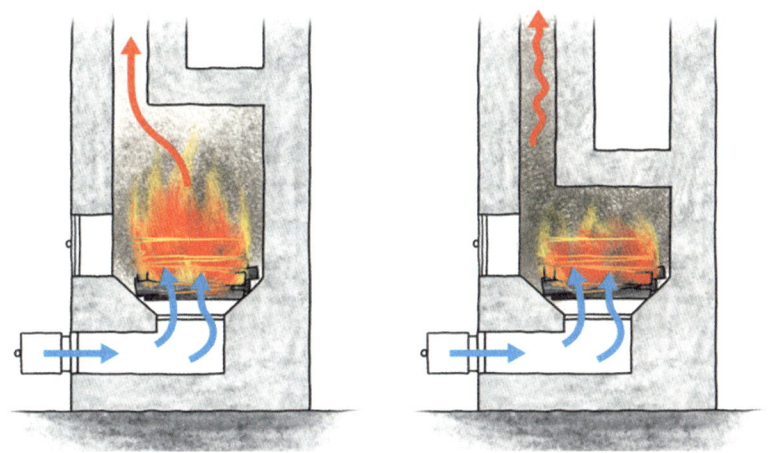

화실이 너무 낮으면 연기가 불꽃을 누른다. 고온의 불꽃이 치솟을 수 있는 충분한 높이의 공간이 필요하다.

대 높이가 화실에 집어넣은 장작 높이의 평균 2.5~3배이기 때문입니다. 예외가 없을 수 없겠죠. 화실 상부 중앙에 연기가 바로 빠져나가거나 불꽃이 치솟을 수 있는 수직의 열기상승관이 있을 경우에는 화실을 조금 낮게 만들어도 상관없습니다.

화실의 폭은 40cm 이하로 좁게

옛말에 '장작도 세 개가 모여야 불이 잘 붙는다'란 말이 있습니다. 화실이 넓으면 장작, 즉 연료의 밀도가 떨어지게 되죠. 장작불은 서로 열기와 불꽃을 내뿜어 연소를 돕는데 화실이 넓고 장작의 밀도가 낮으면 연소 협력이 줄어듭니다. 이뿐 아니죠. 화실의 폭이 넓은 것보다 좁아야 고온 연소에 유리한 이유가 또 하나 있습니다. 화실벽이 가열되면 여기서 일종의 열반사가 일어납니다. 그런데 화실이 넓으면 화실벽의 반사열이 장작에 끼치는 영향이 줄어듭니다. 화실이 좁으면 화실 내벽의 반사열로 장작은 더욱 잘 타게 되죠. 한마디로 화실이 좁아야 고온 연소됩니다. 전통 구들의 화실, 즉 함실이나 러시아 페치카의 화실, 유럽 화목난로의 화실 폭은 의외로 좁습니다. 30cm 이상인 경우가 그리 많지 않고 넓어도 40cm를 넘지 않지요. 화실 폭을 넓게 만든 화목난로들은 화구 조망창을 넓게 해서 시원하게 보기 위해서인데 연소 효율은 낮아집니다.

화실 깊이는 45cm 이하로

긴 통나무를 자르지 않고 넣기 위해 화실을 깊게 만든 화목난로나 화목보일러들이 있습니다. 이런 화목난로나 보일러는 대부분 불을 피우다 보면 화실 안쪽의 장작은 불이 제대로 붙지 않고 숯 상태로 타다 멈추는 경우가 많은데요. 화실 내 공기가 골고루 퍼지지 않을 뿐 아니라 공기가 공급되는 위치와 화실의 구조에 따라 공기 분포가 달라지기 때문입니다. 또 연기와 연소가스의 분포도 달라집니다. 일반적으로 화실이 깊으면 화실 맨 안쪽은 공기희박현상이 발생합니다. 화실의 깊이는 45cm 이하가 적당한데요. 왜 45cm일까요? 가장 일반적인 장작의 길이이자 불완전연소를 일으키지 않는 수준의 화실 깊이이기 때문입니다. 만약 화실 깊이가 45cm 이상이라면 화실 안쪽 맨 뒤까지 공기를 들여보낼 수 있는 별도의 공기 공급관 구조를 만들어주거나 화실 안쪽에 별도의 공기구멍이 있어야 합니다.

현대적인 유럽형 화목난로의 특징

현대적인 유럽형 난로는 앞서 언급한 고온 연소 화실의 기본 요구를 반영하고 있습니다. 여러 유형의 난로가 있지만 가장 보편적으로 이용되는 직립형 화목난로(Chimney Stove로 구분됨)는 다음과 같은 특징을 갖추고 있습니다.

1. 내화물로 라이닝 처리된 적절한 규모의 화실은 고온 연소를 위한 고온 환경을 유지하고 연소가스 체류시간을 높인다. 화실 내 모서리를 둥글게 처리하여 공기희박현상으로 불완전연소가 일어나는 데드존Dead Zone을 줄여 준다.
2. 공기 공급 방향전환판(Deflecter)은 화실 내 연소가스와 공기가 적절히 혼합되게 하고 와류를 일으켜 장작이 고온 연소하도록 만든다.
3. 1, 2차 공기를 단계적으로 분리하여 주입하되 2차 공기는 예열하여 공급한다.
4. 하나의 송풍기와 연결된 공기 공급관을 분기하여 1, 2차 공기를 화실로 분사한다.
5. 고온 연소를 위해 화구문의 내화유리로 만든 조망창을 가능하면 작게 만들거나 없앤다.
6. 현대 유럽형 화목난로는 화실을 높고 얇게(깊지 않게), 그리고 좁은 기둥형으로 만든다.
7. 실내 발열과 열 이용률을 높이기 위해 상대적으로 긴 실내 수직연통을 설치한다.

출처: Technologie-und Förderzentrum im Kompetenzzentrum für Nachwachsende Rohstoffe TFZ

연소 시간이 긴 바닥연소(Base Burning) 화목난로

장작을 넣고 한 번 불을 피우면 12~24시간 이상 오래오래 고온 연소하고 배기가스, 즉 연기가 상대적으로 깨끗하게 나오는 난로가 있다면 얼마나 좋을까요. 이런 요구를 만족하는 난로가 바로 바닥연소 방식의 화목난로입니다. 공기를 난로 바닥 부분에 제한적으로 불어넣기 때문에 화실바닥에 놓인 장작 부위만 불이 붙는데요. 이런 이유로 Bottom Burning 또는 Lower Burning이라고도 부릅니다. 이러한 연소 방식의 난로는 무엇보다도 긴 연소 시간이 장점입니다.

구조적 특성을 살펴볼까요. 화실 위쪽에 쌓인 장작은 화실 안에 가득한 연기 때문에 점점 건조 가열되지만 정작 불은 붙지 않습니다. 다만 화실바닥 쪽에만 공기가 공급되기 때문에 화실바닥에 놓인 장작 밑부분만 불이 붙습니다. 화실 안에 가득한 연기(나무가스)는 화실바닥에 쌓인 뜨거운 숯과 재, 불꽃층을 통과해야만 화실 칸막이 아랫부분의 불목을 지나 연통으로 빠져나갈 수 있습니다. 불꽃층을 지나면서 연소가스는 다시 불이 붙어 재연소되지요. 이렇게 연기가 뜨거운 불길이 있는 화실바닥과 불목을 통과하면서 화실 안쪽의 2

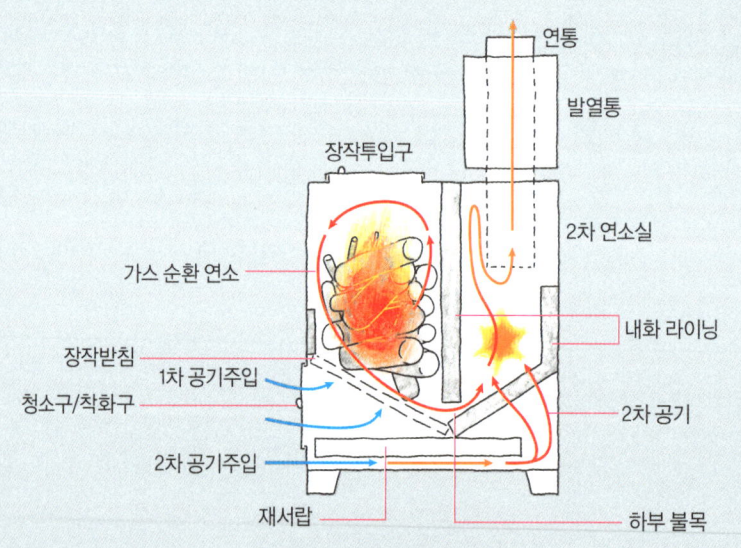

▶ 바닥연소 화목난로의 구조

차 연소공간을 지나 연통으로 넘어가기 때문에 다른 화목난로에 비해 깨끗하게 고온 연소됩니다. 당연히 화력도 좋고 연기도 줄어들지요. 자주 장작을 넣어야 하는 불편을 줄이면서도 열효율이 높은데요. 이런 장점에도 불구하고 난로의 구조는 누구나 만들 수 있을 만큼 아주 간단합니다.

LPG 깡통으로 만드는 재활용 바닥연소 화목난로

바닥연소 화목난로는 사각형의 버려진 보일러 기름통을 난로 본체로 삼아 만들어도 되고, 직경이 큰 업소용 LPG 가스통을 이용해서 만들 수 있습니다. LPG 가스통이나 버려진 보일러 기름통으로 만드는 바닥연소 화목난로는 어딘가 거칠고 허접해 보일 수도 있겠지만 구현 원리는 미국에서 특허를 받은 150만 원이 넘는 고가 난로인 세도레Sedore 화목난로나 유럽의 고급형 고효율 화목보일러와 기본적인 구현 원리가 같습니다. 다만 난로를 만들 때 주의할 점이 있는데 정리하면 다음과 같습니다.

1. 장작을 넣는 난로뚜껑(화구)은 뚜껑을 닫으면 연기가 새지 않고 꽉 닫히도록 만든다.
2. 화실바닥의 공기구멍은 직경 100~125mm 크기로 뚫어두고 공기량을 조절할 수 있는 뚜껑을 달아두거나 조절마개가 달린 강관을 연결한다.
3. 난로 안쪽에는 연통 밑 공간과 화실 사이에 칸막이를 만들어 분리하는데 화실바닥 쪽에 직경 100~150mm의 원형 구멍에 해당하는 크기의 바닥 불목 구멍을 만들어주거나 바닥으로부터 5×10cm의 사각 구멍을 여러 개 만든다.
4. 화실바닥과 화실 하부 옆면에 내화토판이나 벽돌을 깔거나 둘러쳐 준다. 이러한 화실 라이닝은 고온청정 연소 환경을 만든다. 내화토판이나 내화벽돌로 화실 내부를 감싸주지 않으면 연기가 많이 나올 수 있다.
5. 연통받침은 직경 125mm 또는 150mm의 연통을 끼울 수 있도록 만든다.
6. 난로의 화실 하부 옆면 또는 칸막이 뒤편에 재도 빼고 불을 붙일 때 사용할 수 있는 착화구 겸 재청소구를 만든다.

▶ LPG통을 재활용하여 만든 바닥연소식 화목난로

▶ 전환기술사회적협동조합이 만든 바닥연소 화목난로, 레드 레볼루션

레드 레볼루션Red Revolution

그동안 필자가 조합원으로 참가하고 있는 전환기술사회적협동조합에서 필자와 부평공고의 류제경 선생, 제2공방의 이주연 작가와 함께 공동으로 레드 레볼루션Red Revolution이라는 고효율 바닥연소 화목난로 시제품을 개발했습니다. 이 제품의 CAD도면은 그동안 전환기술사회적협동조합과 함께한 천안의 작은손적정기술협동조합, 곡성의 항꾸네협동조합, 제주한살림, 완주의 햇빛누리, 불노리영농조합, 울산 진솔공방, 하자작업장학교, 정선 동강지기 김영주 씨, 원주 변재수 선생님이 계신 노나메기 등에 공개하여 여러 곳에서 생산 보급하려 하고 있습니다. 이렇게 오랜 시간과 노력을 기울인 결과를 공개하는 까닭은 삶을 위한 지식과 기술이 공유될 때 세상은 더욱 아름다워질 것이라 믿기 때문이지요. 현재의 그 어떤 지식과 기술도 오랜 인류 역사의 공동 유산일 수밖에 없습니다. 누가 지식과 기술에 대한 독점권을 주장할 수 있을까요.

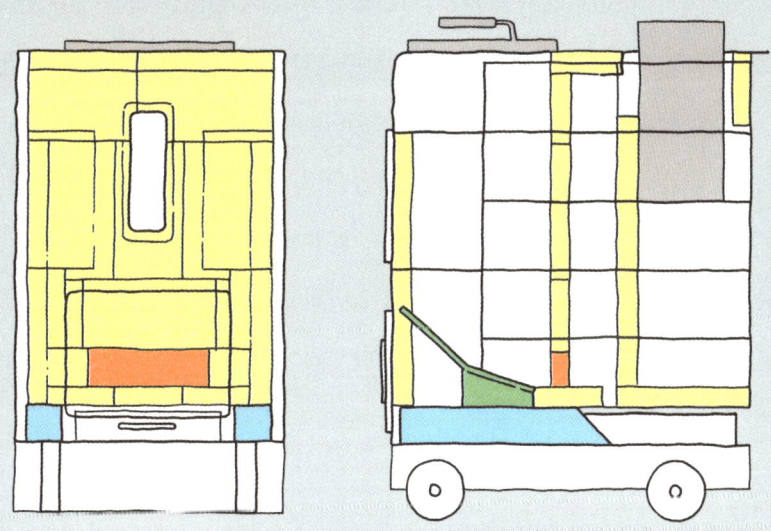

▶ 개량된 레드 레볼루션 화목난로의 내부 구조도

06 화실을 뜨겁게 만드는 내화축열 라이너

편협한 지식과 경험은 무지보다 더 나쁠 수 있습니다. 종종 알량한 자존심과 얄팍한 지식과 경험을 근거로 내세우며 완고하게 오랫동안 검증된 과학적 지식과 실험 결과를 공격하기 때문이지요. 고효율 화목난로에 관한 초기의 논쟁은 화실 내부에 설치하는 내화라이너Liner에 관한 것이었습니다. 라이너는 화실 안쪽에 덧대는 내판이라 할 수 있지요. 난로의 몸체가 곧 화실인 이른바 홑겹 화목난로가 주로 사용되고 있는 상황에서 화실 안쪽에 덧대어 열을 차단할 것 같은 내화라이너는 그동안의 상식에 어긋나기 때문이었습니다. 많은 이들이 화목난로는 화실의 열을 신속하게 난로 몸체를 통해 발열할 수 있어야 한다고 생각했습니다. 1980년대 초 미국 환경청이 고효율 화목난로의 기준을 제시하기 전까지 미국에서도 난로 화실 안쪽에 일반적으로 내화라이너를 사용하지 않았지요. 하지만 현재 미국과 유럽의 고효율 화목난로와 보일러들은 모두 내화라이너를 내부에 부착하고 있습니다.

고온 연소 환경을 만드는 내화라이너

난로 몸체가 곧 화실인 홑겹 화목난로는 신속하게 열을 발산합니다. 발열 차원에서만 보면 언뜻 장점으로 보일 수도 있지요. 그러나 연소 효율 차원에서 보면 분명한 단점입니

▶ 내화벽돌로 라이너가 부착된 벽난로 화실

다. 화실에서 나무장작이 연소하면서 발생한 열이 지나치게 빨리 난로 몸체를 통해 화실 밖으로 빠져나가면 화실은 쉽게 냉각되겠죠. 즉, 고온청정 연소를 위한 조건을 갖추지 못하게 됩니다. 그 결과 화실의 장작은 불완전연소하고 연통으로 많은 그을음과 짙은 연기를 배출하여 대기는 더욱 오염됩니다. 발열 차원에서 살펴보아도 홑겹 화목난로는 내화축열 라이너를 안쪽에 덧댄 화목난로에 비해 열효율이 낮습니다. 내화축열 라이너를 부착한 화목난로는 너무 빨리 화실 외부로 열이 빠져나가지 않게 하기 때문에 장작은 더욱 높은 온도로 연소되는데요. 더 많은 열에너지가 발생하는 것입니다. 보통 내화축열 라이너는 열을 통과시켜 화실 외부로 내보내기 전에 300~400℃ 이상의 열을 저장하고 일부는 화실 내부에 놓인 장작을 향해 반사합니다. 라이너의 이러한 적당한 발열 차단, 축열, 그리고 열반사로 인해 화실은 고온청정 연소가 가능한 뜨거운 화실 조건을 만들어줍니다.

▶ 주철로 만든 화실 내화라이너

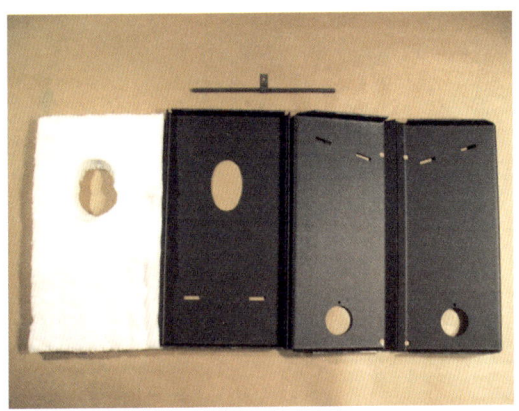
▶ 세라믹 울로 단열처리된 내화라이닝
맨 좌측 흰색이 세라믹 울이다.

화실의 내구성을 높이는 내화라이너

내화라이너는 고온청정 연소 외에도 화실의 내구성을 높이기 위해 사용됩니다. 화목난로의 화실에서 장작이 연소될 때 부분적으로 불꽃의 최고 화점은 1,500℃ 이상 상승하는데요. 물론 화실 내부의 평균 온도는 저효율 화목난로의 경우 600~700℃ 정도이고 고효율 화목난로의 경우 800~1,000℃까지 상승합니다. 이러한 고온 때문에 보통 금속으로 만든 화실은 강한 열 부하에 의해 변형되거나 산화, 부식됩니다. 내화라이너는 화실의 부식과 열 변형을 1차적으로 막아주는 역할을 하고 화목난로의 내구성을 높여줍니다. 내화라이너의 재질은 높은 열에 견딜 수 있는 내화벽돌, 주철, 내화성과 열 변형에 강한 SUS금속(스테인리스류의 합금)판이나 단열성과 내화도가 높은 세라믹보드나 모포형 세라믹 내화재, 버미큘라이트Vermiculite 보드 또는 판 등이 있습니다.

축열이냐 단열이냐?

화실라이너에 대해 축열재인지, 단열재인지에 관한 논쟁이 초기에 있었습니다. 이 논쟁은 지금도 계속될 수 있겠지요. 단열성이 높은 단열벽돌이나 세라믹 모포 등을 안쪽에 덧댄 금속라이너, 버미큘라이트 보드 등으로 화실라이너를 만들면 훨씬 고온청정 연소됩니다. 화실에서 발생한 열이 화실 밖으로 쉽게 빠져나가지 않고 화실 중심을 향해 반사되는 겁니다.

연소 시간을 늘리기 위해 산소량을 줄여야 할 때 일정하게 화실 내 고온을 유지할 수 있는 축열 내화벽돌이나 내화캐스터블Castable로 만들어진 내화토판이 가장 효과적입니다. 축열 내화벽돌은 나무가스 발화 온도 이상의 열을 저장했다가 지속적으로 화실 내로 열을 발산하기 때문에 산소량이 줄어든 상황에서도 고온청정 연소를 유도하거나 불씨를 장시간 유지하는 데 효과적입니다. 화실라이너가 단열재냐 축열재냐는 논쟁은 타협이 필요한데요. 각각 장단점이 있기 때문이고 단열재라도 일정한 축열이 일어나고 축

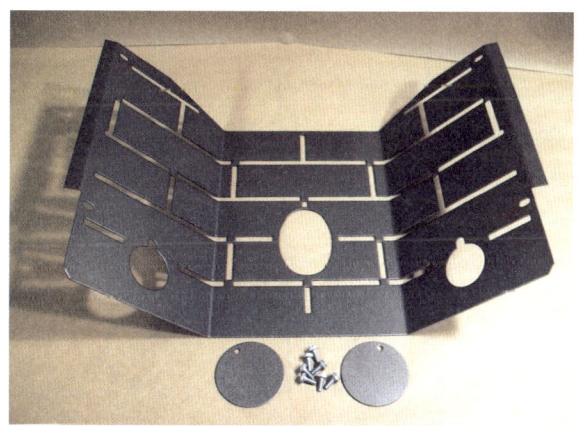

▶ 부식에 강하고 내화성이 높은 SUS금속(스테인리스Stainless)으로 만든 라이닝

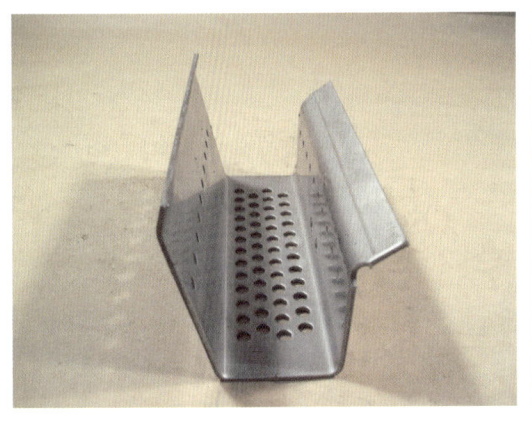 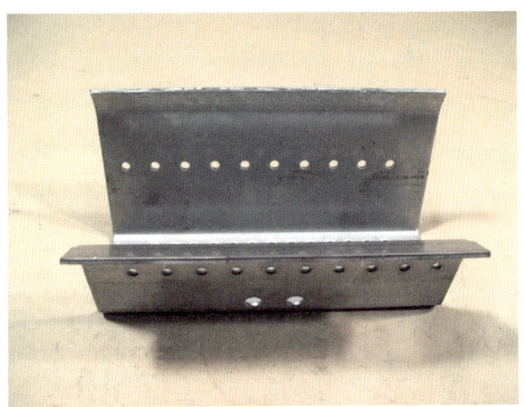

▶ 장작받침 겸용 SUS라이닝
재가 빠질 수 있는 장작받침과 라이닝 2가지 역할을 한다.
측면의 구멍을 통해 2차 공기가 분사된다.

열재라도 일정한 단열 효과가 있기 때문이죠. 적절한 균형점이 필요합니다.

   화실라이너와 관련된 논쟁거리는 여전히 남아 있습니다. 고온청정 연소를 위해 화실 라이너를 부착하는 것이 도움이 된다는 것을 인정한다 해도 라이너가 화목난로의 열 발산을 방해할 수밖에 없다는 지적은 여전히 계속되고 있는 것이죠. 현대의 고효율 화목난로들은 이 문제를 어떻게 해결하고 있을까요. 답은 간단합니다. 연소부와 발열부를 분리하거나 부분적으로만 라이너를 부착하는 방법을 택한 것입니다. 주철 벽난로들은 대부분 화구문에 넓은 내화유리창을 두고 있는데 이 내화유리가 발열부이고 화실 측면과 후면은 라이너로 둘러쳐져 있습니다. 또 다른 화목난로에서는 장작이 연소하는 중심 화점 위치를 고려하여 화실의 바닥과 벽면 중하부까지만 라이너를 설치합니다. 화실을 완벽하게 라이너로 감싸는 대신 열전도가 일어날 수 있는 발열부(열 교환부)를 확대하여 분리하는 사례도 있지요. 이외에도 화실라이너 바로 뒤에 대류 가열이 일어날 수 있는 열 교환관을 부착하여 실내의 공기를 데우는 대류 방식을 채택하는 경우도 있습니다.

화실라이너의 재료들

화실라이너로 주철이나 SUS철이 종종 사용됩니다. 주철은 화실의 열 변형이나 산화 부식을 막아주는 데 효과적일지 몰라도 열전도율이 높습니다. SUS철의 열전도율은 종류에 따라 훨씬 낮아 일정한 열 차단 효과가 있지만 역시 다른 종류의 단열재에 비해 성능이 떨어지고 축열성도 낮습니다. SUS철은 알기 쉽게 스테인리스강이라 통칭하지만 합금에 따라 종류가 다양하고 열에 의한 내구성이나 신축성이 다르지요. 내화성이 높고 열 변형에 강한 퍼라이트계 STS 410L, 오스트나이트계 STS 321, 309, 310S 등이 연소실, 엔진 등 고온 환경에 주로 사용됩니다. 주철이나 SUS철은 내화벽돌에 비해 가볍고 두껍지 않게 만들 수 있고 탈부착이 가능한 부품으로 만들 수 있기 때문에 아직도 자주 화실라이너를 만드는 데 선호되고 있습니다. 또한 주철이나 SUS철로 만들어진 라이너는 2차 공기분사를 위한 통로, 장작받침 기능 등을 겸하도록 만들기에 적합합니다.

내화벽돌 역시 자주 이용되는 화실라이너의 재료입니다. 고온의 열을 저장할 수 있을 뿐 아니라 내화성이 높아 화실의 열 변형과 산화, 부식을 막아주기 때문입니다. 내화벽돌은 종종 알루미나 계열의 성분이 함유되어 있어 열 반사 효과 역시 뛰어나지

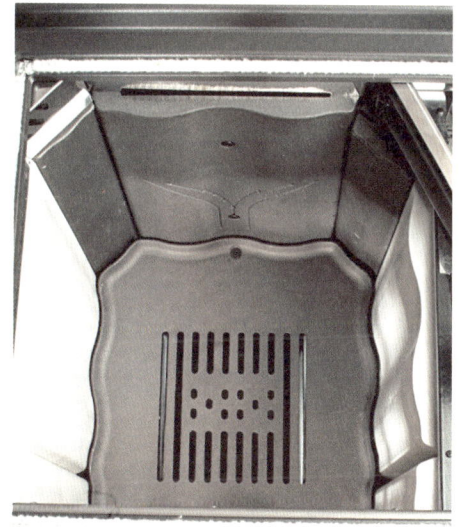

▶ **주철과 내화캐스터블Castable로 만든 화실라이닝**
화구 뒤편의 주철라이닝은 2차 공기가 분사될 수 있는 구멍이 뚫려 있다.

▶ 내화캐스터블로 성형하여 만든 내화라이너

요. 다만 밀도가 높고 무거운 내화벽돌은 축열성이 높은 반면 단열 성능이 떨어집니다. 고온의 열에 장시간 노출될 경우 단열성은 점점 더 떨어지는데요. 내화벽돌은 종류에 따라 축열성과 단열성, 즉 열전도성에 크고 작은 차이가 있습니다. 내화벽돌 중에 단열성이 높은 제품들은 가볍고 기공이 많습니다. 단열성이 높아 고온 연소 환경을 만드는 데 강점을 갖고 있지만 고온의 불꽃에 장시간 노출될 때 표면이 부서지는 단점이 있습니다. 내화벽돌이 없을 경우 일반 바닥용 적벽돌을 사용할 수 있습니다. 내화벽돌을 라이너로 축조할 경우는 고온에 견딜 수 있는 내화본드나 내화몰탈을 사용하여 조적하되 이때는 라이너로 사용할 내화벽돌과 같은 등급의 것을 사용해야 합니다. 일반 적벽돌을 라이너를 사용할 경우는 불에 약한 시멘트 대신 채에 친 황토와 고운 모래를 1:1~2 비율로 섞은 반죽을 몰탈로 사용합니다. 유럽에서 출시되고 있는 고급 화목난로나 보일러의 경우는 아예 내화재료를 틀에 부어 성형한 내화캐스터블 라이너가 주로 이용되고 있습니다.

특허 받은 세도레Sedore 화목난로

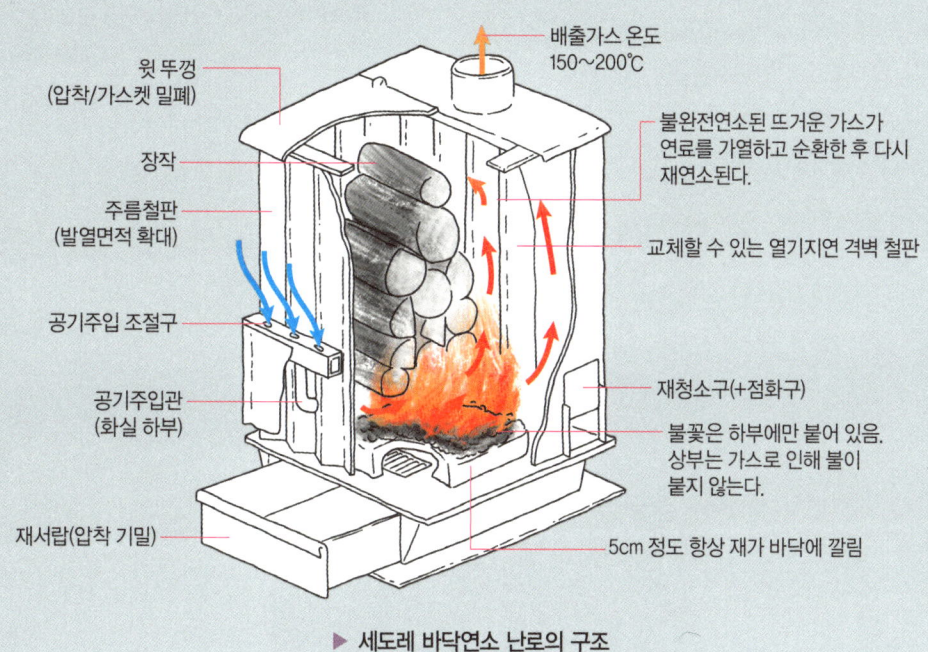

▶ 세도레 바닥연소 난로의 구조

세도레Sedore는 미국 특허를 받은 화목난로입니다. 한 번 장작을 넣으면 24시간 연소하는 긴 연소 시간을 자랑하는데요. 대표적인 바닥연소 방식의 난로입니다. 이 난로의 구조를 살펴볼까요. 장작투입구 문은 열 변형을 막기 위해 보강 철판을 덧붙였습니다. 상부의 장작투입구 뚜껑은 세라믹 로프를 테두리에 끼워 기밀 차폐가 되도록 만들어져 있어서 화실에 가득 차는 연기가 새어 나오지 않습니다. 화실 안쪽은 두꺼운 철판으로 라이닝 처리되어 있습니다. 화실과 연통이 연결된 공간은 격벽(간벽)으로 나뉘어져 있는데요. 이 격벽 하부의 불목을 통해서 화실과 연통 공간이 연결되고 있습니다. 화실바닥 격벽 뒤쪽 구석에는 재청소구 겸 점화구가 뚫려 있습니다. 모델에 따라서 점화구에 조망창이 부착되기도 합니다. 정면에는 공기주입조절구가 있습니다. 여러 개의 공기주입구는 한 개의 관을 통해 화실 하부로 연결되는데, 공기주입량은 측면의 조절손잡이를 이용해서 조절할 수 있지요. 세도레 난로 역시 라이트웨이 난로와 마찬가지로 연기(연소가스)는 화실 상부로 올라가지만 공기가 화실바닥에만 공급되기 때문에 연소하지 않은 상태로 맴돌다가 화실 하부의 불꽃층을 통과한 후 연통으로 빠져나갑니다. 이때 불완전연소한 연소가스는 재연소되지요. 세도레 화목난로는 장작을 활활 태우기보다는 온화한 불꽃이 유지될 정도로 오랜 시간 연소시킵니다.

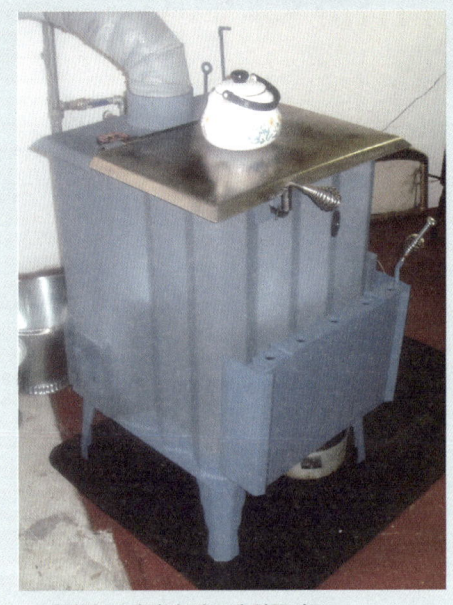

▶ 바닥연소 방식의 세도레 화목난로
한 번 장작 투입으로 24시간 연소한다.
긴 연소 시간이 장점이고 장작투입구 뚜껑, 즉 상판 위에서 요리를 할 수 있다.
전면부 중하단의 구멍은 공기흡입구이다. 우측의 공기조절 손잡이와 연결되어 있다.

07 다중연소의 비밀, 단계적 공기 공급

'다중연소'는 여러 번에 걸쳐 연료를 완전하게 태우는 것을 말합니다. 화목난로 안의 장작은 대부분 완전연소하지 않습니다. 연통으로 빠져나오는 검회색 연기는 완전히 타지 않은 가연성가스와 입자들이지요. 이렇게 불완전연소된 나무가스와 가연성 입자를 연통으로 빠져나가기 전 화실 내에서 여러 번에 걸쳐 연소시키는 것을 다중연소라고 합니다. 화목난로에서 다중연소가 중요한 첫 번째 이유는 청정 연소, 즉 대기를 오염시키는 배기가스, 특히 일산화탄소 발생량을 줄이기 위해서입니다. 두 번째는 연료 효율을 높이기 때문이죠. 즉 장작의 양을 줄일 수 있습니다. 세 번째, 다중연소를 통해 더 많은 고온의 열을 얻을 수 있기 때문입니다.

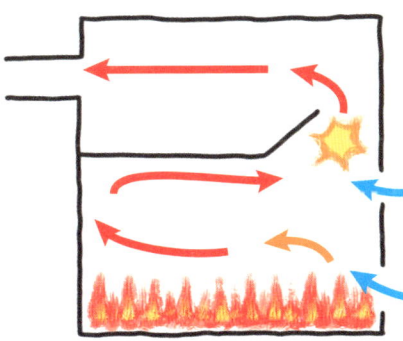

▶ 단계적 공기 공급과 다중연소

'단계적 공기 공급'은 화실 안으로 연소 단계에 따라 시간차를 두고 위치를 달리하며 분사하는 공기 공급 방식입니다. 1차 공기는 보통 차가운 공기를 장작받침 밑에서 위로 또는 장작의 하부에 공급하죠. 2차 공기는 화실을 우회하는 공기 공급관을 통과하여 뜨겁게 예열된 공기를 불꽃의 상층부 또는 불목 부분에 분사합니다. 뜨거운 2차 공기를 불목 부위에 분사하면 불완전연소 가스와 혼합되며 2차 연소를 일으킵니다. 보통 2차 연소가 일어나는 지점에서 최고 화점온도는 1,500℃ 이상 상승하는데요. 2차 연소 과정에서 그을음이나 재, 연기 중 아직 연소하지 않은 가연성 나무가스와 입자가 재차 연소하며 고온의 열을 냅니다. 2차 공기분사구 주변에 발생하는 공중에 뜬 듯한 장작으로부터 분리된 밝은 불꽃은 고온 연소의 결과이지요.

다중연소를 위한 최적 온도

장작이 가열되면서 발생하는 나무가스에는 일산화탄소, 메탄, 산소, 수소, 질소, 이산화탄소 등이 포함되어 있습니다. 이 가스들 중에서 스스로 타는 가연가스는 일산화탄소와 메탄, 수소이고 스스로 타지는 않지만 연소를 도와주는 조연성가스로 산소가 있습니다. 질소는 불연성가스입니다. 발화 온도를 살펴보면 수소가 580~600℃, 일산화탄소 650℃, 메탄 700℃ 정도 입니다. 일산화탄소를 줄이려면 2차 연소지점에서 최소 600℃ 이상의 연소 온도가 유지되어야 하죠. 그러나 실제 가동되고 있는 중대형 소각로, 중대형 보일러들 운영 사례에 대한 자료를 살펴보면 2차 연소실이 800℃ 이상의 고온 환경을 유지하였을 때 청정고온 연소 작용이 일어나며 일산화탄소 배출도 급격히 줄어든다고 합니다. 아직 소형 화목보일러와 화목난로의 2차 연소실의 적정 연소온도에 대한 충분한 자료를 갖고 있지 않습니다. 막상 2차 연소가 발생하면 중심 화점의 연소온도는

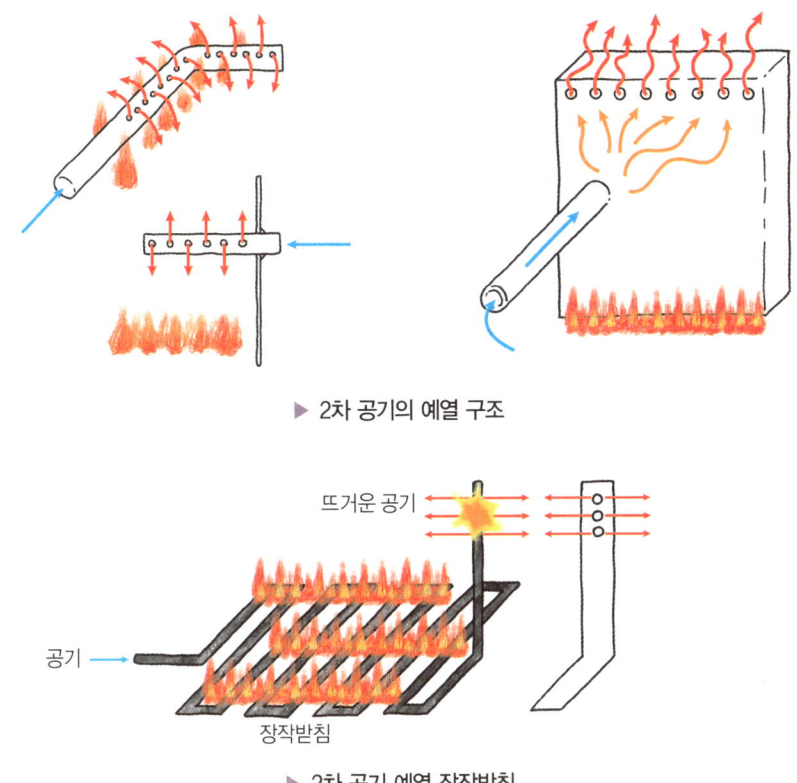

▶ 2차 공기의 예열 구조

▶ 2차 공기 예열 장작받침

1,500℃까지 상승하지만 열 손실로 인해 급격히 떨어집니다. 작은 촛불의 중심 화점 온도도 1,500℃까지 올라가지만 실제로 우리는 이러한 온도를 실감하기 어려운데요. 짧은 거리에서도 급격한 열 손실이 발생하기 때문입니다.

  2~3차 연소가 일어나는 지점의 적정한 발화 온도를 유지하기 위해서 이곳에 공급되는 공기는 가능한 화실을 우회하여 뜨겁게 예열되어 공급되어야 합니다. 차가운 공기를 직접 공급하면 2차 연소 부위를 냉각시킬 수 있기 때문입니다. 화실로 공급되는 공기를 예열하기 위해서 공기 공급관은 화실 장작받침이나 화실 벽 주위를 우회한 후 공기분사

▶ 느릅나무(Elm) 고효율 화목난로 화실 내부의 2차 U자형 공기 공급관과 분사구

구나 상자 형태의 열기배출지연판으로 연결되도록 만들고 여기에 3mm 이하의 공기분사 구멍을 수십 개 이상 뚫습니다. 과도한 공기의 주입 역시 냉각 작용을 일으키지요. 또 공기 공급량이 부족해도 불완전연소를 일으키기 때문에 적절하게 2차 공기 공급량을 조절할 수 있는 수단을 갖추고 있어야 합니다. 일산화탄소를 저감시키기 위해서는 연소에 필요한 산소량의 20% 이상 충분한 공기 공급이 필요합니다. 그러나 최근의 연소 이론을 살펴보면 화염의 길이를 늘이고 방열 면적을 확대하기 위해 고의로 1차 공기 공급은 연소 필요량의 60~70% 정도만 공급하고 나머지 부족분의 공기를 예열하여 2, 3차로 나누어 공급하는 기법들이 최근 고효율 연소장치 개발의 추세입니다. 참고로 공기주입 방식은 자연 공급식과 송풍기를 이용한 강제 송풍식으로 나눌 수 있습니다.

　화실 내에 부착하거나 화실 벽을 우회하는 2차 공기 공급관은 상당한 열에 노출되기 때문에 열 변형이 쉽게 일어날 수 있지요. 이 때문에 열에 강한 재질의 SUS(스테인리스 합금)

강을 사용하거나 내화물을 조형하여 만듭니다. 특히 거꾸로 타는 하방연소 방식의 2차 공기분사노즐이나 하부 불목은 1,500℃ 이상의 초고온에 접하기 때문에 반드시 내화물로 만듭니다. 2차 공기 공급관은 화실상부 분사형(U자형, 사다리형 등), 벽면 분사형, 불목 분사형 등 다양한 형태로 만들어지는데 난로 외부에서 공기를 빨아들이는 흡입구는 분사구보다 아래쪽에 둡니다. 공기 공급관을 통해 연기가 역류하지 않도록 하고 자연스럽게 공기가 공급될 수 있게 하기 위한 조치입니다. 차갑고 무거운 공기는 밑으로 내려가고 뜨거운 공기는 위로 올라가지요. 대부분 난로에서 공기흡입구는 난로 밑바닥에 둡니다.

2차 연소실의 조건

2차 연소가 일어나는 지점의 적정 온도는 800℃ 이상입니다. 2차 연소 지점으로 가연성가스가 이동하면서 2차 공기와 충분히 혼합된 후 다중연소를 일으키며 팽창할 수 있는 충분한 공간이 확보되어야 하는데요. 보통 2차 연소실, 확장 연소실, 2차 연소챔버 등으로 불립니다. 2차 연소실은 연소가스가 체류하는 동안 충분한 고온 상태를 유지해야 하므로 열 손실을 최소화하기 위해 절연(단열)되어야 합니다. 또한 2차 연소시 최고 화점이 1,500℃까지 상승하므로 강한 열 부하를 견딜 수 있는 내화물로 만들어져 있어야 합니다. 내화물 또는 주철, SUS강과 같은 내화철물로 만들어지지 않을 경우 열 변형과 부식이 빠르게 일어납니다. 국내에 소개되고 있는 많은 화목난로에서 종종 2차 연소실의 내화 구조는 쉽게 산과되고 있어 안타까운데요. 예열된 2차 공기 공급 구조만 갖추고 2차 연소실을 절연내화 구조로 만들지 않았다면 아쉽게도 충분한 다중연소는 일어나지 않습니다.

단계적 공기분사 위치와 각도

　열기배출지연판을 화실 상부에 부착하면 연통으로 곧바로 빠져나가는 열 손실을 줄일 수 있습니다. 이때 열기배출지연판의 열린 부분, 보통 불목이라 부르는 좁은 개구 구간에 2차 공기를 주입하면 불목에서 밀도가 높아진 연소가스와 불꽃, 산소가 만나 2차 연소를 일으키게 됩니다. 이렇게 불목 부위에 2차 공기를 분사하는 이유는 1차 연소 과정에서 소모되어 희박해진 가연성가스의 밀도를 높이기 위해서입니다. 보통 이곳에 2차 공기를 분사하되 연소가스의 진행 방향을 감안하여 분사 각도를 조정합니다. 또 다른 일반적인 사례는 불목이 아닌 화실 상부 불꽃의 화염부에 2차 공기를 분사하는 방식입니다. 그러나 충분한 화실 높이가 확보되지 못했을 경우 연기가 불꽃을 눌러 2차 연소의 효과는 상쇄되는데요. 현대적인 유럽의 고효율 화목난로들은 화실 상부, 화실 전면 화구문, 화실 장작받침 하부 등 입체적으로 예열된 공기를 분사하여 다중입체 연소를 유도합니다.

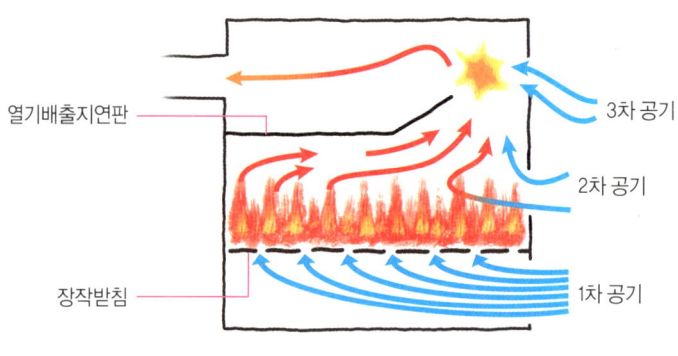

▶ 단계적 공기분사 위치와 각도

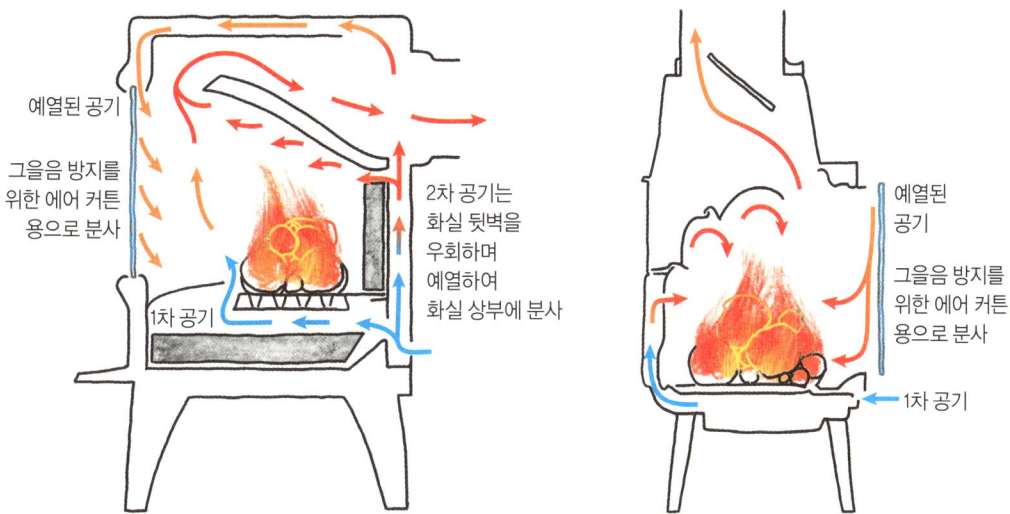

▶ **입체 공기분사 방식의 화실 구조**
장작받침 하부를 통해 공급하는 1차 공기는 착화 초기 일정한 온도 상승시까지만 공급한 후 급기량을 축소하고 고온연소시에는 화구문 에어 커튼과 열기배출지연판 하부를 통한 2차 공기의 공급을 늘린다.

청정 연소와 단계적 공기 공급량

유럽의 화목난로는 배기가스 중 오염 물질을 줄이는 데 초점을 맞추고 있습니다. 국제에너지기구(IEA)가 오스트리아 비엔나에서 2012년 11월 13일 개최한 바이오에너지 컨퍼런스에서 토마스 브루너 박사가 발표한 소규모 바이오매스 연소장치의 배기분진 감소와 관련된 자료는 주목할 만한데요. 이 보고서의 중요 내용 요약에 필자가 첨언해서 소개합니다.

- 최적화된 연소는 유기분진의 형성과 매연을 무시할 수 있는 수준까지 줄일 수 있다.
- 연료층(Fuel Bed), 즉 장작의 밑부분을 상대적으로 저온으로 유지하면 열분해 가스화 과정에서 무기분진을 감소시킬 수 있다.
- 적절한 공기의 단계적 공급(장작받침 하부의 1차 공기, 화구문의 에어 커튼, 화실 상부 불목의 2차 공기)은 배기분진 저감을 위한 기본이다.
- 1차 연소 공기는 연료층에 직접 공급하되 공기의 공급 속도가 느려야 재나 숯 등이 배기분진에 포함되지 않는다. 즉 장작받침을 통해 공급되는 공기는 초기 착화시 또는 거의 연소가 완료되어 불꽃이 사라진 후를 제외하고 완전히 공기 공급을 차단하거나 그 공급량은 상대적으로 적어야 한다.
- 1차 공기와 2차 공기의 주입 비율은 5:5이다. 참고로 다른 자료에서는 6:4이다. 장작받침을 통한 1차 공기의 차단 이후에는 1차 공기의 일부는 화구문의 그을음을 방지하기 위한 에어 커튼을 통해 분사하거나 완전히 차단한다.
- 1차 공기는 예열하지 않는다. 즉 차가운 공기를 공급한다.
- 2차 연소 공기는 연소 영역(불꽃의 상단부)에 분사하되 빠른 속도로 분사하여 와류를 일으킨다.
- 2차 공기분사 노즐의 직경, 위치, 개수, 분사 방향은 고온 연소에 상당한 영향을 끼치며 화실의 구조에 영향을 받는다.
- 2차 공기는 연소실(화실)의 연소가스 배출 방향에 대해 역류하지 않도록 분사한다.
- 화구문의 에어 커튼 공기, 2차 공기는 예열하여 공급하며 1차, 2차, 에어 커튼 공기 공급은 각각 그 공기 공급량을 조절하고 개폐할 수 있어야 한다.

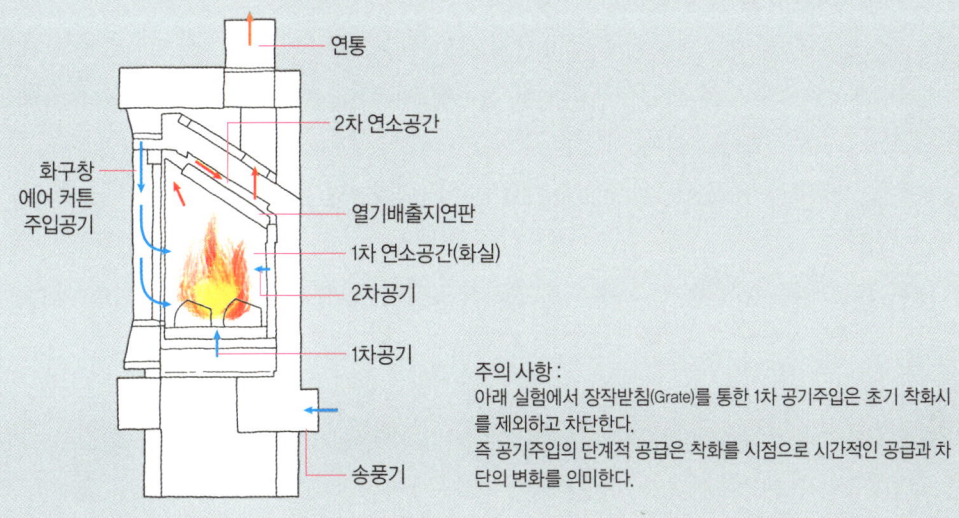

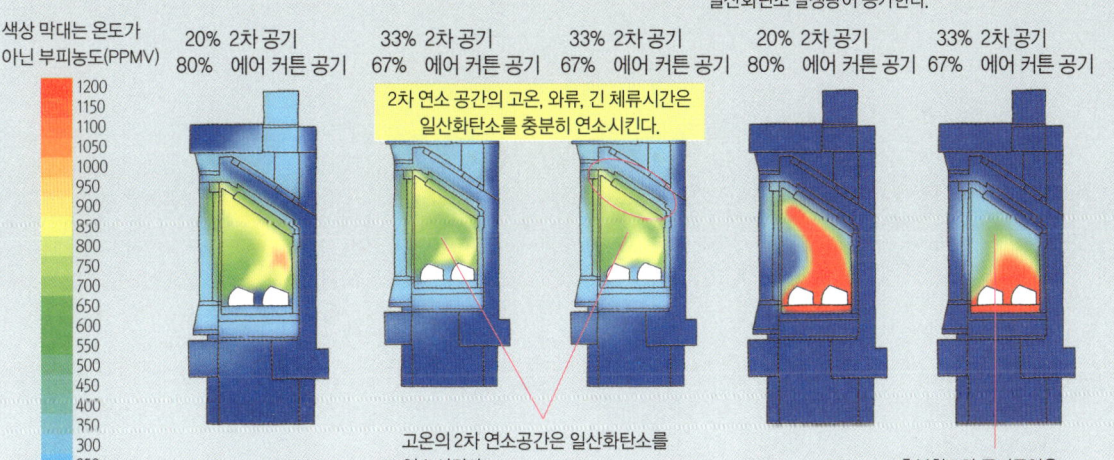

▶ 단계적 공기 공급 비율

제7장 | 다중연소의 비밀, 단계적 공기 공급

- 전체 공기의 공급 과잉이 일어나지 않도록 해야 한다.
- 고효율 연소를 위해 통제되지 않는 공기 흡입은 최소화해야 한다. 즉 미세하게 조절할 수 없는 틈새를 통해 공기가 공급되지 않도록 화구문, 재서랍문 등의 기밀을 유지해야 한다.
- 주 연소영역(화실)에서 적절한 공기의 체류시간을 유지하면 질소산화물(NOx)의 배출을 저감시킨다.
- 주 연소영역은 수냉벽(Water Jacket)으로 감싸지 말아야 한다. 화실은 단열처리한다.(그럼에도 국내 보일러들의 경우 화실은 수냉벽 방식으로 감싸져 있어 불완전연소를 일으키는 원인이 되고 있다.)
- 보조 연소영역, 즉 2차 연소실(보통 열기배출지연판 이후 공간)을 내화라이닝을 통해 고온(800℃)을 유지하고 충분한 체류시간을 갖도록 하면 거의 완벽에 가깝게 배기분진을 연소시킬 수 있다. 2차 연소실의 라이닝 뒤편은 물관(열 교환기) 등으로 부분적으로 냉각할 수 있다.
- 배기가스를 다시 화실로 순환시켜 연소시키는 순환연소를 통해 배기가스 중 수분의 함량을 줄일 수 있다.

버몬트의 수제 느릅나무(Elm) 화목난로

느릅나무(Elm) 화목난로는 지금까지 수제난로의 전통을 지키고 있는 최고의 화목난로 중 하나입니다. 1976~1989년에 버몬트 사에서 수제로 만든 우아하고 혁신적인 이 주철난로는 내구성이 높아 35년 이상 사용되고 있습니다. 과연 우리 주변에 이러한 난로가 있을까요? 산업적 양산이 폐기한 무수한 가치 중에 '내구성'은 쉽게 간과되어 가장 큰 폐해를 남겼습니다. 양산된 제품들은 값싸지만 대부분 내구성이 낮고 쉽게 고장 나서 버려지죠. 그 결과 부족한 자원은 고갈되고 엄청난 쓰레기를 만들어냅니다. 짧은 소비주기에 맞춰 반복 생산되는 까닭에 동일한 사용기간에 비해 제품의 생산에 투여되는 총에너지는 높은데요. 에너지와 자원의 고갈이 예상되는 지금, 제품이 반드시 갖추어야 할 가치는 '내구성'입니다. 가격이 높다 해도 오랫동안 사용할 수 있어야 하는 것이죠.

느릅나무 화목난로의 전면과 후면은 우아하고 섬세하게 주조된 주철로 만들어져 있습니다. 모더니즘, 미니멀리즘이라는 산업 제조 이데올로기는 산업적 양산을 위해 역사적이고 공예적인 아름다움을 단순함과 획일성으로 대체해버렸지요. 그러나 느릅나무 화목난로는 공예 전통을 포기하지 않았습니다. 이 난로의 중요한 특징은 몸통이 강철로 만들어졌는데 모델에 따라 서로 다른 길이의 몸통을 교체할 수 있다는 점입니다. 전면판, 후판, 몸

▶ 버몬트 사의 수제로 만든 느릅나무 주철 화목난로

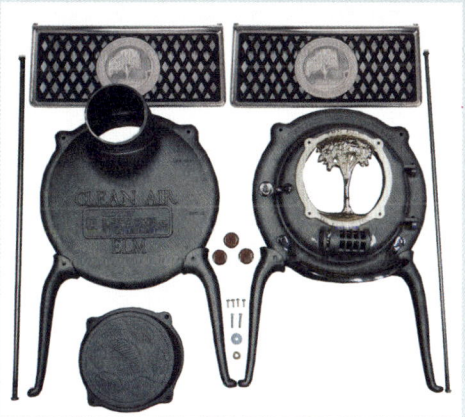

▶ 느릅나무 화목난로의 전후판과 조리 상판 부품

통, 상판, 다리, 조리대, 연통 등은 각각 조립과 해체가 가능한데요. 전통적 가치를 중요하게 여기면서도 이 화목난로는 가변적으로 크기를 바꿀 수 있는 현대적 유연성을 갖추고 있는 것이죠. 화구에는 내화유리가 이중으로 부착되어 있어 그을음이 끼지 않습니다. 또 화실은 원통형으로 내화라이너 처리되어 있고 1~2차 공기 공급을 통해 다중고온청정 연소가 가능합니다. 다른 모델에는 연소 촉매가 부착되어 장작을 청정하게 연소합니다. 화실 상부에 열기배출지연판이 부착되어 있어 연통으로 빠져나가는 열 손실이 적고 열 이용률이 높습니다. 또한 연소 과학의 기본을 충실히 구현한 이 난로는 연소 효율이 높고 배출되는 배기가스가 적습니다. 역사와 전통을 자랑하는 버몬트주의 상징인 느릅나무 금속 조각을 화구 전면에 부착한 이 난로는 전통적 아름다움과 가치를 포기하지 않고도 어떻게 가장 현대적일 수 있는지를 보여주는 명품 난로 중 하나입니다. 우리나라에서도 이런 난로가 나올 수 있기를 기대해봅니다.

참조 : http://www.vermontironstove.com/

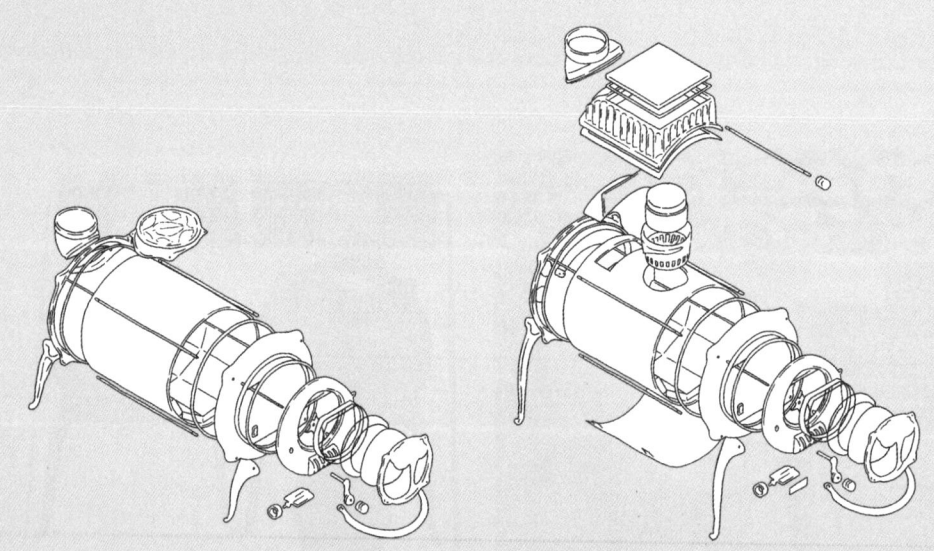

▶ 느릅나무 화목난로의 구조와 부품도

08 가스의 흐름을 바꾸면 난로가 바뀐다

　화목난로가 기밀형(Airtight)인가? 아닌가? 이것은 매우 중요합니다. 정밀하게 화실에 공급하는 공기량을 조절할 수 없는 화구와 여기저기 곳곳의 미세한 틈으로 공기가 끊임없이 들어가는 허술한 재청소문 때문에 닫아도 닫아둔 것이 아닌 화목난로라면 높은 연소 효율을 기대하긴 어렵습니다. 기밀형 화목난로는 화실로 주입되는 공기의 양을 완전히 차단하거나 정밀하게 조절할 수 있지요. 이미 실내 온도가 후끈할 정도로 높아졌는데도 화력을 조절할 수 없는 난로 안의 장작이 활활 타고 있다면 어떻게 해야 할까요. 공기조절기를 완전히 닫으면 바로 화실의 불이 꺼지고, 공기량을 낮추면 화실의 불꽃도 따라서 줄어드는 기밀이 유지되는 화목난로라야 장작도 적게 들고 연소 효율도 높습니다. 사용자가 공기 공급을 제어할 수 있어야 화력을 조절할 수 있고 연소 시간도 조절할 수 있지요. 공기량 조절을 통해 굴뚝 효과, 즉 굴뚝에서의 상승 효과를 낮추고 화실에서 손실되는 열량도 줄일 수 있습니다. 이런 기밀형 화목난로는 일반적으로 배연량을 조절하기 위한 굴뚝댐퍼Damper가 필요 없습니다.

　기밀형 화복난로라 할지라도 공기의 주입 위치, 2차 공기주입 유무, 자동 공기 공급과 수동 공기 공급, 열기배출지연판의 위치나 유무에 따라 연소 방식과 효율이 달라질 수 있습니다. 어떤 방식이 더 효율적이냐를 쉽게 말할 수는 없겠죠. 세밀한 긱 부분을 어떤 비례로 얼마나 정밀하게 제작하느냐에 따라 효율이 달라질 수 있기 때문이니까요. 이 점

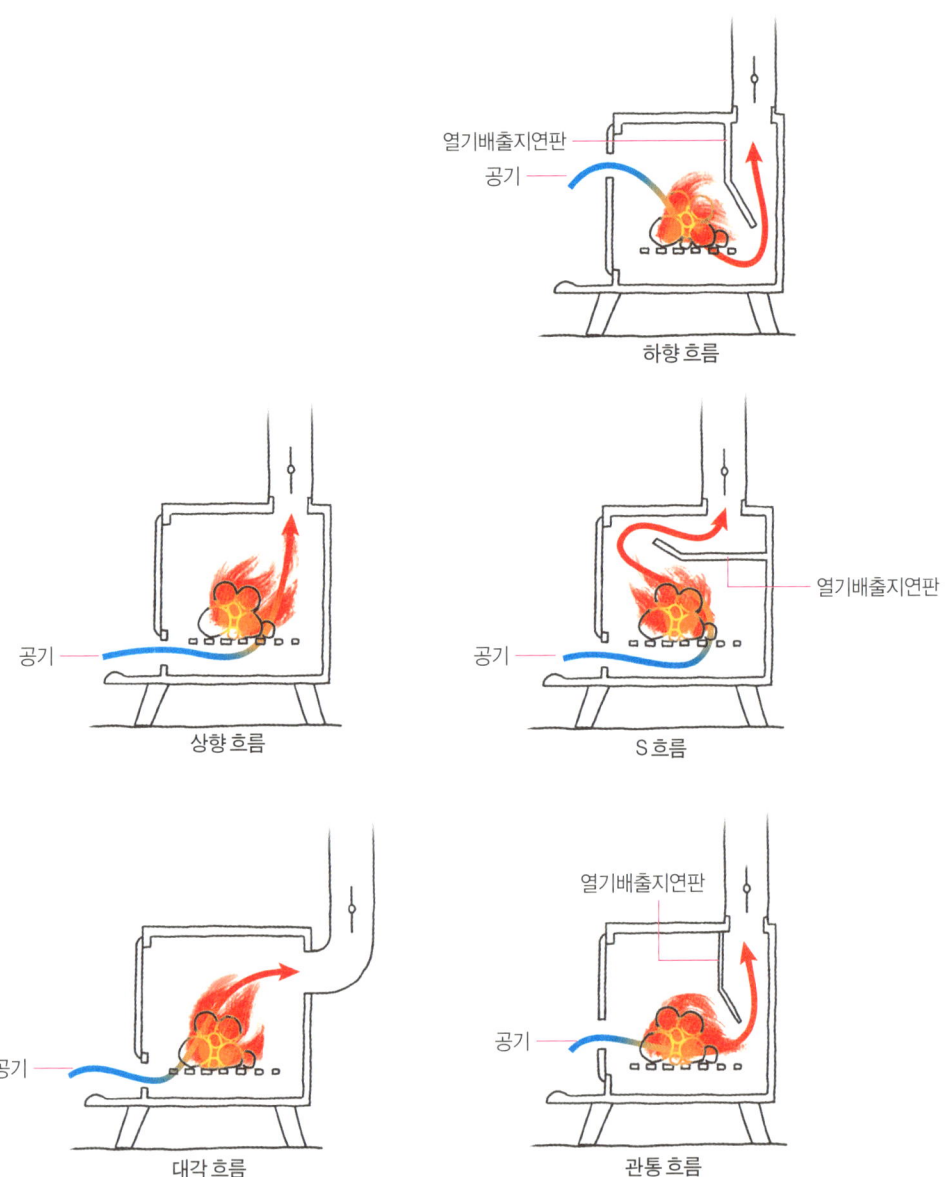

▶ 공기의 주입 위치와 화실 내 연소가스의 흐름 유형
화살표는 공기와 연소가스의 흐름을 표시한다.

이 명품 난로 제조사들이 오랫동안 쌓아온 노하우입니다.

화목난로는 연소의 진행 방향, 공기 공급 위치, 연소가스의 흐름 방향, 기밀 유무, 난로의 재질 외에도 다양한 기준에 따라 분류할 수 있습니다. 무엇보다 중요한 기준은 화실 내로 주입하는 공기 공급 위치와 연소가스의 흐름인데요. 공기와 연소가스의 화실 내 흐름을 이해해야 화목난로를 제대로 설계할 수 있습니다. 화실 내 공기의 흐름은 공기 공급구의 위치와 열기배출지연판, 연통의 위치에 따라 바뀌는데요. 연소가스의 흐름에 따라 화목난로는 상향형, S형, 대각선형, 하향형, 관통형 등으로 구분할 수 있습니다.

상향형(Up Draft)과 대각선형(Diagonal Draft)은 연소 효율이 낮습니다. 이 둘의 차이는 집중 발열 위치가 다르다는 점입니다. 상향형은 상판에 고르게 열이 집중되고 대각선형은 뒤판 특히 연통 연결부에 집중되지요. 대각선형은 상향형에 비해 공기의 공급량에 덜 민감한 편입니다. 화실로 공급되는 공기가 장작 불꽃의 윗부분을 스치고 지나가기 때문에 연소 속도나 화력에 영향을 덜 끼치지요. 반면 상향형은 공기 공급량에 따라 화실 내 연소가 민감하게 변화합니다.

S형(S Draft)은 시가연소형(Cigar Burn)으로도 부릅니다. 화실 상부에 열기배출지연판이 있어 열 이용률을 높일 수 있고 장작은 화구문 쪽에서부터 화실 안쪽으로 타들어갑니다. 즉 연소의 진행 방향은 화실 앞에서 뒤로 진행합니다. 공기는 화실 앞쪽에서 뒤쪽을 돌아 열기배출지연판을 통과하는데요. 이 구조에서 화실이 깊을 경우 화실 안쪽에 공기희박현상으로 불완전연소할 수 있습니다. 이럴 때 열기배출지연판 하부에 2차 공기분사관을 설치하면 고온 연수를 유도할 수 있지요. 현대적인 화목난로가 가장 많이 채용하고 있는 구조입니다.

하향형(Down Draft)은 연소 효율이 가장 높고 고온청정 연소가 특징입니다. 공기는 위에서 아래로 흐르고 불꽃과 연소가스 역시 화실바닥의 장작받침 겸 불목을 통과해서 연통으로 빠져나가지요. 이 구조 역시 열기배출지연판이 기본적으로 부착되어 있습니다. 고온청정 연소가 특징으로 유럽형 고효율 화목보일러나 펠릿보일러에서 주로 적용되고 있는 구조인데요. 이 유형의 난로에서는 모든 개폐구의 기밀과 공기량의 미세조절 유지가 필수적입니다.

관통형(Cross Draft)은 바닥연소(Base Burn, Bottom Burn)라고도 부르는데 하향형보다 연소 효율은 조금 낮지만 다른 화목난로들에 비해 연소 효율이 높고 고온청정 연소가 특징입니다. 화실 내 가득 찬 연소가스(연기, 가연성가스, 기타 분진, 공기)는 화실바닥의 재와 숯불층을 통과해야만 연통으로 빠져나갈 수 있기 때문에 숯불층을 통과하며 재연소하기 때문에 상대적으로 고온청정 연소되는 것이죠. 또한 관통형 연소가스 흐름을 가진 화목난로는 연소 시간이 깁니다. 공기는 화실바닥 쪽에만 집중되기 때문에 연소는 장작의 하부에 제한되고, 화실 내 적재된 상부의 장작은 가열되어 가스와 습기를 발생시키면서 점점 숯이 되어가지만 곧바로 불이 붙지 않고 연소가 지체됩니다.

청정 연소와 공기 공급량

1. 1차로 연소실(화실)에 공급되는 공기 공급량은 전체 공기 공급량의 20~40%일 때 청정 연소한다. 전체 공기 공급량의 1/3은 1차로 주 연소실로 공급된다. 2차로 2차 연소실(불목 이후의 연소 공간)에 전체 공기량의 60~80%를 공급한다. 예상과 달리 훨씬 많은 양의 공기가 2차 연소실에 공급되어야 한다. 이와 같이 공기를 1~2차로 나누어 주 연소실과 2차 연소실에 단계적으로 공급하는 것이 중요하다.

2. 연기 중에 포함되는 유동성 재(Fly Ash)를 줄이기 위해서는 공기 공급 속도를 줄여야 한다. 그렇지 않으면 재가 날릴 수 있다. 1차 연소실은 680℃ 정도를 유지해야 한다. 1차 공기가 공급되는 주 연소실의 온도는 우리의 예상과 달리 상대적으로 낮은 중온 상태로 유지되어야 고온청정 연소된다. 유럽의 침니 스토브Chimney Stove(직립형 화목난로)형 고효율 화목난로는 심지어 초기 착화 이후에는 장작받침을 통해 밑에서 화실로 공급되는 1차 공기를 완전히 차단하거나 공기 공급량을 줄이고 공급 속도를 줄인다.

3. 2차 공기가 공급되는 2차 연소실은 내화라이닝 처리되어야 하고 2차 연소실을 통과하는 연소가스의 체류 시간을 늘릴수록 고온청정 연소된다. 2차 연소실의 온도는 주 연소실의 온도보다 높게 800℃ 이상으로 유지하되 내화라이닝 후면에 열 교환기를 통한 냉각이 가능하다.

4. 산소센서(람다센서)를 연통에 장착하여 이와 연동된 강제 송풍장치를 장착하면 고온청정 연소에 도움이 된다.

5. 보일러의 경우 추가로 단열처리한 대형 저수조(온수통)를 부착한다. 화목보일러는 온수센서를 장착하여 기름보일러처럼 온도에 따라 착화, 연소, 소화를 반복할 경우 불완전연소하고 그을음과 목초액이 과다 발생하는 원인이 된다. 화목난로는 최적 고온상태로 한 번에 연소시켜서 뽑아낸 열로 물을 가열하여 철저하게 단열처리한 대용량 저수조에 축열한 후 사용하는 것이 열 이용률 차원이나 배기분진을 감소하는 차원에서 효과적이다.

6. 정전기식 필터장치를 연통에 부착하면 배기가스 중 잔류물질을 흡착하여 제거할 수 있다.

고효율 화목연소장치에 필수적인 고급 제어시스템

1. 난로의 화력과 공기 공급량을 정밀하게 제어하기 위해 온수센서, 람다센서(배기 중 산소농도 센서), 화실 온도탐침 등 각종 센서와 연결된 효과적 제어시스템이 필요하다.

2. 화목보일러나 화목난로는 소화, 착화, 연소 등 잦은 연소 변화를 최소화해야 한다. 즉 피우다 끄다를 반복해서는 안 된다. 유럽의 화목보일러는 중간 연소 중지 없이 한 번에 고온 연소 후 가열된 물을 대형 온수통에 저장하여 사용한다.

3. 난로나 보일러는 연료(장작)의 추가 투입을 금지해야 한다. 불완전연소와 배기가스, 분진 증가의 원인이다. 적절한 규모의 화실이 필요하고 충분한 시간의 고온 연소가 필요하다.

참고 : Ultra-low Emissions, European-style Wood and Biomass Combustion Technology
by Raymond J. Albrecht, P.E.
Buildings Research NYSERDA Albany, NY

모듈화된 자옥Zaug 로켓스토브

자옥 스토브Zaug Stove는 로켓매스히터의 연소부와 발열드럼통을 모듈화한 화목난로입니다. 로켓스토브의 기본 연소 방식인 하향연소와 연소점 집중이 특징인데요. 장작의 불꽃과 연기가 화실바닥 밑으로 내려갔다 열기상승관을 타고 오른 후 다시 발열통과 열기상승관 사이를 통해 내려온 후 연통을 통해 빠져나가는 구조입니다. 모듈만 따로 화목난로로 사용할 수도 있고, 축열체와 연결하여 로켓매스히터를 만드는 데 사용할 수 있습니다. 자옥 스토브는 드럼통과 각관을 이용하여 만들 수 있는데 발열드럼통 내부에는 로켓매스히터의 열기상승관 구조가 이중 각관으로 구성되어 있습니다.

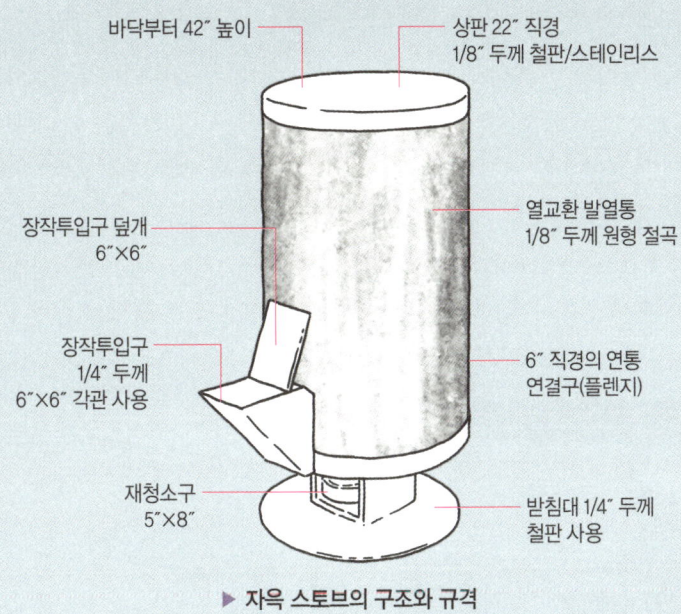

▶ 자옥 스토브의 구조와 규격

사진에서 보이는 발열통 안쪽에는 각관으로 만든 열기상승관과 장작투입구가 연결되어 있습니다. 열기상승관 주위에 있는 4개의 앵글은 열기상승관을 감싸는 이중관이 얹힐 자리입니다. 열기상승관과 이중관 사이에는 펄라이트 등 단열재를 채워줍니다. 열기상승관 역시 6″×6″ 각관을 사용합니다.

연통 직경은 약 150mm, 150mm 직경 발열드럼통에는 연통을 끼울 수 있는 연통 연결구 플렌지가 부착되어 있습니다. 이렇게 연통을 연결하고 연통 위를 흙으로 덮거나 구들장과 같은 축열부를 부착하면 로켓매스히터가 됩니다.

▶ 자옥 스토브에 수평연통을 연결한 모습
  흙을 감싸면 로켓매스히터가 된다.

▶ 자옥 스토브와 축열의자의 결합 예시

출처 : http://www.zaugstoves.com/

09 이중 미세조절 기밀 화구문

화구문 단속은 이중으로

제대로 된 난로의 화구문은 이중입니다. 화구문은 과열되어 변형되기 쉽고 변형되면 과도한 공기가 화실로 공급되어 고온 연소를 방해하지요. 만약 화구문이 얇으면 너무 빠르게 열 손실이 일어납니다. 이 때문에 화구문 안쪽에 간격을 띄워 내판을 부착하거나 화목보일러의 경우엔 내화토판을 덧대기도 합니다. 화실 안의 불꽃을 보기 위해 화구문

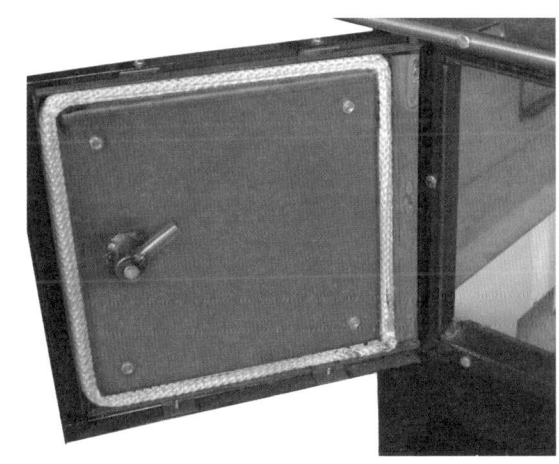

기밀을 위해 화구문에 세라믹 로프가 끼워져 있다.
또한 열 변형과 급격한 열 손실을 방지하기 위해 화구문 안쪽에 내판이 덧붙여져 있다.

에 내화유리로 조망창을 만들기도 하지만 조망창이 클수록 열 손실이 크기 때문에 고온 연소를 방해하지요. 이때 화구문에 2겹의 내화유리를 간격을 띄워 조망창을 이중으로 만들면 열 손실을 줄이고 불꽃도 볼 수 있고 내화유리에 끼는 그을음도 줄일 수 있습니다. 화구문에 끼는 그을음은 화실 안쪽과 바깥의 온도차 때문에 생기는 일종의 결로입니다. 공기층을 두고 이중으로 부착한 이중 조망창은 안팎 온도차를 줄여주기 때문에 결로, 즉 그을음 부착을 줄여주는 것이죠. 한마디로 화구문을 이중으로 단속해야 열효율이 좋습니다. 화구문으로 열이 팍팍 나와야 실내 가열에 도움이 되겠다 싶지만 화실 내 장작을 고온 연소시키는 것이 우선되어야 합니다. 고온의 열을 실내 난방에 이용하는 것은 그 다음 문제지요.

과도한 공기 공급은 금물

보통 화목난로의 경우 나무 연소에 필요한 공기량의 2.5배 이상 과도한 공기가 화실로 유입됩니다. 그 결과 화실 온도를 낮추는 역효과가 일어납니다. 그럼 불을 붙일 때 부채질이며 풍구질은 다 헛된 일이었단 말인가? 공기를 많이 불어 넣어야 불이 활활 타오르지 않나? 이게 도대체 무슨 말일까요.

물론 처음 불을 붙일 때나 어느 정도 화실의 온도가 올라가기 전까지는 많은 공기를 필요로 합니다. 그러나 화실이 700℃ 이상 고온으로 유지되어 장작을 완전연소하려면 처음보다는 공기량을 줄여야만 합니다. 외부의 차가운 공기가 화실의 온도를 떨어뜨리기 때문이지요. 화실로 공급되는 공기량을 미세하게 조절하기 위해서는 우선 기밀이 유지되어야 합니다. 화구문이나 재서랍문을 강하게 압착하여 닫거나 내열 세라믹 로프를 테두리에 끼워서 기밀을 유지해야 하지요. 이때 세라믹 로프는 일종의 개스킷 역할을 합니다. 화구문이나 재서랍문의 기밀을 유지하는 것과 함께 화실로 공급되는 공기량을 미세하게 조절할 수 있는 공기조절구가 필요합니다. 기밀을 전제한 미세 공기조절구는 과도한 공기 공급으로 인한 화실 냉각을 방지하고 고온 연소 환경을 유지합니다. 이뿐 아니지요. 너무 빠르게 단시간 내에 장작이 타버리면서 과열되는 것을 방지해줍니다. 그 결과 연소 시간이 길어지고요. 일반적으로 불꽃의 크기는 공기량에 비례하고 연소 시간은 화실로 공급되는 공기의 양에 반비례합니다. 화구문의 기밀과 미세 공기조절이 잘되는 난로는 공기조절에 따라 화실 내 불꽃의 크기도 민감하게 증감됩니다.

따라서 공기주입구를 완전히 닫으면 화실 내 장작의 불꽃도 완전히 사그라지고 소화되어야 합니다. 말로만 기밀 미세조절을 자랑하는 난로들은 공기조절구를 완전히 닫아도 불은 꺼지지 않고 화력 조절도 잘되지 않는 경우가 종종 있습니다.

미세 공기조절 화구의 출현

미국에서 양산된 초기 주물난로 제품조차 미세 공기조절 화구는 일반적으로 적용되지 않았습니다. 아마도 일일이 수동으로 공기주입량을 조절하는 일이 번거롭다고 여겼기 때문일 테지요. 초기의 화목난로 제작자들은 정밀한 미세 공기조절장치를 만드느니 연통댐퍼를 부착하여 공기흡입량을 조절하는 것이 제작하기도 쉽고 경제적이라고 여겼을 겁니다. 참고로 연통댐퍼를 장착해서 배연량을 조절하면 화실로 공급되는 공기 흡입 압력을 줄일 수 있습니다. 그러니 연소 중에 연통댐퍼를 완전히 닫으면 실내로 유독가스가 새어 나올 수 있는데요. 이 때문에 연통댐퍼는 완전히 닫았을 때에도 3~5% 정도 열릴 수 있도록 틈을 남겨두고 제작해야 합니다. 밤새 불이 꺼지지 않도록 연통댐퍼를 아무리 작게 열어 놓는다 해도 과도한 공기가 화실로 공급되고 그 결과 연소 시간은 짧아

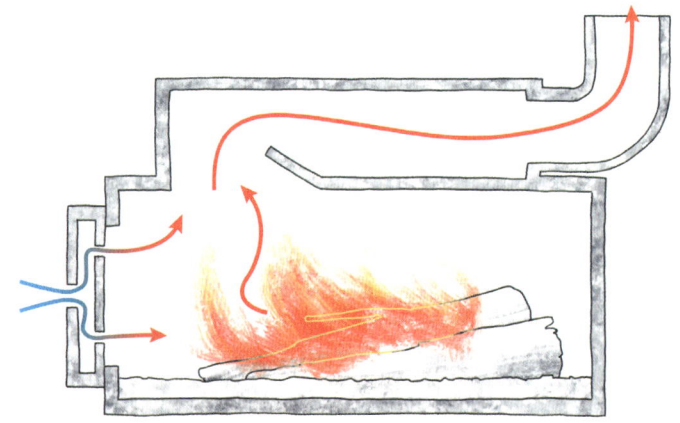

1차 공기는 장작의 하부에, 2차 공기는 불꽃의 상부에 공급한다.

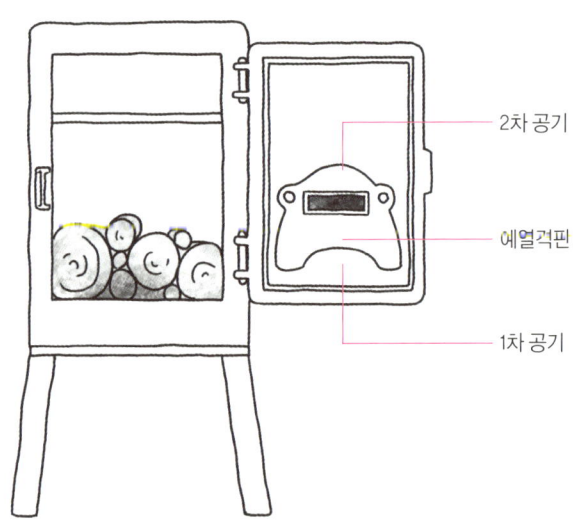

▶ 예열격판을 부착한 화구문과 단계적 공기 공급

집니다. 그래서 아침이 오기 전에 불은 꺼지고 실내 온도는 떨어지기 마련이죠. 이런 문제를 해결하기 위해 두꺼운 장작을 넣거나 생나무를 넣어 오래 타기를 바라지만 결코 좋은 방법이 아닙니다.

점차 기술이 발달하면서 화목난로에 공기를 미리 예열하여 공급할 수 있는 공기주입구가 나타나기 시작했습니다. 초기의 구조는 매우 단순한데 화구문에 뚫린 공기구멍 안쪽에 약간 간격을 띄운 예열격판을 부착했습니다. 화구문의 공기구멍을 통해 들어온 공기는 화실의 열기에 의해 달궈진 이 격판 안쪽에서 예열되어 위아래로 분사되었죠. 이때 장작 하부로 분사된 공기가 1차 공기이고, 장작 불꽃의 상단으로 분사된 공기가 2차 공기가 됩니다. 이러한 단계적 공기 공급은 고온 연소를 촉진합니다.

기밀과 온도감응 미세 공기조절을 통합한 애슐리Ashley

1836년 이삭 오르Isaac Orr는 최초로 기밀 화목난로로 특허를 냈는데요. 특허가 풀린 후 대부분의 고효율 화목난로들은 미세 공기 공급량 조절이 가능한 기밀 구조와 공기조절장치를 부착했습니다. 미세 공기조절을 위해서는 온도 변화에 따라 공기 공급량을 자동 조절하는 장치가 있어야 의미가 있겠지요. 하지만 초기 주철난로 제조업자들은 제작의 어려움 등으로 인해 이러한 방식을 기피했습니다. 그러나 미국의 난로 제작자들은 결국 화목난로의 수준을 한 단계 높였지요. 가장 주목할 화목난로는 화목난로의 기밀 유지와 온도감응 공기 공급 조절, 이 두 가지를 통합시킨 애슐리Ashley였습니다.

화목난로에서 기밀과 미세 공기조절(Airtight)의 장점과 안전성을 간과하는 사람들이 종종 있습니다. 난로에 대한 서양의 현대적인 법적 규제를 보면 대부분 실내용 난로들의 화구 기밀을 필수적으로 요구하고 있는데요. 연소 효율을 높일 뿐 아니라 필요할 때 화력을 원하는 수준으로 조절할 수 있어야 하는 것입니다. 위급시에는 소화, 즉 화실 내의 불을 신속하게 끄고자 할 때에도 이러한 난로의 기밀과 공기 공급의 미세 조절은 필수적이지요. 현재는 애슐리 화목난로와 같이 자동 조절할 수 있는 기밀 자동급기(Airtight) 방식을 채택하는 난방장치들이 주류를 차지하고 있습니다.

 기밀과 미세 공기조절을 위해서 화구문, 재서랍 등 개방된 부분은 세라믹 로프 등 개스킷을 이용해서 닫았을 때 밀봉될 수 있어야 하고 난로를 구성하는 각 요소들은 정밀하게 결속이 되거나 새는 곳 없이 용접되어 있어야 합니다. 특히 공기조절부는 정밀해야 하는데 초보 난로제작자들이 어려움을 겪는 부분이지요.

애슐리Ashley 화목난로

▶ 기밀과 온도감응 미세 공기조절 장치가 결합된 애슐리 화목난로

애슐리 난로는 결코 고가라서 명품이 아닙니다. 한 번 사면 30년 이상 사용할 수 있는 높은 내구성과 정밀성으로 미국에서 사랑받으며 사용되어온 난로이기 때문입니다. 이 난로에 매료된 사람들은 인터넷을 뒤져서 부품을 찾고, 다 녹슨 중고 난로까지 마다하지 않고 구매하려 합니다. 한 번 사면 다시 다른 난로를 살 필요가 없을 정도로 튼튼해서 결국 애슐리는 마틴 인더스트리(Martin Hearth & Heating)라는 회사에 인수당한 불운의 화목난로 제조회사가 되었죠. 앞으로 에너지 위기와 저성장시대가 닥치면 내구성이 있는 고효율 난로가 다시 각광을 받지 않을까요.

우리나라도 양산을 위해 값싸게 생산된 난로보다 100년 이상을 사용할 수 있는 내구성 높은 난로를 만드는 장인이나 생산협동조합 하나쯤 있었으면 좋겠다고 생각합니다. 자원 고갈과 에너지 위기의 시대를 맞아 지속가능한 생태적 전환 사회에선 물건의 가격이나 디자인보다 내구성이 더 중요한 가치가 될 것이니까요.

애슐리 화목난로는 1차 공기가 온도의 변화에 따라 반대편 공기주입관을 통해 공급되도

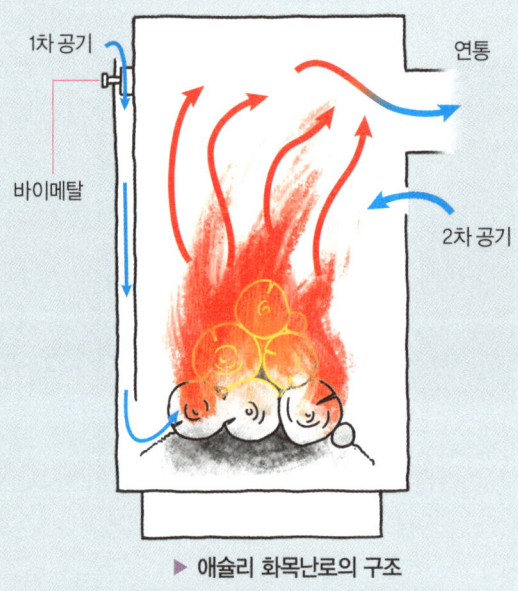

▶ 애슐리 화목난로의 구조

록 만들어져 있습니다. 공급된 공기는 화실 내부에서 대각선으로 불을 지난 후 연기와 함께 연통을 통해 빠져나가지요. 바이메탈 헬릭스 코일Bimetal Helix Coil을 온도 감응장치로 부착할 때, 애슐리 화목난로의 설계자는 화목난로 전면의 긴 수직관 입구에 설치하기로 결정했습니다. 이 장치는 결국 공기관을 여닫는 역할을 합니다. 화실 내로 흡입되는 공기는 긴 수직의 관에서 미리 뜨겁게 예열되어 화실로 들어가기 전 상당한 정도로 부피가 팽창하는데요. 이렇게 뜨겁게 가열되어 팽창된 공기가 흡입되면 나무가스의 연소를 돕고 화실의 고온을 유지해줍니다.

애슐리는 초기 모델을 좀 더 발전시켰는데 자동화된 2차 공기주입 장치를 연통이 있는 뒤쪽에 부착했습니다. 처음 불이 붙고 나서 화실 내부 온도가 상대적으로 낮을 때는 2차 공기주입구를 닫았다가, 화실 내 온도가 숯 상태로 상당한 정도 올라갈 때는 2차 공기주입구를 엽니다.

이렇게 화실 온도에 따라 2차 공기주입구를 여닫으면 흡입압의 변화가 생겨 1차 공기주입량을 보다 민감하게 자동 조절할 수 있습니다.

그 다음 애슐리 화목난로는 실내 공기를 보다 적극적으로 가열하는 대류형 화목난로로 발전했습니다. 애슐리 난로 본체 바깥으로 어느 정도 간격을 띄우고 에나멜 코팅을 한 얇은 철판을 외장으로 덧씌웠습니다. 이와 같이 난로 본체와 외장의 틈을 통과하며 가열된 공기가 강한 대류를 일으키며 보다 효과적으로 공간이 넓은 실내 온도를 빠르게 높이게 되는 것이지요. 이렇게 별도의 외장을 가진 난로 표면 온도는 보다 낮고 부드럽게 유지됩니다. 그 결과 난로는 가볍게 손을 대어볼 수 있고 부주의로 인한 화상 위험을 줄일 수 있게 되었습니다. 애슐리와 같은 온도감응 조절형 기밀 화목난로는 스칸디나비안 스타일 화목난로에 있는 전형적인 열기배출지연판이 없습니다. 기본적으로 이러한 화목난로의 열효율은 기밀성과 온도에 반응하는 예열된 공기 공급 조절, 화실 내부 측면라이닝의 결과인데요. 종종 난로 본체와 외피 사이의 가열된 공기의 대류현상을 가속시키기 위해 사용되는 송풍장치 역시 열효율을 높이는 요인 중에 하나입니다.

III

열 이용률을 높이는 4가지 방법

10 열 손실을 줄이는 열기 우회 구조

11 불 꺼진 후에도 따뜻한 축열식 돌난로

12 대류식 화목난로 온풍기

13 연소 시간을 오래오래

10 열 손실을 줄이는 열기 우회 구조

'깨진 독에 물 붓기'는 쓸데없는 헛수고를 일컫는 속담이지요. 난로 버전으로 바꾼다면 '깡통난로에 헛불 떼기'라고 할 수 있을까요. 깡통난로는 화실 내부에 고온 연소를 위한 내화라이닝도, 열 손실을 줄일 수 있는 장치도, 미세 공기조절 장치도 없는 아주 단순한 난로를 말합니다. 안타깝게도 국내에 보급되어 있는 적지 않은 난로들이 깡통난로 수준이라 할 수 있습니다. 열효율이나 열 이용률이 낮은 화목난로들은 연통을 통해 연소열의 25% 내외의 열기를 하늘로 날려 보내지요. 집을 데우는 것이 아니라 하늘을 데우는 격입니다. 여기에 불완전연소로 인한 열 손실까지 합치면 약 75%의 열 손실이 일어납니다. 실제 난방에 활용되는 열은 고작 25% 수준이죠. 이러한 문제를 해결하기 위해 개발된 장치가 열기배출지연판입니다. 장작이 타면서 내는 열이 곧바로 연통으로 빠져 나가지 않도록 내화토판이나 철판으로 일부를 막거나 우회 구조로 만든 장치인데요. 열기배출지연판이나 열기 우회 구조들은 열 손실을 막는 외에도 발열 위치를 바꾸는 데 사용됩니다. 예를 들어 상자형 난로에서 열기배출지연판이 없는 경우 발열은 주로 연통이 꺾어진 부분에 집중되는 데 반해 지연판을 부착하면 열기가 지연판을 넘어가게 되는 난로 상판에 발열이 집중됩니다. 이외에도 열기배출지연판이나 우회 구조는 난로 내부의 열 교환이 일어나는 전열 면적을 확대하는 역할도 합니다.

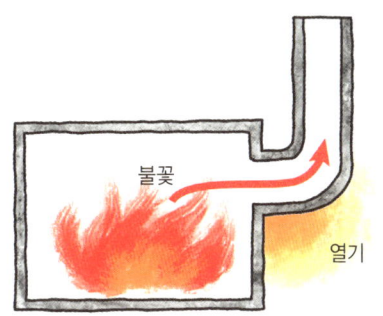 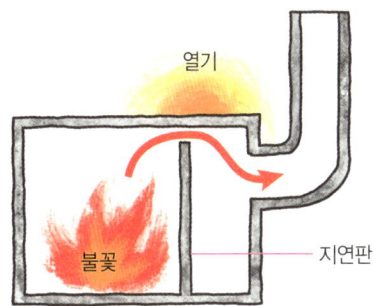

▶ 열기배출지연판을 부착한 경우(오른쪽)와 없는 경우(왼쪽)의 발열 부위

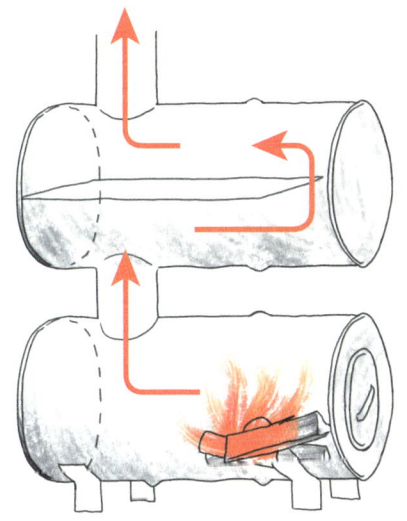

열기배출지연판은 열 손실을 줄일 뿐 아니라 방열 면적을 넓혀준다.

제10장 | 열 손실을 줄이는 열기 우회 구조

열기 우회 구조와 직행댐퍼

    열기배출지연판은 수직, 수평, 측면 등 다양한 방식으로 2~3중으로 부착할 수 있습니다. 그러나 대부분의 화목난로에서는 화실 상부에 한 개의 열기배출지연판을 둡니다. 수직, 수평의 열기배출지연판을 이중, 삼중으로 설치할 경우 자칫 연기 배출이 방해받을 수 있습니다. 특히 처음 화목난로에 불을 붙일 때 연기역류현상이 발생할 수 있지요. 이 때 직행댐퍼(Direct Damper, 열기통과조절판)를 두어 화실의 열기가 열기배출지연판을 거치지 않고 곧바로 연통으로 빠져나가게 하여 예열시키면 연기역류현상을 해결할 수 있습니다. 연통이 충분히 뜨거워지고 나면 연통 내부에 상승기류가 생기면서 흡입 압력이 높아지기 때문에 직행댐퍼를 닫아도 화실의 열기는 자연스럽게 열기배출지연판을 돌고 돌아 연통으로 빠져나가게 됩니다. 이처럼 열기 우회 구조가 복잡한 경우나 화실의 열기를 하강시켰다가 연통으로 배출시키는 경우 직행댐퍼는 필수라 할 수 있습니다.

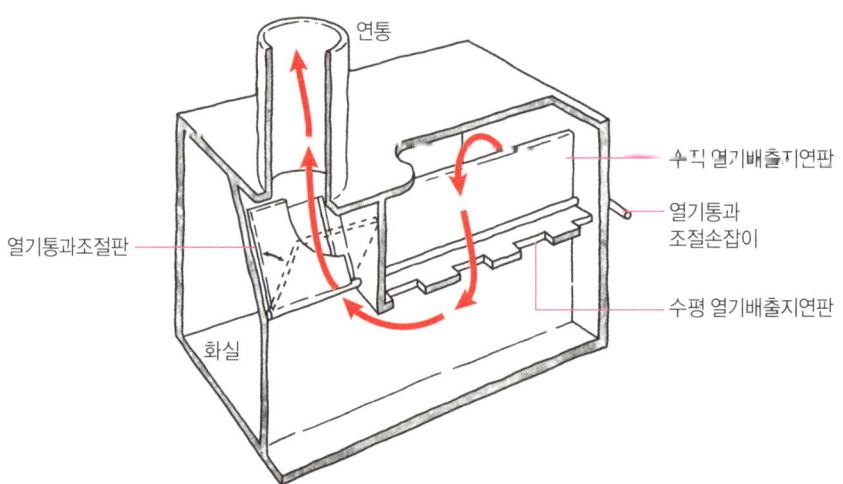

▶ 복잡한 다중 열기배출지연판 구조와 초기 착화시 연통 예열을 위한 직행댐퍼(열기통과조절장치)

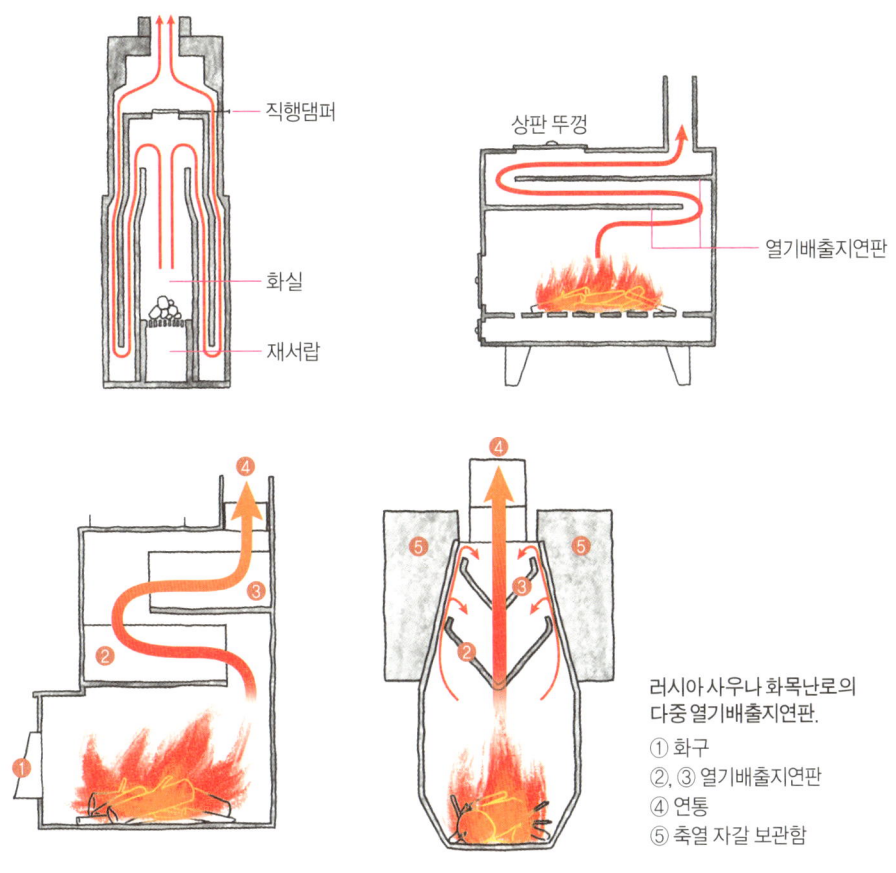

▶ 다양한 형태의 열기배출지연판과 우회 구조들

　상자형 철판난로에 부착된 이중 수평 열기배출지연판 구조는 종종 열기배출지연판 위에 재나 그을음이 쌓여 막힐 수 있습니다. 이 때문에 재청소구를 둘 필요가 있지요. 따로 재청소구를 둘 수 없는 경우에는 상판의 조리화구 뚜껑을 열어 재를 청소하거나 상판 자체를 조립 부착한 경우 상판을 떼어내고 청소를 할 수 있도록 만듭니다. 열기배출지연판을 경사지게 부착하여 재가 화실로 자연스럽게 떨어지도록 만들기도 하고요. 이처럼 열기 우회 구조가 복잡하면 착화시 필요한 직행댐퍼와 재청소를 위한 재청소구 등 부가적인 구조도 복잡해지고 제작비용도 올라갑니다.

철판난로의 열기배출지연판은 초기에는 단순히 두꺼운 철판을 사용하여 만들었지만 급격한 열 변형 등 많은 문제점을 갖고 있었지요. 이후 열기배출지연판 자체를 내화토판으로 제작하여 고온 연소를 유도할 뿐 아니라 내구성을 높이는 방향으로 발전했습니다. 유럽의 고효율 화목난로들의 내부는 결국 내구성 문제로 인해 고온에 의한 산화, 부식과 변형에 견딜 수 있는 내화토판 또는 내화캐스터블 성형물로 만듭니다. 화실 내부는 내화라이닝과 열기배출지연판까지 내화물로 만들어지면서 결국 철판이나 주철은 난로 몸체나 외관에만 사용되는데요. 유럽의 현대식 벽난로는 결국 과거 돌과 벽돌로 축조한 벽난로의 원형으로부터 크게 벗어나지 못하고 다시 회귀하고 있습니다.

▶ 제2공방 이근세, 이주연 작가와 함께 제작한 거북이 난로
화실 상부에 미로 같은 구조의 열기 우회 박스를 장착하여 열효율을 높였다.
완성된 난로는 고려대 강수돌 교수 집에 설치되었다.

방열통 또는 보조 열교환 장치

대부분의 화목난로들은 연통을 통한 열 손실이 큽니다. 기존 화목난로의 연통 연결구에 방열통 또는 열교환 장치를 부착하면 열 이용률을 높일 수 있습니다. 방열통이라 불리는 보조 열교환 장치는 연통으로 곧바로 연소가스와 열기가 빠져나가지 않도록 우회시키거나 회전 또는 체류 후 배연되도록 만들어져 있습니다. 방열통의 원리는 비교적 간단한데요. 방열통의 연도를 밑부분에 두면 열기는 위로 고였다가 방열되면서 식은 후 아래로 흘러나가게 됩니다. 물이 아래부터 고여서 위로 넘쳐흐른다면 열기는 항상 위로 고였다 아래로 넘쳐흐르지요. 지나친 열교환으로 인해 연통의 최종 배출온도가 너무 낮으면 연통 결로의 원인이 될 수 있습니다. 보통 연통 맨 끝단의 배연 기준 온도는 연기에 포함된 물이 여전히 기화 상태를 유지할 수 있는 110℃인데요. 110℃ 이상 되어야 연통 연기 중의 수증기가 냉각될 때 생성되는 결로가 발생하지 않습니다. 이러한 결로를 목초액이라고 하고 이것이 굳으면 크레오소트Cresote라는 탄소덩어리가 만들어집니다. 종종 크레오소트에 불이 붙으면 연통 화재의 원인이 되지요. 연통 화재의 경우 약 1,400℃가량의 고온이 발생합니다. 이러한 이유로 벽체를 통과하는 연통 주위는 반드시 충분한 여유 공간을 두고 불연단열재로 채워야 합니다.

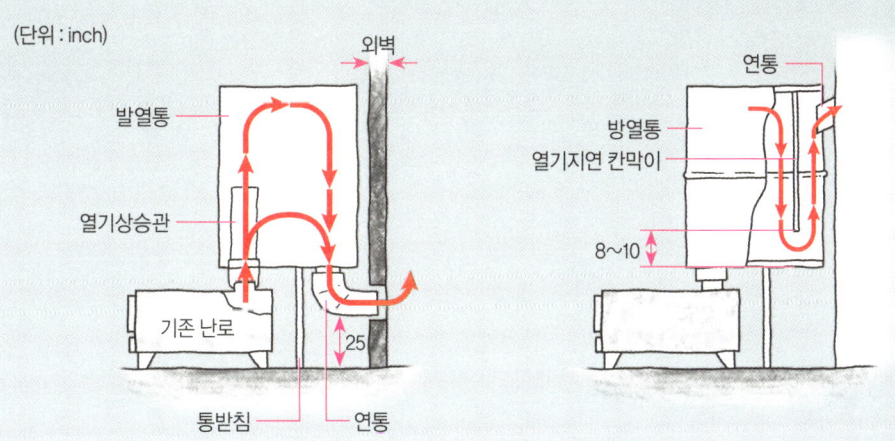

▶ 연통 연결구에 드럼통으로 만든 방열통을 끼우는 사례

제10장 | 열 손실을 줄이는 열기 우회 구조

▶ 완주에서 개최한 '나는 난로다' 전환기술페스티벌에 출품된 제품
LPG통을 재활용하여 난로 상부에 연결하였다. 방열통과 오븐실을 겸한다.

11 불 꺼진 후에도 따뜻한 축열식 돌난로

화목난로의 단점은 장작불이 다 꺼지면 곧바로 식는다는 점입니다. 혹시 추운 겨울 새벽 잠들었을 때 불이라도 꺼지면 낭패지요. 이럴 때 화실로 공급되는 공기량을 줄이면 연소 시간을 늘릴 수 있겠지요. 또 공기 공급을 화실바닥에만 공급하는 바닥연소(Base Burning) 유형의 난로는 상대적으로 연소 시간이 깁니다. 하지만 이런 장치가 없는 난로를 사용 중이라면 이 단점을 해결할 수 있는 방법은 없을까요?

▶ 러시아의 돌 축열 화목난로

러시아의 돌난로

화목난로의 장작불이 꺼진 후에도 실내를 따뜻하게 유지할 수 있는 가장 간단한 방법은 화목난로 주위에 틀을 만들고 돌을 채우는 것입니다. 돌은 좋은 축열재이기 때문에 난로불이 꺼진 후에도 오랫동안 열기를 실내로 내뿜지요. 난로 주변에 돌이나 벽돌을 쌓아놓으면 불이 꺼진 후에도 축열된 열을 이용할 수 있습니다. 한옥의 구들도 결국은 구들돌에 저장한 열을 이용하는 방식이지요.

러시아에는 돌난로가 있는데요. 난로 본체와 외부 안전판 사이에 돌을 채워 열을 저장하는 방식의 난로입니다. 난로 주변에 축열을 위해 돌을 채울 때 너무 작은 잔돌을 채우거나 돌을 난로 본체와 바로 밀착시키면 문제가 발생합니다. 난로와 돌 사이에 공기가 흘러 지나갈 수 있는 틈이 있어야 하니까요. 보통 안전판과 본체 사이에 그대로 돌을 채우면 될 것으로 생각하지만 난로의 열이 외부로 발산되지 못해서 벌겋게 과열될 수 있고, 난로 구조에 열 변형이 오거나 도리어 원활한 열 교환을 방해할 수 있습니다. 또 열 교환은 어느 정도의 온도 편차가 있어야 되는데 외부의 돌로 인해 열 편차가 줄고 열 교환이 일어나지 않은 상태로 대부분의 열이 연통으로 빠져나갈 수 있습니다. 이러한 문제를 해결하기 위해 러시아의 돌 축열난로는 돌을 채우는 공간과 난로 본체 사이에 이격판을 두고 이곳을 통해 공기가 흘러갈 수 있도록 만들었습니다. 당연히 이곳을 통해 대류 열 교환이 일어나지요. 즉 적당한 공기 냉각과 돌에 축열이 함께 일어날 수 있도록 만들어져 있습

그물 형태의 안전판 사이에 돌을 채워 넣는다.

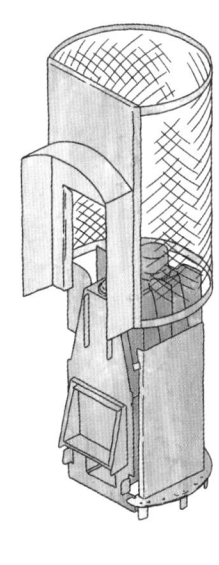

난로 본체와 안전판 사이에 이격판과 공기 통로가 마련되어 있다.
안전판과 이격판 사이에 돌을 채운다.

니다. 또 다른 변형 중에는 난로 안전판에 돌을 쌓는 것 외에 난로 상부에도 돌을 담아두는 형태의 난로가 있는데요. 물론 이때 화실 내부의 불꽃이나 연기가 돌에 직접 닿지 않도록 되어 있습니다. 화실 내부는 열기가 우회할 수 있는 구조로 되어 있고요. 상부 돌이 쌓인 공간에도 하부에 공기구멍이 있어 자연스럽게 대류현상이 일어나도록 만들어져 있습니다.

이태리 타일난로와 도기난로

축열을 이용하는 난로 중에는 이태리 타일난로와 도기난로가 유명하지요. 타일난로는 돌 대신 두꺼운 도기타일을 축열재로 사용하고, 도기난로는 아예 난로 몸체가 도기

▶ 이태리의 타일외장 축열난로

▶ 내화도기 안에 내화토판 라이닝을 끼워서 만든 이태리의 축열식 다단도기난로

로 만들어져 있습니다. 또 도기 몸체 안에는 내화토판 라이닝을 끼워 축열이 가능하도록 만들어집니다. 도기난로는 단별로 쌓아 올릴 수 있는 조립식 다단 구조로 만듭니다. 현대적인 축열식 돌난로들은 축열, 열복사, 대류 열을 모두 이용하고 있지요.

러시아의 사우나난로

한겨울에는 영하 40℃ 이하까지 내려가는 추운 러시아에서는 축열 돌난로를 일찍부터 이용해 왔습니다. 주말 별장인 다챠에는 다양한 방식의 돌 사우나난로를 사용하는데 이 난로는 돌 위에 물을 뿌리면 수증기가 발생하도록 만들어졌습니다. 보통 이런 난로 위에는 온수 가열통이 달려 있지요. 초기 사우나난로들은 화실 내부에 돌을 채워 넣었습니다. 화실 안의 불꽃과 연기가 난로 내부에 쌓아놓은 돌 사이를 통과해서 연통으로 빠져나가는 방식이었죠. 그러나 이 방식은 돌 사이에 붙은 그을음과 재를 자주 청소해야 하는 등 번거로웠을 겁니다. 현대의 사우나난로들은 화실 내부구조와 돌을 채우는 공간이 분리되어 있어 돌에 불꽃이나 연기가 직접 닿지 않습니다. 이렇게 화실 내부구조와 축열공간을 분리하면 돌에 물을 뿌려 수증기를 내뿜게 만들 수 있습니다. 상업적으로 대량 생산되는 사우나돌난로는 작고 이동성 있는 구조로 만들어지는데요. 화실과 열기통로, 돌 상자, 온수통 등이 분리되어 있습니다. 비록 작지만 내부에 다중의 열기배출지연 구조가 있어 열 이용률이 높지요. 현대적인 사우나용 돌난로는 보통 대류 가열도 가능합니다. 난로 본체 밖에 본체와 간격을 띄우고 별도의 외장을 부착하는데 본체와 외장 사이의 간격을 통해 실내의 공기가 가열되며 자연 대류를 일으키게 되는데요. 복사열, 축열, 대류 열을 함께 이용할 수 있는 난로인 셈입니다. 우리나라에도 빨리 이런 멋진 축열식 돌난로들이 등장하길 기대해봅니다.

- 축열 자갈통으로 연기가 새지 않음
- 연통
- 중앙 열교환 연도 (연통으로 연결됨)
- 내장 온수통
- 가스 이동 흐름
- 금속 외판 화실과 외장 사이로 집 안의 공기 가열 대류 열 교환 발생
- 재빠짐 틈
- 축열 자갈로 통하는 공기틈새
- 내열 스테인리스 화실
- 주물 장작받침
- 재서랍
- 재서랍함

▶ **러시아의 돌축열 사우나난로**
온수 가열과 대류 가열이 동시에 가능하다.

기본적인 원리와 구조를 이해하면 창조적인 유연함을 갖게 되죠. 원리와 구조를 이해하는 가장 빠른 길은 모방입니다. 모방을 너무 부끄러워할 필요는 없겠지요. 오히려 지나친 독창성의 강조는 자칫 오류와 실패로 이어질 수 있으니까요. 우리는 기술의 역사성을 이해하고 인정해야 합니다. 현대의 기술은 과거 기술의 성과이자 개선입니다. 현대적 기술의 대부분은 선대 인류의 성과들에 빚지고 있는 것이지요.

'모방이야말로 창조의 어머니.' 어쩌면 세상에 새로운 것은 없고 다만 변형만 있을지도 모르겠군요.

난로를 아름답게 만드는 페이싱Facing

열효율이 좋지 않은 깡통난로들은 난로 몸체가 곧 외형 그대로인 홑겹입니다. 대부분의 작업장 난로들은 홑겹이고 투박하지요. 그래도 화상 예방을 위해 안전 그물망이나 타공판 등으로 안전판을 둘렀다면 기본은 갖춘 난로입니다. 이러한 안전판이 점차 발전되어 난로를 조형적으로 또는 아름답게 만드는 외장(Facing, Finish)으로 바뀌었지요. 난로의 외장은 난로 본체로부터 떨어져 있기 때문에 고온으로 가열되지 않습니다. 이 때문에 난로에 중저온을 견딜 수 있는 도료를 칠할 수 있죠. 검은 주철이나 강철 그대로의 날 것이 아니라 색색의 컬러 강판으로 옷을 입힐 수 있습니다. 서양에선 광물성 내화도료를 이용한 에나멜 코팅이 유행하기도 했고요. 난로의 외장은 컬러 강판, 스테인리스 철판 외에도 도기, 석판, 타일 등 다양한 재료로 만들 수 있습니다. 하지만 난로의 외장은 단지 겉모양만 꾸미는 데 그치지 않는데요. 난로 본체와 외장 사이의 틈새는 집 안의 공기를 효율적으로 데우는 대류 가열 공간 역할을 해줍니다.

▶ 컬러 강판으로 외장한 고급 화목난로

▶ 도기타일로 외장한 고급 화목난로

12 대류식 화목난로 온풍기

복사열 vs 대류 열 화목난로

　화목난로는 주로 복사열을 이용하는데요. 복사열은 난로 본체로부터 눈에 보이지 않는 레이저빔과 같은 열선을 주변으로 내뿜어 전달하는 열입니다. 복사열 방식의 단점은 난로와 사람 사이에 장애물이 있으면 열이 전달되지 않는다는 것이지요. 만약 교실처럼 넓은 공간이라면 난로로부터 멀리 떨어진 구석자리까지 열이 충분히 전달되지 않습니다. 물론 복사열 방식의 난로 주위에도 공기가 뜨거워져 상승하며 순환하는 대류현상이 아주 없는 것은 아닙니다. 다만 이때 데워진 공기는 주로 난로 바로 위로 올라가고 열은 난로 주위에만 집중됩니다. 화력이 큰 대형 난로로 교체하다 해도 만족할 만한 난방 효과를 기대하긴 어렵습니다. 난로 가까이 다가가면 너무 뜨겁고 멀어지면 급격히 추워지니까요. 일반적으로 난로는 방 한쪽에 치우쳐 설치하는데 복사열만을 이용하는 난로는 난방 효율이 떨어집니다. 대류식 난로는 이러한 복사열을 주로 난방에 활용하는 화목난로의 단점을 개선하기 위해 만들어진 난로인데요. 대류식 화목난로는 한마디로 화목난로 온풍기인 셈입니다.

　넓은 공간을 난방하는 데는 대류식 화목난로가 효과적입니다. 대류식 난로는 적극적으로 실내의 공기를 가열하여 순환시키므로 공간 전체가 열 균형을 이루며 고루 따뜻해

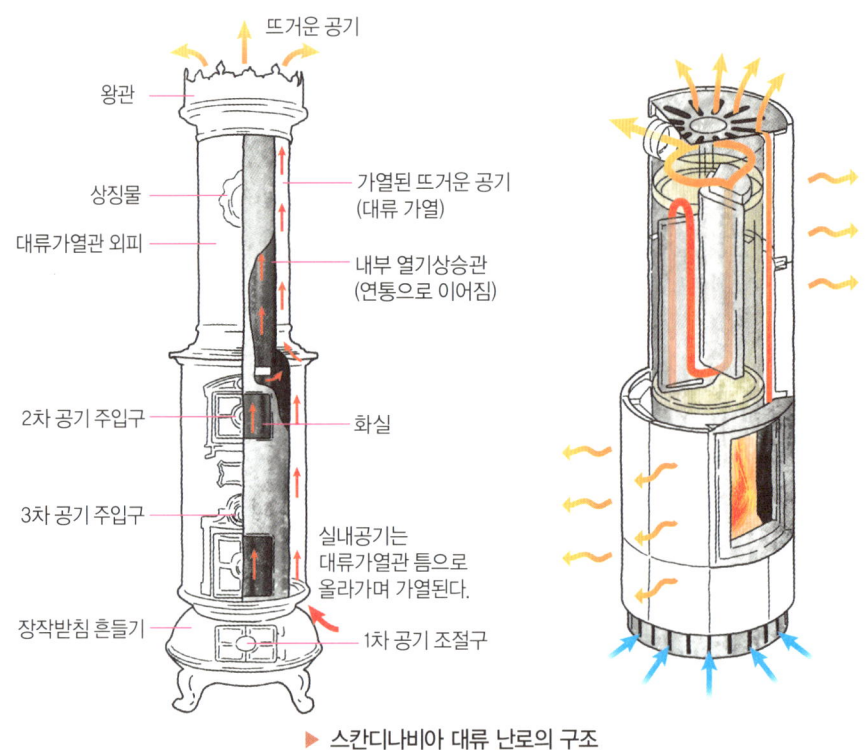

▶ 스칸디나비아 대류 난로의 구조

지죠. 대류 난로는 덴마크를 비롯한 스칸디나비아 국가들에 기원을 두고 있습니다. 일반적으로 대류식 난로는 복사식 난로에 비해 키가 큽니다. 난로 본체와 외부 마감 사이에 공기가 통과하면서 가열되는 대류가열관이나 틈을 갖는데요. 실내의 공기가 대류가열관을 통과하면서 대류가열관이 없는 경우와 비교하여 보다 효과적으로 가열되고 가열된 공기가 빠르게 순환되지요. 가열된 뜨거운 공기는 난로 외부의 실내 공기보다 뜨겁고 가볍기 때문에 대류관 내에서 확장되며 강한 압력으로 상승한 후 실내로 분사됩니다. 이 때 대류관 하부로는 상대적으로 차가운 실내의 공기가 흡입되고요. 대류관으로 부터 분사된 뜨거운 공기는 보다 빠른 속도로 난방 공간으로 확산되며 순환됩니다. 이 때문에 규모가 작은 대류식 화목난로로도 넓은 공간을 효율적으로 데울 수 있는 것이죠.

　대류식 난로의 또 다른 장점을 찾아볼까요. 일반 난로는 보통 난로로부터 가연성 물질을 두지 않는 방화 거리를 80cm 이상 유지합니다. 반면 대류식 난로는 외장이 난로 본체의 뜨거운 열을 막아주기 때문에 방화 거리를 좁힐 수 있지요. 본체와 외장 사이의 대류가열관을 통과하는 공기가 난로 본체의 강한 열을 낮추기 때문입니다. 이와 같은 이유로 대류식 난로의 외장 온도는 손을 잠깐 접촉한다 해도 화상을 입지 않을 정도로 위험이 줄어듭니다.

자연 대류식 vs 강제 송풍식

　대류식 난로에는 자연 대류식과 강제 송풍식 두 종류가 있습니다. 강제 송풍식은 씨로코 팬Sirocco Fan 또는 크로스 팬Cross Fan과 같은 송풍 팬을 대류가열관에 부착한 것으로 보다 넓은 공간을 난방하는 데 효과적입니다. 소음이나 진동이 발생할 수 있고 전기를 이용해야 하지요. 씨로코 팬보다는 크로스 팬이 소음과 진동이 적습니다. 저소음 또는 무음 송풍기를 장착하면 소음 문제를 해결할 수 있는데요. 송풍 팬의 흡입력 때문에 집 안의 미세한 먼지들이 난로 주변으로 모이는 경향이 있습니다.

대류가열관의 위치

　난로 본체에 외장을 부착하여 대류 가열 공간을 만드는 방식 외에도 대류가열관을 난로 본체 화실 내부 또는 몸체 자체에 부착하여 대류식 난로를 만들 수도 있습니다. 다만 러시아의 대류식 난로처럼 화실 내부에 대류가열관을 부착할 경우 화실 내부 온도를

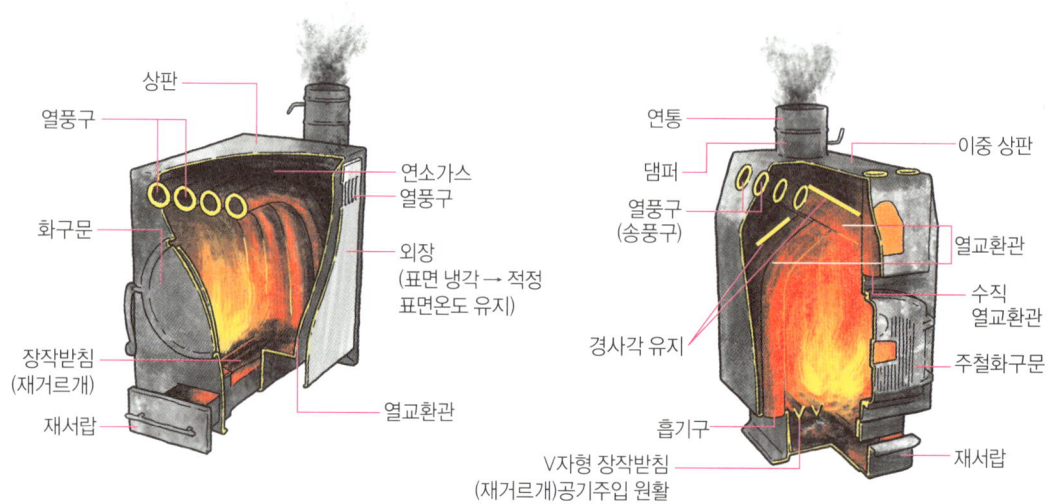

▶ **러시아의 대류식 화목난로**
대류가열관(열교환관)이 화실 내부를 통과한다.

낮추게 되어 고온 연소를 방해할 수 있습니다. 이 문제를 해결하기 위해 독일이나 서유럽의 고효율 화목난로는 화실 내에 고온을 유지할 수 있도록 내화라이닝을 부착하고 라이닝 뒤에 대류가열관을 설치하여 냉각 효과를 줄입니다. 대부분 대류가열관의 흡기구는 화목난로의 하부나 후면 하부에 두고 열풍구, 즉 뜨거운 공기가 분사되는 송풍구는 화목난로의 상부나 상부 전면에 둡니다. 상대적으로 차가운 공기는 밑으로 내려가고, 뜨거운 공기는 위로 올라가기 때문이죠. 보다 적극적으로 뜨거운 바람을 실내로 분사하기 위해 전동 송풍팬(일명 브로워)을 열교환관의 흡입부에 부착하는데요. 송풍 팬에 직접적인 열이 가해지지 않도록 방열판을 부착하거나 과도하게 열을 받지 않는 위치에 부착합니다.

화목난로에 선풍기와 같은 강력한 송풍 팬을 부착할 경우 농업용이나 공업용 온풍기로 사용할 수 있습니다. 체코의 강제 송풍 대류식 난로인 캄나 팔코Kamna Falco는 넓은 규모의 작업장 난방에 효율적이지요. 송풍 기능을 강화한 대류식 화목온풍기는 하우스

▶ **캄나 팔코의 대류식 화목난로**
대형 선풍기가 부착되어 있다.

가온용 경유온풍기의 대용품으로 일본과 미국 농가에서 많이 이용되고 있습니다.

타이머와 온도센서

강제 송풍식 난로의 경우 불이 꺼진 후에도 계속 송풍 팬이 돌아간다면 실내는 따뜻해지기보다는 차가운 바람 때문에 냉각되겠지요. 자리를 비우거나 잠든 사이 이러한 일이 벌어지면 안 됩니다. 이럴 때 송풍 팬에 타이머 스위치를 달아두거나 온도센서를 부착하면 적당한 시간이 경과하거나 난로의 온도가 일정 온도 이하로 떨어지면 송풍 팬이 자동으로 꺼지도록 만들 수 있습니다.

제주 강정마을의 대류식 다코타난로

2013년 해군기지 건설 반대 투쟁을 하고 있는 제주 강정마을을 방문하여 적정기술 워크숍을 개최했습니다. 아름다운 해변이 공사장이 되고, 거대한 펜스가 둘러쳐진 모습을 보니 마음이 무겁기만 했지요. 많은 지킴이들과 마을 주민들이 열악한 환경에서 활동하고 있었는데 지난겨울 난방장치 없이 춥게 지낸 분들이 많았습니다. 먼저 화목난로 개량법에 대해 강의 한 후에 주변에 있던 드럼통과 버려진 난로를 활용하여 대류식 난로를 만들었습니다. 구조는 간단한데 버려진 화목난로를 드럼통 안에 넣고 드럼통 하부에는 씨로코 팬을 달고 상부에는 연통을 활용해서 열풍구를 달았지요. 드럼통 내부의 난로에서 뽑아 올린 연통은 드럼통을 관통하여 연기를 배출하도록 만들었습니다. 열풍구의 온도는 80℃. 대형으로 만들면 비닐하우스에도 사용 가능합니다. 대류식 화목난로는 여러 개의 방으로 분리된 건물에 덕트로 연결해서 온풍을 불어 넣어 동시에 여러 공간의 난방을 해결할 수도 있습니다. 대류식 난로는 실내에도 설치하여 사용할 수 있는데 단, 실외에서 사용할 경우는 외부 단열이 필요합니다.

▶ **완성된 대류식 다코타난로 앞에서**
왼쪽부터 함승호, 진일주, 필자, 오영덕.

13 연소 시간을 오래오래

 자주 장작을 넣을 필요 없이 오래오래 타는 화목난로는 어떤 난로일까? 어떻게 난로를 사용해야 할까? 어떤 나무를 사용해야 할까? 이런 질문을 한마디로 "어떻게 화목난로의 연소 시간(Burning Time)을 길게 만들 수 있을까?"로 요약할 수 있습니다.

 화목난로를 평가할 때 연소 시간이란 처음 장작에 불이 붙은 때부터 다시 장작을 추가 투입했을 때 불이 다시 붙을 정도의 불씨(숯)가 남을 있을 때까지 경과된 시간을 말합니다. 불씨가 남아 있는 화실은 최소 300℃ 이상의 착화 온도를 유지하고 있어야 하지요. 연소 시간의 정의가 이러한데도 어떤 이들은 불씨조차 남지 않은 때까지 경과된 시간을 연소 시간이라 우기며 자신이 만든 난로의 성능을 아전인수 격으로 자랑하기도 합니다.

 좋은 난로의 선택과 평가를 위해서는 기준을 제대로 세워야 합니다. 북미의 난로 카탈로그들을 보면 연소 시간 12시간은 일반적이고 40시간까지 자랑하는 제품들이 소개되어 있습니다. 하지만 소비자들의 평가 글을 보면 40시간 연수에 대해서는 회의적인 글이 많았습니다. 난로 제조사들이 긴 연소 시간을 앞다투어 자랑하지만 난방 공간의 규모와 단열 정도는 제각각이지요. 사용자에게 중요한 기준은 한 번의 장작 투입으로 적당한 실내온도를 유지할 수 있는 적정 난방 시간이 얼마나 되느냐가 중요합니다.

 다시 처음의 질문으로 돌아가 그 답을 간략히 말하자면 연소 시간을 결정하는 3요소는 '연료의 질', '장작 투입량', '공기 공급 조절'입니다.

어떤 나무가 오래 탈까?

생나무를 넣으면 오래 탄다고 고집 부리는 사람들이 많지요. 과연 맞는 말일까요? 생나무는 자른 지 얼마 되지 않아 수분 함량이 높은 장작입니다. 이런 나무는 단점이 하나둘이 아닌데요. 불이 붙더라도 나무의 수분을 증발시키는 데 많은 열량을 소모시켜서 화력은 대략 50% 정도 감소합니다. 연기 중의 수분 때문에 연통에 목초액은 줄줄 흐르고 그을음도 많이 끼지요. 연통 화재와 난로를 부식시켜 내구성을 떨어뜨리는 원인이 됩니다. 이렇게 고온 연소하지 못하기 때문에 발열량이 낮고 완전연소하지 못하기 때문에 연기 중 오염물질 농도도 높아집니다. 이런 이유로 화목난로의 이용도가 높은 미국뿐 아니라 캐나다와 유럽, 러시아의 대다수 정부는 생나무의 화목 사용을 금지하고 있지요. 최소 2년 이상 건조하여 함수율 14% 이하의 장작을 화목으로 사용할 것을 권장하고 있고 있습니다.

왜 참나무가 화목으로 최고라 말할까요? 밀도가 높기 때문입니다. 밀도가 높은 나무는 화력도 좋고 오래 타는 장점이 있지요. 단점은 밀도 높은 수종을 화목으로 사용할 경우 종종 과열되기 쉽다는 것입니다. 밀도가 낮은 나무라고 나쁘기만 한 것은 아닙니다. 상대적으로 화력을 조절하기 쉽고 과열되지 않습니다. 이런 이유 때문에 밀도가 높은 나무와 밀도가 낮은 나무를 혼합하여 사용해야 한다는 주장도 있죠. 우리나라엔 소나무가 많아 종종 화목으로 이용됩니다. 소나무에는 송진이 많고 이 송진에서 휘발성 테라핀유를 뽑아낼 정도이니 화력이 좋을 듯합니다. 그러나 좀처럼 완전연소하기 어렵고 그을음이 많이 생기고 화실 내부나 연통에 진득한 그을음을 남기기 때문에 화목으로 권장하기 곤란합니다. 캐나다 정부는 올바른 화목난로 사용을 위해 〈Burn it Smart〉란 안내서에 연소 시간 순서로 나무의 종류를 정리하고 있어 여기에 소개합니다.

	나무 종류
밀도가 높고, 긴 연소 시간 ↓ 밀도가 낮고, 짧은 연소 시간	흑단나무>회갈색 느릅나무>히코리Hickory>떡갈나무 또는 졸참나무>사탕 단풍나무>너도밤나무>노란 자작나무>물푸레나무>붉은 느릅나무>붉은 단풍나무>아메리카 낙엽송(Tamarack)>더글러스 전나무>흰 자작나무>마니토바 단풍나무>붉은 오리나무>북미산 솔송나무>포플러>소나무>참피나무>가문비나무>발삼나무

출처 : 캐나다 정부 〈Burn it Smart〉
http://www.epa.gov/burnwise/energyefficiency.html

잘 건조되고 밀도가 높은 나무를 화목으로 준비했다면 충분한 장작을 화실에 채워두세요. 난방 공간은 넓은데 난로가 작다면 애초부터 적정한 실내 온도를 유지할 화력과 긴 연소 시간을 동시에 기대하긴 무리입니다.

기밀을 유지하면 연소 시간이 길어진다

유럽의 명품 화목난로들의 홍보자료들 보면 종종 'Air Tight Wood Stove'란 표현이 눈에 띕니다. 공기가 새지 않고 기밀이 유지되어 미세하게 공기 공급량을 조절할 수 있는 난로를 의미하지요. 화구문과 재청소구문에는 세라믹 로프와 같은 불연재 개스킷이 끼워져 있어 기밀을 유지할 수 있어야 합니다. 만약 과도한 공기기 회실 안으로 들어가면 불길은 커지지만 고온 연소에 방해가 되고 연소 시간은 짧아집니다. 장작은 짧고 굵게 타버리지요. 기밀을 유지하는 화목난로들은 1900년대 초반에 대거 등장하기 시작했습니다. 기밀 화목난로에 대해서는 앞서 9장에서 자세히 다뤄두었습니다.

연소 시간을 길게 하려면 공기를 최대한 적게 공급해야 합니다. 물론 처음 불을 붙이

▶ 1900년대 초반의 책상용 Airtight 화목난로

고 나서 일정한 온도로 화실의 온도가 높아질 때까지는 충분히 많은 공기가 공급되어야 하고요. 연소 시간과 화력은 반비례합니다. 오래오래 불씨가 남아 있기를 원한다면 공기 조절 밸브를 최대한 줄여야 합니다. 이때 공기량을 너무 줄이면 화력이 함께 줄어듭니다. 이뿐일까요? 공기 부족으로 불완전연소하고 시꺼먼 연기가 연통으로 나올 수 있죠. 공기 과잉도, 공기 희박도 불완전연소의 원인이 됩니다.

내화라이닝은 연소 시간을 늘려준다

공기 공급을 줄였을 때도 청정하게 연소하게 하고 불씨가 오래 남도록 하려면 내화토 판이나 내화벽돌로 화실 내부를 한 번 덧대는 라이닝Lining은 필수입니다. 이러한 라이닝은 공기 희박 상황에서도 축열한 열을 장작으로 반사하여 고온 연소시킬 뿐 아니라 다음 장작 투입 때 쉽게 불이 붙을 수 있을 정도의 착화 온도를 유지해줍니다.

온도반응 드래프트 컨트롤러(Thermostatic Draft Controller)

국내에 소개되어 있는 원시적인 화목난로들은 대부분 수동 공기조절장치가 달려 있습니다. 게다가 대부분 헐거워 미세한 공기 조절이 어렵습니다. 원시적이란 표현은 절대 지나친 말이 아닌데요. 화목난로 이용이 보편적인 북미와 유럽의 현대적인 난로와 비교해도, 그동안 화목난로 기술 발전과 역사를 살펴봐도, 서구에서 1800년대 등장한 화목난로보다 현재 한국에서 이용되고 있는 대다수 화목난로들의 수준이 낮기 때문입니다. 수동으로 공기량을 조절하여 적정 화력을 유지하면서 청정 연소하게 하고 긴 연소 시간을 유지하기란 화목난로 앞에 붙어 앉아 지켜보며 조절한다 해도 결코 쉽지 않습니다. 연소 단계의 변화와 화실 온도에 따라 공기량을 수시로 조절해야 하기 때문이죠. 이러한 문제를 해결하기 위해 1900년대부터 화목난로 제조사들은 화목난로의 온도에 따라 자동으로 공기량을 조절할 수 있는 장치들을 부착하기 시작했습니다. 초기에는 주로 온도에 따라 수축과 팽창이 다른 두 가지 금속을 부착한 바이메탈 코일을 공기조질구와 시슬로 연결하여 자동으로 여닫게 했습니다. 하지만 불행하게도 바이메탈 장치들 대부분은 화실의 온도 변화에 대해 너무 느리게 반응하기 때문에 여전히 적절한 조절이 어려웠습니다. 그 결과 공기 조절과 연소 상태의 부적절한 연동으로 연소 상태가 오락가락하는 진동연소현상이 자주 발생하였지요. 이런 문제를 해결하기 위해 어떤 제조사들은 콘다 화목난로 온도 계(Condar Stove Thermostat)를 부착하여 화실 온도에 따라 미리 공기량을 제어하도록 초기값을 조절했습니다. 이 방법을 사용하면 약 20% 정도의 화목 연료를 절약할 수 있지요. 또한 화목 난방장치의 연통에서 배출되는 매연도 줄일 수 있었습니다. 게다

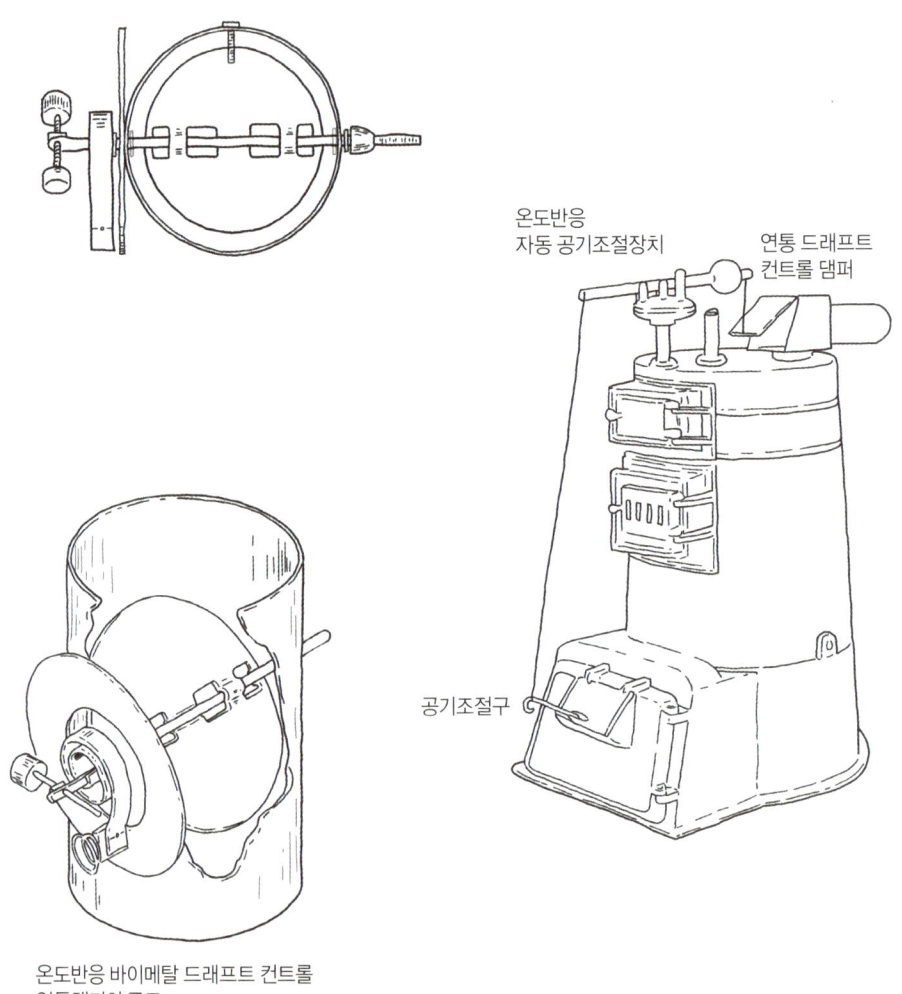

▶ 온도반응 드래프트 컨트롤 연통댐퍼와 온도반응 자동 공기조절장치가 달린 화목보일러

가 총 연소 시간도 12시간 이상 늘어났지요. 현대에 와서는 온도에 따라 수축·팽창하는 형상기억합금을 사용한 드래프트 컨트롤러Draft Controller나 탐침센서와 연결된 전동모터가 달린 컨트롤러를 화목난로나 화목보일러에 부착하고 있습니다. 필자가 속해 있는 전환기술사회적협동조합과 전주대 창업지원센터가 공동으로 개발하는 화목보일러 시제품에 이러한 장치들을 부착할 계획인데 국내에는 관련 부품이 없어 독일에서 구매해야만 했습니다. 이번에 구매하게 되는 제품은 댄포스Danfoss 사가 판매하고 있는 'ESBE ATA Draft Regulator'와 'RT3 Draft Regulator'였습니다. 참고로 화목난로 상판 또는 연통 연결구의 적정 온도는 280~320℃ 정도로 알려져 있고, 연통 맨 위 끝단의 온도는 연통 내부 결로를 방지할 수 있는 온도인 110℃가 적절합니다.

▶ 콘다 화목난로 온도조절계

▶ 화목보일러에 주로 징착하는 형상기억합금을 활용한 드래프트 컨트롤러.
컨트롤러는 온수파이프에 꼽고 사슬은 공기조절구와 연결한다.

연통댐퍼로 연소 시간을 조절할 수 있다

공기투입구에서 공기 공급량을 최소로 조절해놓아도 화목난로가 과열되고 여전히 연소 시간이 짧다면 연통댐퍼Damper를 달아야 합니다. 댐퍼는 연통 내부에 있는 격판으로 연통을 통해 빠져나가는 열기를 조절하기도 하고 연통 내부 가스의 상승 압력을 조절하지요. 연통댐퍼를 닫으면 연통을 통해 빨아올리는 힘이 약해지는데요. 따라서 화실 공기주입구를 통해 흡입되는 공기량도 연동하여 감소합니다. 역시 화력도 줄일 수 있고 연소 시간도 늘어납니다.

댐퍼의 기능을 좀 더 확장한 것이 옆으로 돌려놓은 'T'자 형의 바이메탈 연통 드래프트 컨트롤러입니다. 바이메탈 코일이 달려 있어 연통 내부 가스 온도에 따라 측면의 개폐 장치가 여닫힙니다. 연통 온도가 올라가면 컨트롤러의 개폐 장치가 열리면서 추가로 공기가 공급되므로 연통 내부의 상승압이 높더라도 화실 공기주입구의 흡입 압력은 낮아

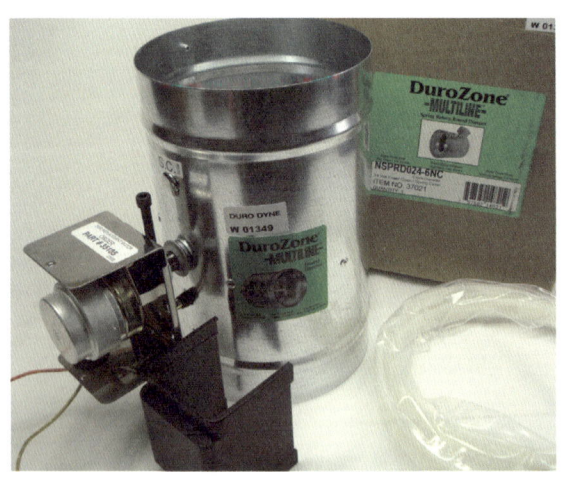 

▶ 온도센서에 연결된 전동댐퍼(좌)와 바이메탈 연통 드래프트 컨트롤러(우)

집니다. 그 결과 화력은 감소되고 연통의 온도도 떨어지죠. 연통 온도가 낮아지면 다시 연통 드래프트 컨트롤러가 닫히게 되고 화실로 공급되는 공기량은 증가하면서 화력이 커집니다. 이렇게 온도에 따라 반응하는 연통 드래프트 컨트롤러를 장착하면 화력을 조절할 수 있고 연통이 과열되는 것을 방지할 수 있습니다. 물론 연소 시간도 늘어나지요. 최근 북미와 유럽에서는 화목보일러에 온도탐침센서와 연결하여 동작하는 전동댐퍼를 장착하는 사례가 늘어난다고 하네요. 보통 연통 내부의 가스 온도가 280~320℃일 때 닫힐 수 있도록 설정하지만 화목난로의 종류나 주택의 단열 조건에 따라 적정한 온도 설정에 차이가 있을 수 있습니다.

　연통 드래프트 컨트롤러의 단점은 실내 공기를 연통으로 빨아올려 배출하기 때문에 밀폐와 단열이 잘 된 현대적인 건축물에서 사용할 경우 자칫 공기 희박으로 질식할 위험이 있습니다. 또한 이미 데워진 실내 공기를 배출하기 때문에 열 이용률이 떨어지게 되지요. 이러한 문제를 해결하기 위해 연통 드래프트 컨트롤러에 외부 공기주입관을 설치하

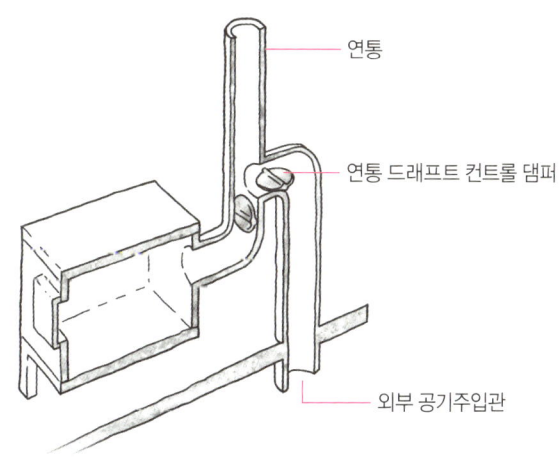

▶ 외부 공기주입관과 연결된 연통 드래프트 컨트롤 댐퍼

기도 합니다. 화구문의 공기조절구의 경우도 밀폐가 잘된 현대주택에서는 별도의 외부 공기주입관을 연결해두어야 공기 희박으로 인한 질식사를 예방할 수 있습니다. 만약 이러한 외부 공기주입관을 설치하기 어려운 조건이라면 화장실 쪽 창문을 미세하게 열어두어야 안전합니다.

연소 공간을 제한하면 연소 시간이 늘어난다

화구와 재청소구 등 기밀이 유지되고 미세 공기 조절이 가능하다는 전제 하에서 화실 내 장작이 연소하는 공간을 제한하면 연소 시간을 늘릴 수 있습니다. 5장에서 소개한 바닥연소 방식의 화목난로처럼 공기 공급을 장작받침이 있는 화실 하부 장작에 제한하여 공급하고 화실 중상부를 밀폐하면 연소 시간을 늘릴 수 있지요. 화실 중상단부에 놓인 장작의 연소는 화실 중상단부의 공기희박현상과 불완전 연소가스로 인해 쉽게 불이 붙지 않습니다.

연소 진행과 연소가스의 흐름 방향을 반대로

공기의 공급 방향이 장작이 연소하는 연소 진행 방향, 즉 불이 타들어가는 방향과 반대이면 연소 시간을 줄일 수 있습니다. 산불이 났을 때 산불이 번지는 뒤편에서 바람이 불면 산불은 더 커지죠. 반대로 맞바람이 불면 이미 산불이 지나간 자리 쪽으로 불이 움직여서 불이 잦아들거나 번지는 속도가 느려집니다. 공기뿐 아니라 화실 내에서 발생하는 연소가스(연기)와 불꽃의 방향이 장작이 타들어가는 연소 진행과 반대이면 역시 연소 시간이 늘어납니다. 2장에서 소개한 스칸디나비아의 시거 번Cigar Burn 방식의 화목난로는 담뱃불처럼 장작은 화구 앞쪽에서 화실 안쪽으로 타들어가고 발생한 연기는 화실 안쪽에서 화구 앞 위쪽으로 흐릅니다. 연소의 진행과 연소가스의 흐름이 반대인 거죠.

   3장에서 소개한 TLUD 방식의 데온 터보Deon Turbo 화목난로는 공기주입관이 화실바닥까지 연결되어 있어 화실바닥에서 위로 공기가 주입되지요. 연소가스도 연통을 향해 위쪽으로 향합니다. 그러나 장작을 한 번에 모두 채워놓는 배치Batch타입인 TLUD 방식의 특성상 장작 위에 불을 놓아 밑으로 타들어가게 하므로 역시 공기분사 방향과 연소의 진행 방식이 반대지요. 이들 난로들은 원시적인 화목난로들에 비해 평균적으로 연소시간이 깁니다.

독일의 삼중 단열 연통

2013년 독일 하노버에서 열리는 바이오매스 전시회를 비롯해 독일의 산림 바이오매스 에너지 산업의 현장들을 견학할 기회가 있었습니다. 이때 계속 나의 눈길을 끈 것은 화목난로나 화목보일러에 장착된 과도할 정도로 두껍게 만들어진 이중, 삼중의 연통들이었습니다. 대부분 스텐 재질을 사용했고 세라믹 울이나 유리섬유로 단열처리하고 다시 외피로 감싸져 있었는데요. 외피는 내관을 단열재로 감싸고 있어 플라스틱 재질을 사용하는 경우도 있었습니다. 연통은 다양한 종류의 댐퍼들이 장착되어 있어 배기량을 조절할 수 있도록 만들었습니다. 이뿐 아니라 벽면 내부에 연통을 삽입할 경우는 다시 사각의 내연보드로 만든 통로 안에 연통을 설치했더군요.

화목난로 이용 역사가 긴 유럽의 도시의 역사는 화재의 역사이기도 합니다. 종종 유명한 도시들이 화재에 휩싸여 도시 전체를 재건설하기도 했지요. 미국의 경우 1년 평균 2만 건 이상의 연통 화재가 발생한다고 합니다. 연통이 홑겹이면 쉽게 결로가 생기지요. 즉 불완전연소된 그을음과 결로가 연통 내부에 눌어붙어 농축된 탄소덩어리인 크레소트Cresote를

형성합니다. 자칫 여기에 불이 붙으면 1,400℃ 이상 고온의 열이 납니다. 이뿐 아니라 목초액은 연통을 부식시켜 가스 사고가 발생하기도 합니다. 크레소트로 연통이 꽉 막히게 되면 배연이 잘되지 않기 때문에 불완전연소하고 종종 실내로 가스가 역류하게 되는 원인이 됩니다. 이러한 이유들 때문에 유럽에서 연통은 건축법상 반드시 단열처리하도록 하고 이중, 삼중으로 감싸 화재를 미연에 방지합니다. 결로는 결국 연통 내외부의 온도차에 의한 것이기 때문에 연통을 단열하면 그만큼 목초액이나 크레소트의 발생이 줄어드니까요. 또한 차가운 외부 공기에 연통이 노출되지 않기 때문에 연통 내 결로가 생기지 않을 정도의 적정한 가스 온도를 유지할 수 있습니다. 그만큼 연통을 통한 열 손실도 줄어들겠죠. 고급 난로의 경우 스테인리스 철로 만든 이중 연통을 설치하는 사례도 있지만 국내의 경우 대부분 함석 도금한 스파이럴관이나 강관으로 만든 홑겹 강관을 사용하는 사례가 많습니다. 초기 설치비가 들더라도 이중, 삼중의 단열된 스테인리스 철로 만든 연통을 사용하길 권합니다. '난로 값이 반이면 연통 설치비가 반이다'라고 생각하세요. 돈 아끼려다 집 태우고 사람까지 위험해질 수 있으니까요.

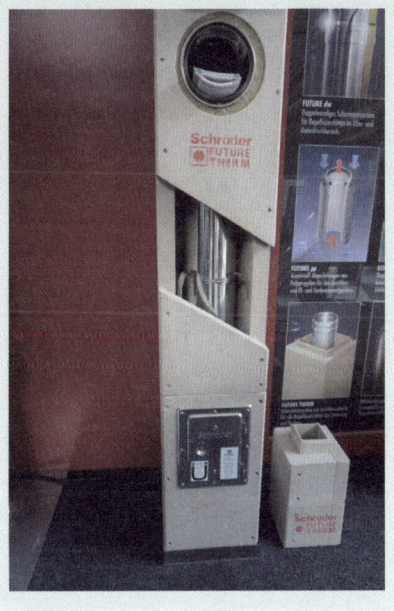

2부
벽난로

IV. 축열식 벽난로의 올바른 이해
V. 벽난로 이것부터 알아야 한다
VI. 러시아 페치카 만들기

축열식 벽난로의 올바른 이해

14　이것이 러시아 페치카다

15　러시아 페치카의 기본 구조와 유형들

16　핀란드와 스웨덴의 콘트라 플로우

17　독일과 스웨덴의 타일 벽난로

14 이것이 러시아 페치카다

14세기 이전 서구의 난방장치를 보면 집 안 한쪽 벽에 기대어 불을 피우는 모닥불에 지나지 않았습니다. 집 안에서 모닥불을 피운 모습을 상상해 보세요. 연기를 실외로 내보내는 배연장치는 지금의 주방 후드와 같은 모양으로 만든 '연기 갓'이나 지붕에 뚫린 '연기 구멍'이 전부였습니다. 15~16세기에 처음 '벽에 기대어 만든 난로', 즉 벽난로의 화실과 연기 구멍을 바로 연결한 굴뚝이 등장했는데 이때 굴뚝은 두꺼운 나무 널로 만들었기에 화재가 날 위험이 높았습니다.

러시아 페치카Pechka의 발전

러시아를 비롯한 유럽의 동북지역에서는 약 4,000년 전부터 돌과 흙으로 쌓아 만든 돔Dome 형태의 축열식 벽난로를 사용했습니다. 특히 혹독한 추위를 견뎌야 했던 러시아인들은 열효율이 높은 난방장치를 만들어야만 살아남을 수 있었지요. 러시아인들은 고대부터 벽난로에 관한 상당한 지식과 기술을 가지고 있었습니다. 16~17세기 도시가 확대되면서 러시아의 벽난로 기술은 상당한 수준까지 발전했는데요. 러시아 왕국의 기틀이 만들어지던 17세기 후반 본격적으로 벽난로 장인들이 양성되기 시작했습니다. 모스크바에는 혁신적인 디자인과 새로운 건축적 형태를 가진 벽난로가 등장하기 시작했지요. 이즈음 도기타일을 만드는 기술이 발전했고, 벽돌 공장이 세워졌고 벽난로와 불가마에 사용될 철물을 제작하는 제철 공장이 세워졌습니다. 벽난로의 발전은 러시아 산업의 발전과 괘를 같이했습니다. 소위 '페치카'로 불리는 전통적인 '러시아 벽난로'는 조리와 난방을 동시에 해결할 수 있는 다목적 난방장치입니다. 현대 유럽과 북미에서 사용되고 있는 축열식 벽난로들은 그 기원을 대부분 러시아 페치카에 두고 있습니다. 러시아야말로 축열식 벽난로는 물론 화목난로와 화목보일러 등 대다수 화목난방장치의 고향이라 할 수 있겠지요.

주목할 만한 페치카의 진보는 표트르 대제 때 일어났습니다. 당시 상트페테르부르크는 지나치게 인구가 증가하고 도시가 확대된 결과 겨울이 되면 수많은 굴뚝에서 나오는 연기 때문에 온 시민들은 질식할 지경이었습니다. 1718년 표트르 대제는 상트페테르부르크 내에 지나치게 많은 연기를 내뿜는 굴뚝과 연소 효율이 낮은 난로를 더 이상 설치하지 못하도록 금지령을 내렸지요. 1722년에는 모스크바까지 금지령이 확대되었고요. 당시 러시아 주택은 집 안이 모두 검게 그을려 있어서 어떻게 사람이 살 수 있었는지 모를 지경이었다고 합니다. 이 시기 벽돌을 이용해서 벽난로를 만드는 조적 방법과 규정들이 만들어지기 시작했지요. 동시에 벽난로의 연소 효율과 열 이용률을 높일 수 있는 시공 방법이 개발되었습니다. 벽난로 외장에 사용되는 다양한 마감재도 속속 개발되어 나왔습니다. 18~19세기에 타일을 부착한 러시아의 예술적인 벽난로들이 독일과 프랑스, 영국과 그 밖의 서구 유럽 국가들에 전파되었는데요. 벽난로 기술은 이후에도 오랫동안 혹독한 겨울을 지내야만 했던 러시아의 민중들과 상인들에 의해 기술적 발전을 거듭해왔습니다.

18세기 후반부터 벽난로 개발에 과학자 들과 기술 엔지니어들이 가세하기 시작했습니다. 그들의 전문 지식과 실험이 벽난로를 한 단계 발전시킨 동력이 되었지요. 18세기 개량된 표준 러시아 페치카의 구조는 러시아 건축가 니콜라이 르보프Nikolai Lvov와 벽난로 장인 이고리 스비야조프Igor Sviyazov의 연구와 실험 결과, 설계 이론이 반영된 결과였습니다. 표준 러시아 페치카 구조를 정립하는 데는 두 사람의 공이 컸지만 그들의 작업은 과거부터 러시아 전역에서 사용되어오던 전통 벽난로를 원형으로 삼고 있었지요.

러시아혁명 이후 소비에트 정부에 의해 고용된 벽난로 전문가들이 다시 한 번 페치카의 발전에 크게 기여했습니다. 이들은 러시아 각 지역의 벽난로를 살펴보고 벽난로에 관한 이전 설계 방법들을 검토해서 새로운 표준을 만들었는데요. 동시에 벽난로의 열효율을 높이고 실내외 공기 오염을 감소시킬 수 있도록 개선하는 작업을 대대적으로 진행했습니다. 특히 세메노프Semenov 교수는 1939~1940년의 연구 결과 벽난로의 축열 몸체는 적절한 비율로 열 균형을 잃지 않는 두께와 면적을 가져야 한다는 점을 발견했습니다. 이처럼 축열식 벽난로인 러시아 페치카는 지역의 민중과 장인들의 손에서 태어나고 자라서 그 원형이 만들어졌고 근대에 들어서 과학자와 교수, 기술자들에 의해 한 단계 높은 차원으로 발전하여왔습니다. 지금도 러시아 과학자들과 엔지니어들은 벽난로의 개선에 참여하며 부단한 노력을 기울이고 있지요. 그 결과 현재까지 러시아를 비롯한 유럽 동북부와 북미에서 축열식 벽난로는 현대적이면서도 대안적인 주요한 난방장치로 대중적인 사랑을 받고 있습니다.

축열식 벽난로의 정의

축열식 벽난로는 우리가 익히 알고 있던 벽난로를 사칭하는 주물난로나 난로를 벽체에 삽입한 삽입형 벽난로, 영화 속 별장에 자주 등장하는 화구가 크게 열려 있는 단면 개방형 벽난로들과 다릅니다.

재료를 살펴보면 축열식 벽난로는 일반 난로와 달리 철판이나 주철로 만들지 않고 내화벽돌, 전용 내화토판, 타일, 돌 같은 석재로 만듭니다. 난로들은 완성품을 사와서 집에 설치하지만 축열식 벽난로는 현장에서 벽돌이나 석재를 쌓아서 만들거나 핵심 연소부 부품들을 일부 조립한 후 주로 외장을 포함한 나머지 부분들은 현장에서 시공하지요. 현대의 난로들은 가스, 등유와 같은 액체 연료나 전기를 연료로 사용하지만 축열식 벽난로는 나무, 갈탄, 코크스, 석탄, 톱밥, 목질 펠릿과 같은 고형 연료를 사용하는 난방장치입니다.

일반 화목난로나 단면개방형 벽난로, 주물난로는 난방하는 동안 불을 꺼트리지 말아야 합니다. 반면 축열식 벽난로는 연료를 빠르게 연소시킨 후 그 연소열을 난로 몸체에 저장(축열)한 후 불이 꺼진 다음에도 천천히 실내로 열을 방출하는 방식입니다. 계속 불을 피울 필요 없이 간헐적으로 띄엄띄엄 불을 지펴도 되는 난방장치인 거지요. 하루에 한두 번만 불을 지피는 구들과 같습니다. 축열식 벽난로는 한마디로 '서 있는 서양 구들'이라 말할 수 있는데, 서양인들은 우리의 전통 구들을 '방바닥 축열 벽난로'로 이해합니다.

벽난로의 내부구조를 살펴보면 난로들은 장작을 넣고 불을 지피는 화실과 그 주위를 감싸는 몸체가 곧 발열부가 되는 구조인데, 축열식 벽난로는 내부에 내화재료로 만든 화실과 열을 저장할 수 있는 열 교환통로를 갖추고 있습니다.

북미 벽난로협회(MHA)의 축열 벽난로 정의

1. 최소 800kg 이상의 무거운 축열 몸체를 갖고 있어야 한다.
2. 연소시에 가스나 공기 유출입을 막을 수 있는 기밀 차폐 화구문이 달려 있어야 한다.
   필자주_ 단, 공기 유입량을 미세 조절할 수 있는 공기주입구가 화구문 또는 재서랍문이나 다른 위치에 있어야 한다.
3. 벽난로의 벽체 두께는 평균 250mm를 넘지 않아야 한다.
   필자주_ 벽체가 너무 얇으면 빨리 발열이 시작되지만 축열량이 적어 빨리 식는다. 너무 두꺼우면 불을 붙인 후 발열되는 데까지 걸리는 시간, 즉 반응 시간이 너무 길어진다. 단 저장된 열은 오래 지속된다.
4. 정상 운영 조건에서 벽난로의 바깥 표면 온도는 연료 투입 시점을 제외하고 110℃를 초과하지 않는다.
   필자주_ 축열식 벽난로의 표면 온도는 화목난로와 달리 평균 40~60℃를 유지하지만 보통 12~24시간 이상 발열이 지속된다.
5. 연소가스가 흐르는 열 교환통로는 최소 180도 방향이 꺾여야 하며, 열 교환통로는 보통 굴뚝으로 연결되기 전에 아래로 방향을 한 번 이상 전환한다.
   필자주_ 연소가스는 방향이 전환될 때마다 가스 흐름은 늦어지며 열에너지를 벽난로 몸체에 저장하게 된다. 열기는 위로 올라가려는 힘이 작용하는데 아래로 흐름을 바꾸면 열 저항이 생기며 역시 몸체에 열에너지를 저장하게 되므로 굴뚝으로 빠져나가는 열 손실이 줄어든다.
6. 화실과 굴뚝 사이의 열 교환통로의 길이는 가장 큰 화실 수치의 2배 이상이어야 한다.
   필자주_ 화실의 넓이, 깊이, 높이 중 보통 높이가 가장 크다. 열 교환통로, 즉 열기통로는 화실의 높이보다 최소 2배 이상 길어야 굴뚝으로 빠져나가는 열 손실을 줄이고 최소한의 축열이 일어날 수 있다.

단면 개방형 벽난로

17~19세기 영국이나 미국을 배경으로 한 영화나 드라마에 등장하는 별장과 전원 카페에 자주 등장하는 벽난로는 화구가 방을 향해 열려 있는 단면 개방형 벽난로 또는 영국식 벽난로라 부릅니다. 불이 활활 타오르는 모습을 그대로 볼 수 있고 장식성이 높기 때문에 한때 선풍적인 인기를 끌었지요. 단면 개방형 벽난로는 미적 아름다움에도 불구하고 에너지 효율과 청결을 중시하는 현대인들이 사용하기에는 명확한 단점을 갖고 있어 대부분 더 이상 사용되지 않고 방치되어 있습니다. 나무를 너무 많이 소모하고 종종 실내로 적지 않은 연기가 역류하기 때문이죠.

단면 개방형 벽난로는 화실에 넣은 장작이 타면서 발산하는 복사열과 화실 뒷벽에 어느 정도 축열되어 있던 복사열로 집 안을 데웁니다. 화구문이 없는 개방형이기 때문에 필요 이상의 과도한 공기가 화실로 들어가서 고온 연소하는 데 한계가 있지요. 불완전연소가 될 수밖에 없는 구조인 셈입니다. 또 화실의 불꽃에서 치솟은 열기와 이미 따뜻해진 실내 공기는 화실 위로 곧장 뚫린 굴뚝으로 쉽게 빠져나가 버립니다. 대신 외부의 차가운 공기가 실내로 들어오지요. 이런 이유로 단면 개방형 벽난로의 열효율은 매우 낮은데 평균 25~28% 정도입니다. 장식이 아름답고 모닥불 보기는 좋아도 난방장치로는 분명한 결점이 있지요. 일부 구들 예찬론자들은 단면 개방형 벽난로를 예를 들며 서양의 모든 벽난로를 폄하하곤 합니다. 그러나 단면 개방형 벽난로는 벽난로의 한 종류일 뿐입니다. 북미나 유럽 동북부, 러시아에서 발전한 밀폐형 축열식 벽난로들은 90% 이상의 연소 효율과 80% 이상의 열효율을 자랑하지요. 다른 문화에 대한 충분한 이해 없는 폄하는 그 속내가 자신의 이익과 관련되어 있는 경우가 대부분입니다. 진정한 장인이라면 열린 마음으로 다른 기술을 받아들이고 배워서 자신의 것을 더욱 발전시키는 개방적 자세

▶ 단면 개방형 럼퍼드 벽난로

가 필요하지 않을까요.

　18세기 영국의 왕당파 정치인이자 발명가였던 벤저민 톰슨 럼퍼드Benjamin Thompson, Count Rumford 백작은 벽난로는 보이는 불빛과 보이지 않는 빛의 열복사에 의해 집 안을 따뜻하게 한다는 사실을 발견합니다. 이러한 통찰력으로 복사열 이용을 최대한 높일 수 있도록 재래식 단면 개방형 벽난로를 개선했는데요. 럼퍼드 백작이 만든 벽난로는 재래식 벽난로에 비해 연기를 굴뚝으로 잘 빨아올릴 수 있도록 화실을 높였고, 화실 뒤편을 좁게 개량했습니다. 실내로 축열된 열을 효과적으로 복사할 수 있도록 화실 양쪽 벽면 날개를 보다 넓게 좌우로 벌렸는데 그 결과 불완전연소하던 가연성 입자들이 깨끗하게 연소되면서 열효율도 높아졌습니다. 하지만 초기의 럼퍼드 벽난로는 적지 않은 연기가 실내로 역류하는 문제가 있었습니다. 발명가인 럼퍼드 백작은 연기가 역류하지 않고 자연스럽게 굴뚝으로 빠져나갈 수 있도록 화실 위쪽의 불목을 개량했지요. 부드러운 유선형으로 개량된 불목 때문에 화실에서 발생하는 연기와 연소가스는 와류 없이 자연스럽게 모두 굴뚝으로 나갈 수 있게 되었습니다. 벽난로의 불목은 화실 하부보다 점점 좁게 만드는데 여기에서 연기의 상승 속도가 빨라집니다. 불목을 일단 통과한 연기는 좁은 불목(목구멍) 구조로 인해 역류하지 않게 된 것이죠. 럼퍼드 벽난로에서 해결되지 않은 문제는 지나치게 많은 열기가 굴뚝을 통해 빠져나가는 구조로 인해 열 손실이 많다는 점이었습니다. 이후 로진Peter Rosin 박사는 럼퍼드 벽난로의 화실 구조와 불목으로 이어지는 부분을 유선형으로 개량해서 연기의 역류와 와류를 더욱 줄이도록 개량했습니다. 그럼에도 여전히 단면 개방형 벽난로는 개방형 화실의 특성상 고온 연소에 한계가 있고 높은 열 손실로 인해 '나무 잡아먹는 귀신'이란 오명을 벗어버리지 못하고 있습니다.

주물 벽난로는 없다

'주물 벽난로는 없다.' 벽난로를 설치했다는 집들을 가보면 아무리 살펴보아도 그냥 주물난로일 뿐이지요. 주물난로를 벽 한 모퉁이에 대리석을 깔고 모셨다고, 비싼 스테인리스 연통을 꽂아두었다고 벽난로가 될 수는 없습니다. 역사적으로 살펴보면 벽난로는 벽과 일체화된 화실과 연기배출 구조를 가진 난로이거나 벽돌을 주재료로 사용하여 벽체에 삽입하거나 부착하여 건축물의 일부로 시공한 난로를 벽난로라고 불렀습니다. 물론 현대에 와서 '벽난로'란 명칭은 좀 더 자유롭게 사용되고 있긴 하지만 도대체 주물난로를 왜 벽난로라고 선전하는 것일까요. 독일의 화목난방장치 분류 기준으로 봐서도 한국에서 벽난로라 이름을 붙여 고가로 마케팅하고 있는 난로들은 단지 주물난로일 뿐입니다. 역사적으로 주물난로로 벽난로를 대신하려 한 노력이 없었던 것은 아닙니다.

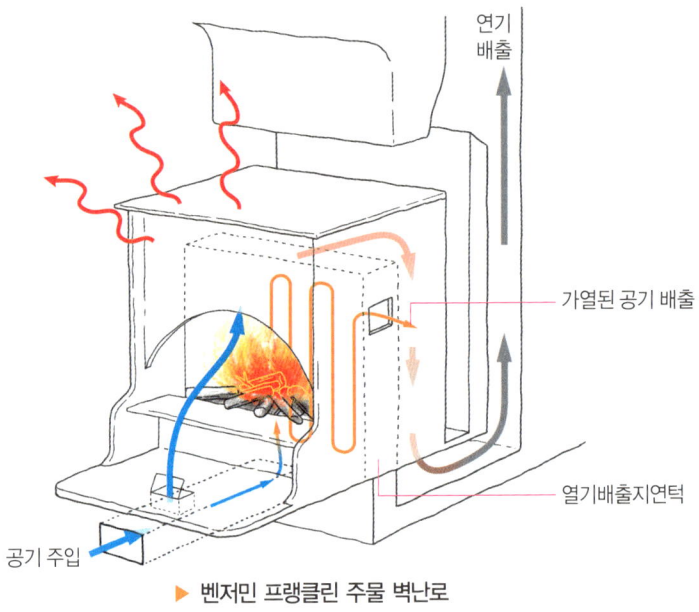

▶ 벤저민 프랭클린 주물 벽난로

　1741년 미국의 발명가인 벤저민 프랭클린Benjamin Franklin은 탈부착이 가능하고 대류 열 이용을 높이고 굴뚝으로 빠져나가는 열 손실을 줄일 수 있는 주철로 된 벽난로를 발명했습니다. 벤저민 프랭클린은 정치인이자 발명가였는데, 무엇보다도 그는 만인의 이익을 철저하게 우선하는 공리주의자였지요. 당시 펜실베이니아 지사인 조지 토마스는 벤저민 프랭클린이 발명한 주철 벽난로에 대한 특허권을 인정하려 했지만 그는 만인의 생활을 개선시킬 수 있는 발명품에 대해 권리를 독점할 수 없다며 발명한 내용을 공개했습니다. 일명 프랭클린 벽난로(Franklin Fireplace)로 부르는데 현재까지도 사용되고 있습니다.

　프랭클린 벽난로는 전체로 보아 앞이 열려 있는 상자형입니다. 이 상자의 화실 뒤편에 속이 비어 있는 열기배출지연턱(Baffle)이 있습니다. 속이 빈 열기배출지연턱은 그 자체로 화실의 열기가 굴뚝으로 곧바로 빠져나가는 것을 지연시켜주지요. 열기의 흐름을 자세

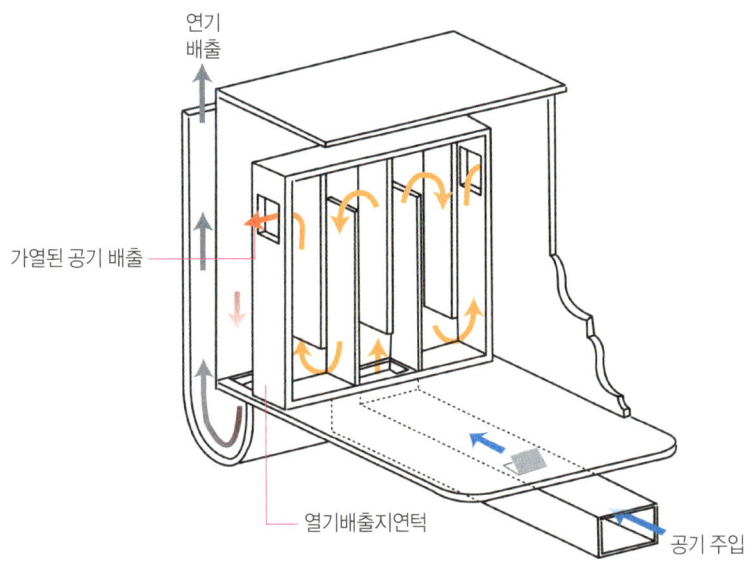

▶ 벤저민 프랭클린 주물 벽난로의 내부 구조도

히 살펴보도록 할까요. 화실에서 발생한 열기와 연소가스는 열기배출지연턱에 부딪히며 위로 솟구칩니다. 열기배출지연턱을 타고 넘어 화실 뒷벽과 열기배출지연턱 사이의 통로를 타고 내려온 열기는 다시 벽체와 연결된 높은 굴뚝을 타고 올라갑니다. 이렇게 불꽃은 열기배출지언턱과 굴뚝 사이에서 오르락내리락하며 실내의 공기를 가열하고 굴뚝으로 곧바로 빠져나가는 열기 손실을 줄이는 것이지요.

또 하나의 기능이 숨어 있는데요. 이 열기배출지연턱 안에는 굽이굽이 실내의 공기가 지나갈 수 있는 동로가 있습니다. 실내의 공기가 화실의 장작불에 직집 닿지 않으면서도 열기배출지연턱에 가해지는 화실의 열에 의해 가열되면서 이곳에서 열교환이 일어납니다. 화실바닥 아래의 공기주입관을 통해 들어온 실내의 차가운 공기는 일부는 화실 앞쪽 바닥에 열려 있는 공기주입구를 통해 화실로 주입되고, 일부는 열기배출지연턱 내부의 열기통로를 통과하면서 가열된 후 다시 열기배출지연턱 양 옆으로 나 있는 구멍을 통해 실내로 순환되도록 만들어진 구조입니다. 벤저민 프랭클린이 개발한 이 주물 벽난로는 보다 많은 대류 열을 이용하고 연기는 적게 나도록 만든 개방형 난로인 셈이지요. 순환형 난로(Circulating Stove) 또는 펜실베이니아 벽난로(Pennsylvania Fireplace)라고 부릅니다. 주철로 된 화실 구조물은 굴뚝과 연결되어 벽체 안에 끼워 넣고 사용하도록 만들어졌습니다. 주철로 만들어졌어도 이쯤은 되어야 '벽난로' 흉내는 내었다 말할 수 있겠지요.

 벤저민 프랭클린 주철 벽난로는 연통이 굴뚝을 대체하기 시작하면서 벽난로로 더욱 발전하지 못하고 되려 주물난로의 기원이 되었습니다. 프랭클린 벽난로 이후 주철로 된 난로가 대거 등장했는데 집 안 어디로나 이동하여 설치할 수 있고 연통을 꽂아서 연기를 쉽게 배출할 수 있었기 때문입니다. 벽난로라고 우기고 있는 주물난로들은 벤저민 프랭클린 주물 벽난로 이후 다른 방향으로 발전한 주물난로들의 후예가 분명합니다.

 주물난로들 중에 드물게 고온 연소하여 연소 효율이 높고 화구의 기밀이 잘 유지되고 공기 유입량을 미세하게 조절할 수 있어 연소 시간이 꽤 긴 난로들이 있습니다. 그러나 역시 수직으로 연결된 연통으로 상당한 열을 배출하기 때문에 열 손실이 큰 단점이 있지요. 주물난로를 벽체 안에 삽입하고 주위 벽체를 치장한 주물난로 삽입형 벽난로들 역시 과도한 열 손실은 해결해야 할 문제입니다. 이러한 이유 때문에 주물 벽난로로 잘못 불리고 있는 주물난로들은 여전히 나무 잡아먹는 귀신 대접을 받거나 집 안이 아닌 하늘을 데우고 있는 애물단지들이 되고 있습니다.

화목난로와 축열식 벽난로 장단점 비교

	장점	단점
화목난로	- 값 싸고 만들기 쉽다. - 가볍고 이동이 쉽다. - 공간을 적게 차지한다. - 단시간 내에 실내를 데울 수 있다.	- 불을 끄면 빨리 식는다. - 청정 연소하지 않고 연기와 재가 많다. - 외풍이 많은 집에는 적당치 않다. - 쉽게 과열되고 온도 조절이 어렵다. - 연료 소비량이 많다.
축열식 벽난로	- 불이 꺼져도 최소 12~24시간 축열된 열을 내뿜는다. - 강하지 않고 부드러운 온기를 방출한다. - 단시간에 간헐적으로 불을 때기 때문에 연료 소비량이 적다. - 고온청정 연소하여 연기와 재가 적다.	- 빠른 시간에 실내를 데울 수 없다. - 불을 때고 발열하는 데 시간이 오래 걸린다. 즉 반응 시간이 길다. - 벽난로는 온도가 서서히 올라간다. - 기본 축열 기간이 필요하고 축열하는 데 오랜 시간이 걸린다. - 공간을 많이 차지한다. - 상대적으로 시공비용이 많이 들고 전문적인 기술과 경험을 필요로 한다.

'화사랑'의 러시아 페치카

일산에 있는 카페 화사랑에 설치한 러시아 페치카는 2단 구조의 중대형 벽난로입니다. 화실 뒤편 하단부 구조에 열기가 고였다가 상단부로 올라간 후 다시 열기가 갇혀 있다가 상단부 전면의 낮은 하부 연도를 통해 굴뚝으로 빠져나가는 구조입니다. 최대한 축열 면적을 높일 수 있도록 내부가 구조화되어 있지요. 또한 단순한 단일 열기통로 구조가 아니라 서로 연결된 공간 구조를 갖고 있습니다. 내부구조와 단별 조적도를 함께 공개합니다.

필자를 포함해 류제경, 선강래, 함승호, 유설현, 백동선 등 벽난로연구회원들이 함께 워크숍을 겸해 실험적으로 설치했던 일산 화사랑의 러시아 페치카. 페치카를 공부하며 실험해보던 연구회 초기 철물의 부착과 페이싱(외장) 등 많은 실수가 있었지만 현재까지 주요한 난방수단으로 사용되고 있다.

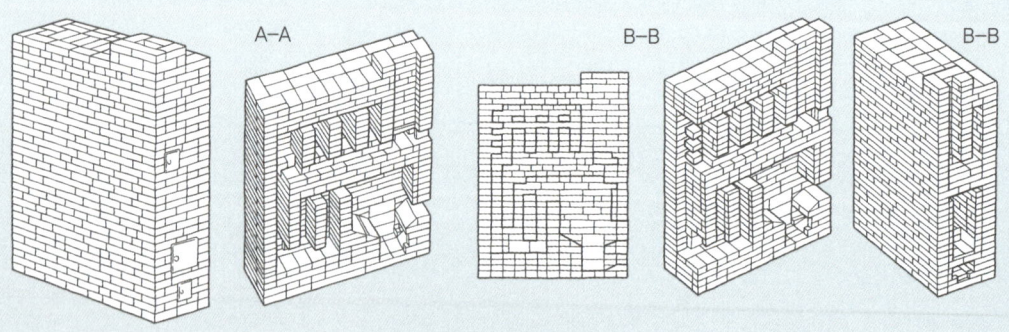

▶ 화사랑에 설치된 페치카의 내부 구조도

▶ 화사랑에 설치된 페치카의 단별 조적도면(내화벽돌 기준)

제14장 | 이것이 러시아 페치카다

15 러시아 페치카의 기본 구조와 유형들

구조를 한눈에 파악한 후, 세부를 자세히 이해하고, 다시 통합해야 비로소 전체를 이해할 수 있습니다. 러시아 페치카를 이해하는 데도 이와 같은 방법이 필요하지요. 이제 가장 기본이 되는 러시아 페치카의 구조와 유형을 살펴보겠습니다.

러시아 페치카 기본 구조

러시아에는 다양한 페치카가 있습니다. 소비에트 이후 소개된 페치카의 표준은 대부분 벽난로가 벽체를 대신하거나 벽체에 삽입하는 유형이 많습니다. 다양한 유형의 페치카가 있고 그 구조도 제각각인데요. 가장 많이 알려진 페치카는 벽체에 삽입하기 좋은 직사각형으로 폭이 좁고 길며 높고, 내부에 수직 또는 수평으로 구조된 열 교환통로를 가지고 있습니다.

러시아 페치카의 하부 구조

– 기초, 단열바닥, 노상

러시아 페치카는 최소 800kg 이상인 하중이 큰 건축 구조물입니다. 큰 하중을 견딜

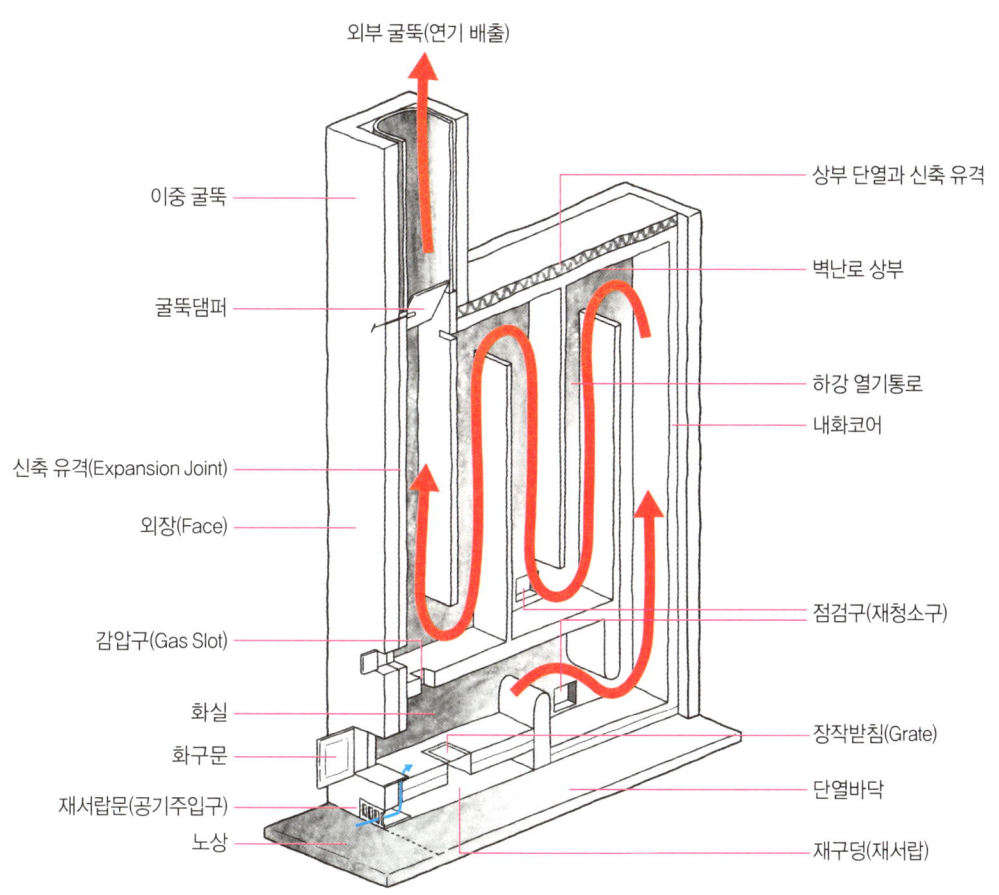

▶ 러시아 페치카 기본구조 – 수직 열 교환 구조

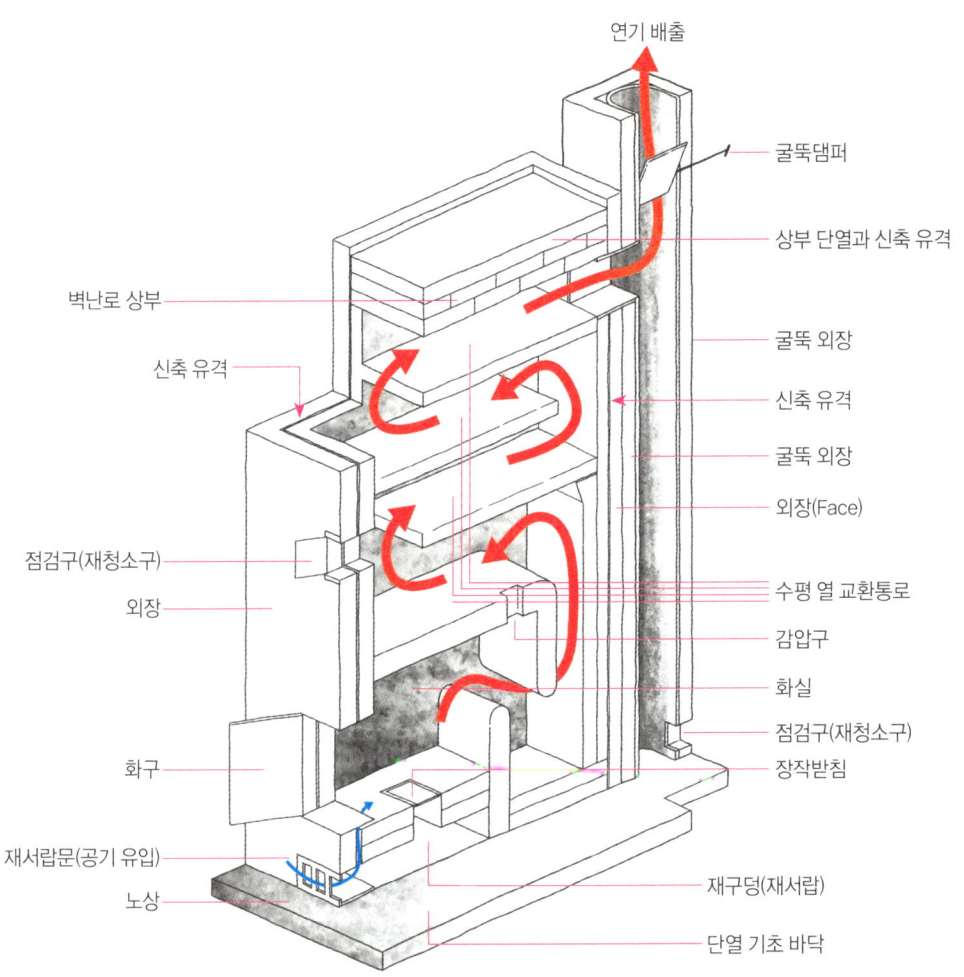

▶ 러시아 페치카 기본 구조 – 수평 열 교환 구조

수 있는 튼튼한 기초가 필수이기 때문에 벽돌이나 철근강화 콘크리트 등 다양한 방법으로 기초를 만듭니다. 이 기초 위에 단열바닥을 깔아 벽난로의 열이 바닥으로 빼앗기지 않도록 만듭니다.

- 재구덩, 재서랍, 재서랍문

벽난로 몸체의 가장 아래쪽에는 보통 재구덩이 있고, 재구덩 바로 위로 화실이 있습니다. 화실바닥에 장작받침을 설치하는데 이곳을 통해 화실의 재가 재구덩으로 떨어져 쌓이지요. 쉽게 재를 꺼내어 치울 수 있도록 이곳에 철제로 만든 재서랍을 넣는 경우도 있습니다.

러시아 페치카의 연소부

- 화실, 화구문

화실은 장작을 넣고 연소시키는 공간인데요. 구들과 비교하면 함실에 해당합니다. 페치카의 핵심이지요. 화실은 장작을 고온 연소시킬 수 있는 구조여야 하고, 고온의 열과 가스 압력을 견딜 수 있어야 합니다. 그래서 화실은 내화물로 가장 안전하게 만들어져야 합니다. 화실바닥은 보통 장작받침이 놓이는데 재구멍이 있는 하부로 경사지게 만듭니다. 화구에는 화구문을 다는데 고온 연소를 위해 닫았을 때 공기가 들어가지 않도록 기밀 차폐될 수 있어야 합니다. 화구문은 내화유리로 조망창을 만들거나 조망창 없이 종종 덧문이 안쪽에 달린 이중 화구문을 만들어 열에 의한 변형을 방지해줍니다.

– 불목

화실에서 열기통로로 넘어가는 뒷부분이나 화실 상부에 불목을 둡니다. 불목은 보통 화실바닥 면적의 1/6~1/10 이하로 만드는 좁은 통로로 가스 노즐에 해당하지요. 역류를 방지하고 화염을 좀 더 멀리 분사하는 목적이 있습니다. 불목을 통과하면서 나무가스와 공기가 혼합되는데 이때 혼합된 가스가 확장되면서 일반적으로 2차 연소를 일으킵니다.

– 장작받침

장작받침은 보통 화실바닥 중앙에 놓이는 여러 개의 구멍이나 틈이 나 있는 철물입니다. 많은 열을 지속적으로 받기 때문에 주철이나 내화물, 합금 등으로 만들지요. 이곳을 통해 다 탄 재가 화실 아래에 있는 재구덩으로 모입니다. 장작받침은 연소에 필수적인 공기가 화실로 들어오는 1차 통로이기도 합니다. 장작받침 철물이 너무 작거나 철물 간격이 너무 좁으면 화실로 들어오는 공기량이 부족해지지요. 또 장작받침이 너무 뒤쪽 바닥에 있거나, 너무 앞쪽 바닥에 있어도 들어오는 공기가 화실의 한쪽으로만 치우치는 편중 현상이 생깁니다. 장작받침의 틈새가 너무 크면 재가 아니라 불붙은 숯이 떨어지면서 불안전연소하고 너무 좁으면 종종 재가 쌓여 막히게 됩니다.

러시아 페치카의 축열부(열 교환부)

– 열기통로, 점검구(재청소구)

화실과 연통(굴뚝) 사이에 있는 수평 또는 수직의 열기통로는 뜨거운 연소가스가 흘러가면서 열을 벽난로 몸체에 저장(축열)하는 열 교환 구조입니다. 상승 열기통로, 하강 열기통로, 수평 열기통로가 있습니다. 상부의 수평 열기통로는 보통 연소가스의 방향을 전환하거나 여러 개의 하강 열기통로로 연소가스를 분기해주는 역할을 하고, 하부 수평 열기통로는 나뉘어졌던 연소가스의 흐름을 수렴하여 방향을 전환시키는 역할을 합니다. 재는 주로 하부의 수평 열기통로 바닥에 내려 쌓이기 때문에 반드시 재청소구를 만들어 두어야 하는데, 수평 열기통로는 쉽게 막히지 않도록 가능하면 최소 내화벽돌 3~4장 높이로 만들어야 합니다.

러시아 페치카의 배연부

– 연도, 굴뚝

열기통로가 끝나고 굴뚝으로 이어지는 부분이 연도입니다. 사실 연도는 굴뚝과 열기통로의 경계라 어느 곳이라 콕 찍어 말하기 쉽지 않지요. 보통 굴뚝과 수직으로 곧바로 연결된 가장 낮은 위치의 열기통로를 일컫습니다. 이곳에는 재가 많이 쌓일 수 있고, 구조에 따라 굴뚝에서 흘러내린 응결수, 즉 목초액이 고일 수 있는 자리입니다. 연도에 목초액을 빼내는 배출구를 두거나 반드시 점검구를 만들어 두어야 하지요.

굴뚝은 벽난로 내부의 연소가스를 실외로 배출하는 장치입니다. 굴뚝 안쪽에서부터 도기관–내화단열재–벽돌을 쌓아 최소 2~3중으로 만듭니다. 도기관은 열과 강한 산성의 목초액에 견딜 수 있는 내화재로 만드는데 도기관이 없을 경우 내화벽돌로 조적합니다. 단열재는 굴뚝에 그을음이 끼거나 결로가 맺히는 것을 방지하고 혹시나 모를 굴뚝 화재를 예방합니다. 벽돌 외장은 내부 구조체를 감싸고 안정적으로 보호하는 역할을 해줍니다. 이와 같이 내화물과 단열재, 벽돌로 조적한 굴뚝은 비용이 많이 들고 시공이 어렵지요. 최근에는 세라믹 울로 단열처리한 이중 스테인리스 연통을 주로 설치합니다. 마지막으로 연통 상부에는 빗물이나 역풍이 들어오는 것을 막기 위해 연가나 역풍방지기를 설치해야 합니다.

- **댐퍼** Damper

굴뚝이나 연통 중간에 여닫을 수 있는 댐퍼를 두는데 두 가지 역할을 합니다. 첫 번째는 장작이 다 타고 난 후 더 이상 벽난로 내부의 열기가 외부로 빠져나가지 않도록 닫아 두는 역할입니다. 종종 장작이 타고 있는 동안 댐퍼를 닫는 경우가 있는데 잘못된 사용습관이지요. 또 댐퍼를 이용해서 불의 세기를 조절하는 경우도 있는데 역시 잘못된 습관입니다. 불의 세기는 화구나 재서랍문을 통과해서 들어오는 공기량으로 조절해야 합니다. 댐퍼의 두 번째 역할은 겨울철 실외의 냉기가 굴뚝을 통해 벽난로 내부로 들어오지 못하게 막는 것입니다. 불이 꺼져 있는 동안 실외의 냉기가 들어와 벽난로 내부구조가 냉각되었다가 갑작스럽게 불을 붙이면 급격한 열변화로 내부구조가 깨질 수 있습니다. 이런 이유로 혹독한 강추위 속의 러시아 페치카는 보통 굴뚝에 댐퍼를 이중으로 부착하지요. 하지만 상대적으로 기후가 온화한 한국에서는 한 개의 댐퍼만 설치해도 충분합니다.

러시아의 종탑형 벽난로

러시아 페치카는 크게 보아 열기통로식과 종탑형, 혼합형으로 구분할 수 있습니다. 종탑형 벽난로(Bell Type)는 기본적으로 열기가 고일 수 있는 종탑방과 같은 열기실(축열실) 구조를 갖고 있어 열기통로식 벽난로와 대비됩니다. 열기실의 내부는 텅 빈 구조가 아니라 보다 나은 축열이나 구조의 지지를 위해 내부에 일종의 기둥이나 폐쇄되지 않은 간벽들이 있는 구조입니다. 이러한 구조물들이 있지만 종실 내의 연소가스의 흐름은 차단되지 않는 개념적으로 하나의 실(방)과 같은 구조이지요.

여기서 우리가 주목해야 할 점은 화실 측면의 감압구(Gas Slot)입니다. 감압구는 연기 역류를 해소하고 불완전연소된 가스가 순환 재연소될 수 있도록 고안된 구멍입니다. 지속적으로 순환 연소하는 연소가스는 최종적으로 열기가 식은 뒤 화실 뒤편의 연도를 통해 굴뚝으로 빠져나갑니다. 러시아 페치카에서는 이렇게 화실의 압력과 흐름을 조절하기 위한 감압구가 종종 사용되지요. 이뿐 아니라 불완전연소 가스와 화실 내 냉기와 습기를 미리 배출시키는 역할을 해줍니다.

▶ **전환기술사회적협동조합과 함께한 벽난로 장인과정**
이론 강의, 조적도면 해설, 스케치업 3D도면 분석, 나무블록 가조적 연습과 시공 실습을 통해 벽난로 장인들을 육성하고 있다. 앞으로 장흥에서도 이러한 축열장인 육성과정을 개설할 계획이다.

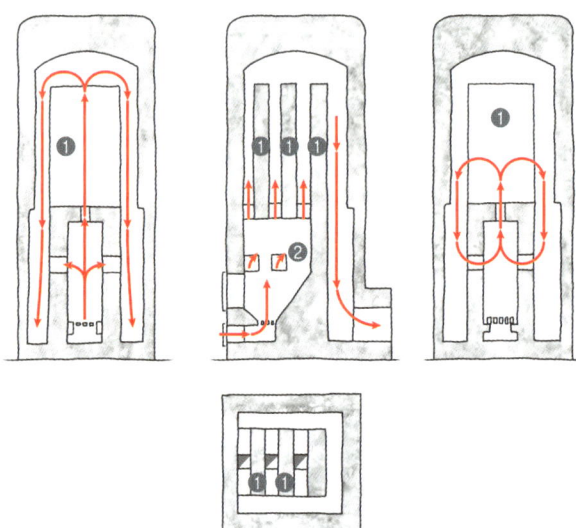

▶ 종탑형 러시아 페치카의 구조 : ① 종실 간벽 ② 감압구(Gas Slot)

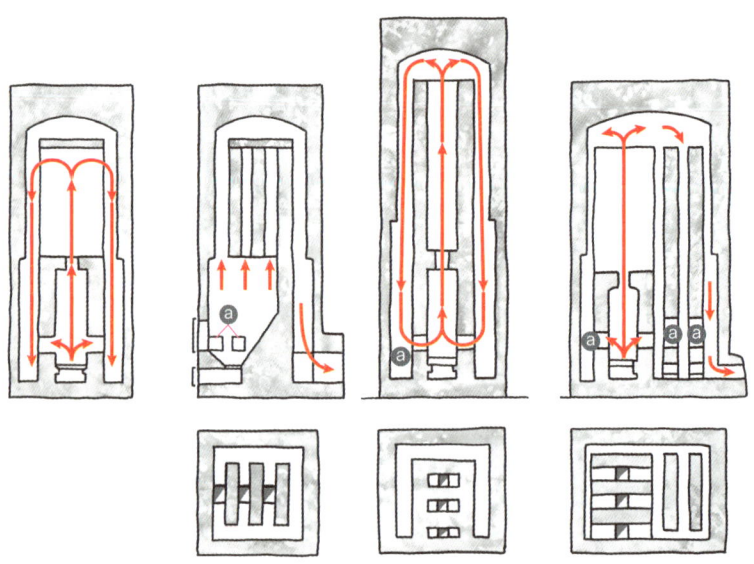

▶ 종탑형 러시아 페치카 : ⓐ 감압구

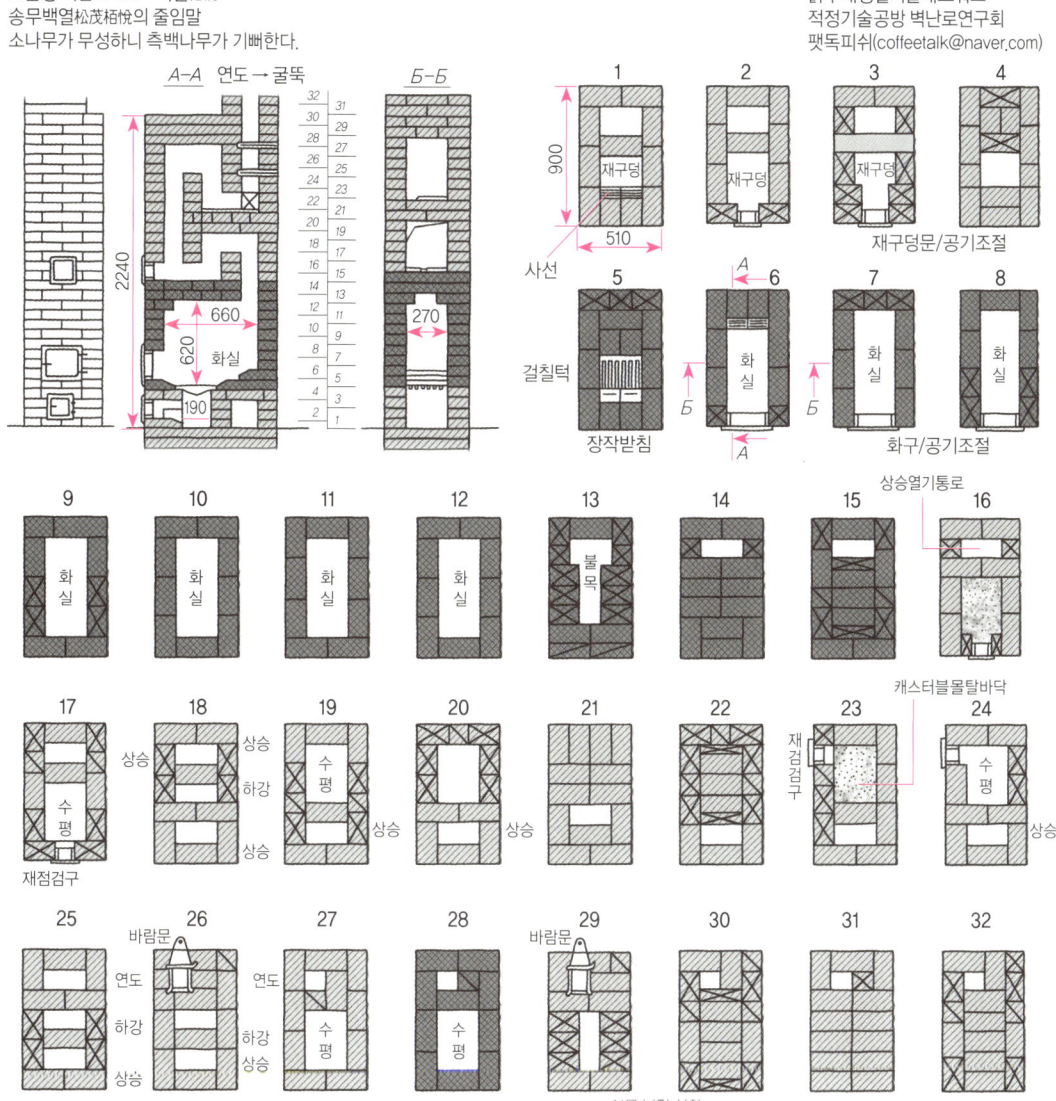

- 벽돌 규격이 달라서 실 시공 전 가조적하면서 조정이 필요하며 국산 내화벽돌 사용시 미세한 오차가 있음.
- X표시된 벽돌은 온장이 아닌 재단한 벽돌을 표시함 (1/2, 1/3, 2/3, 3/4 등 크기) xxx 격자 표시 벽돌은 내화벽돌
- /// 벽돌은 일반 적벽돌(국내 바닥용 적벽돌이 크기가 비슷하나 내화벽돌과 크기 차이가 있어 조정 필요).
- 화실을 포함한 전체 내부 주고(Core)는 전체 내화벽돌 사용 권장
- 내화벽돌 조직 시 내화몰탈(SK-34급 이상) 또는 내화본드(super-3000 급) 사용 권장
- 내화벽돌 약 500장 소요 / 내화본드 사용 시 말통으로 2통 이상 필요.
- 외벽체는 적벽돌/석판/코브(흙석고석회 강화)/철판 등 사용가능 → 열팽창 유격 주의

▶ 벽난로 장인과정에서 교육용으로 활용하는 러시아 페치카 조적도면 사례(보급형 7호-백열)와 간략한 시공 가이드

16 핀란드와 스웨덴의 콘트라 플로우

　유럽의 축열식 벽난로는 모두 러시아에 빚을 지고 있지요. 유럽 벽난로의 원형들은 모두 러시아 페치카에서 찾을 수 있기 때문입니다. 러시아 페치카는 유럽 각국에서 발전하였는데, 크게 전통 구들의 고래에 비견될 수 있는 열기통로(Smoke Channel)의 구성에 따라 핀란드식, 스웨덴식, 독일식으로 분류할 수 있습니다. 열기통로는 벽난로에서 열 교환과 축열이 일어나는 공간이자 뜨거운 연소가스가 지나는 통로로 화실과 굴뚝 사이에 만듭니다.

독일식

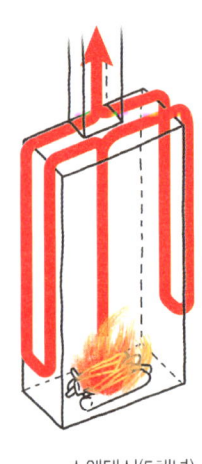
스웨덴식(5채널)

핀란드식(3채널)

▶ 열기통로에 따른 유럽의 벽난로 유형

핀란드의 3채널 콘트라 플로우Contra Flow

핀란드식 벽난로는 화실 바로 위의 수직상승 열기통로, 화실 좌우의 하강 열기통로를 합쳐 3개의 열기통로를 가지고 있어 '3채널 콘트라 플로우' 방식이라 부릅니다. 화실의 열기가 수직으로 올라갔다가 화실 양쪽의 하강 열기통로로 내려와서 하부의 연도를 거쳐 굴뚝으로 빠져나가는 구조로 간단하고 변형이 쉬워 유럽에서 가장 널리 보급된 기본 모델입니다.

콘트라 플로우에 대해 자세히 살펴볼까요. 콘트라 플로우를 그대로 직역하면 '대칭적 흐름'입니다. 핀란드식 3채널 벽난로에서 하강 열기통로 내부의 가스 흐름과 벽난로 외표면 실내의 대류 흐름은 대칭인데요. 이 구조의 연소 방식과 실내 가열 방식을 살펴보면 벽난로를 이해하는 데 도움이 됩니다. 화실의 장작이 불타면서 공기는 주 공기주입구를 거쳐 화실(연소실) 밑바닥 쪽의 재받침을 통해 빨려 들어가고 장작 사이로 공급되지요. 화실의 내부 용적과 경사진 화실 상부 구조 때문에 불꽃으로부터 뿜어져 나온 열은 점선

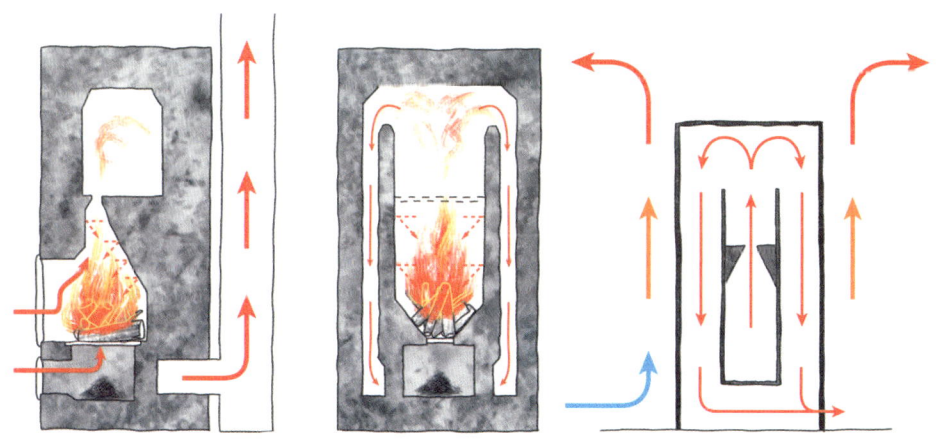

▶ 콘트라 플로우형 벽난로 내외부의 대칭적 열기 흐름

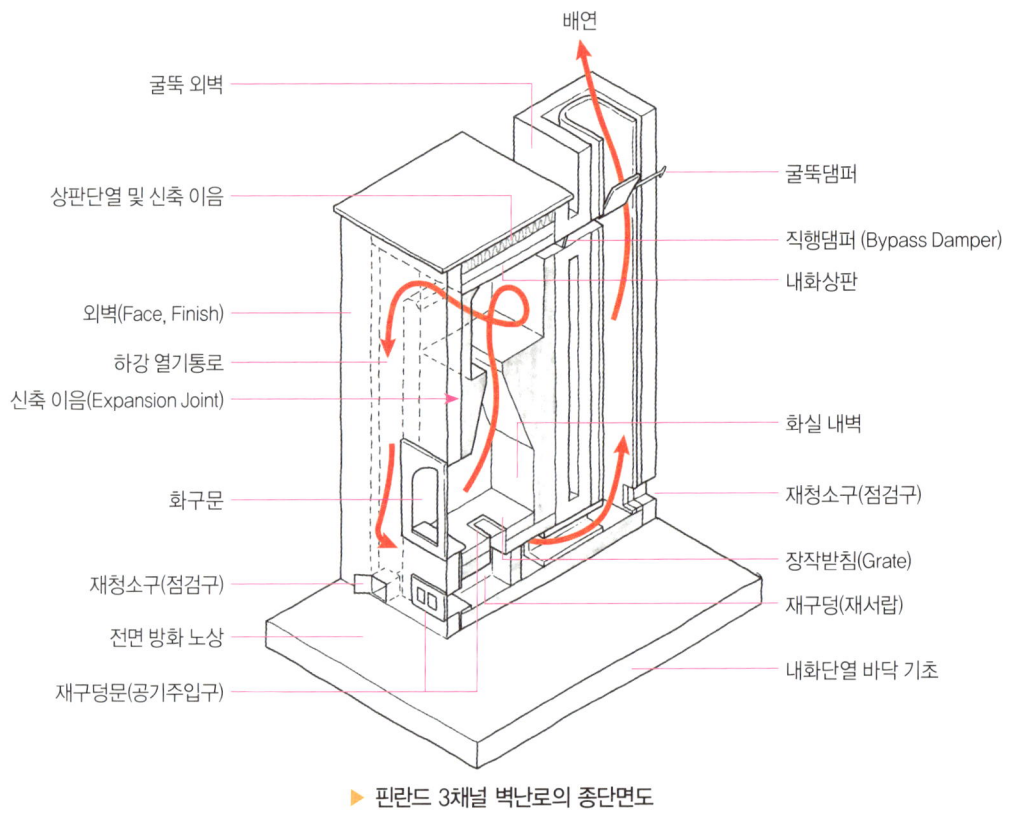

▶ 핀란드 3채널 벽난로의 종단면도

으로 표시된 것처럼 다시 화실 안쪽으로 반사됩니다. 이 때문에 화실 안의 온도는 600℃까지 고온이 되고 2차 연소를 위한 고온 연소 환경을 만들어집니다. 2차 연소로 발생한 고온의 열은 재차 화실 내부로 복사되고 다시 초고온 연소 환경을 만듭니다. 이때 연소를 위한 공기는 주로 화실 밑으로부터 공급됩니다. 화구문의 2차 공기주입구를 통해 주입된 공기와 불꽃, 불연소된 가스는 솟구치듯 화실 천장의 좁은 불목을 통과해서 2차 연소실로 들어갑니다. 약간 각진 연소실 구조 때문에 공기와 연소가스, 연기, 불꽃은 압력을 받게 되는데 일단 불목을 통과한 가스는 팽창되면서 소용돌이치고 뒤섞여 2차 연소됩니다. 이때 2차 연소실의 온도는 900℃까지 올라가지요. 뜨거워진 고온의 가스는 2차 연소실 양쪽 옆의 통로를 통해 연결되어 있는 수직의 하강 열기통로로 내려옵니다. 하강 열기통로 밑바닥까지 밀려 내려온 뜨거운 연소가스는 굴뚝으로 연결된 연도를 통과해 굴뚝으로 빠져나가지요. 고온의 연소가스가 벽난로 양쪽의 하강 열기통로를 통해 내려오면서 열 교환(축열)이 일어나는데 벽난로 표면을 통해 70~100℃ 정도의 온화한 열기를 서서히 열복사하여 실내로 12시간 이상 방출합니다. 실내 바닥에 내려앉은 상대적으로 차가운 공기는 벽난로 벽에 맞닿아 가열되면서 위로 올라가지요. 즉 벽난로 내부 하강 열기통로의 연소가스는 밑으로 내려가고 벽난로 외부의 대류는 위로 상승합니다. 이처럼 대칭되는 열기 흐름 때문에 핀란드식 3채널 벽난로를 콘트라 플로우라 부릅니다.

불목, 2차 연소실, 직행댐퍼, 감압구

3채널 콘트라 플로우에서 화실 상부의 단순한 수직의 구조인 상승 열기통로 또는 열기상승관은 핀란드에 와서 불목과 2차 연소실 구조로 변화되었습니다. 불목(Fire Throat)은 앞서 15장에서 설명한 것처럼 역류를 방지하고 일종의 노즐 역할을 하는데요. 불목은 하강 열기통로로 연소가스를 효과적으로 분사하여 밀어 내릴 수 있는 높은 압력을 만들어내지요.

불목을 통과하면서 불완전연소하였던 연소가스와 공기는 밀도가 높아진 채 혼합되어 높은 압력으로 확장된 공간으로 분사되고 와류를 일으키며 2차 연소됩니다. 이 확장된 공간을 2차 연소실(Secondary Smoke Chamber)이라 부르지요. 2차 연소실 바닥에 재가 많이 쌓일 수 있으므로 불목을 향해 경사지게 만듭니다.

뜨거운 연소가스나 불꽃은 위로 올라가는 성질이 있죠. 그런데 핀란드 방식에서는 억

지로 불꽃과 연소가스를 하강 열기통로로 내려 보내야 합니다. 이때 강한 부압이 생깁니다. 이 때문에 굴뚝이 충분히 예열되어 흡입력이 생기기 전까지 강한 부압 때문에 화구문이나 재구덩문의 공기주입구로 연기가 역류할 수 있지요. 초기 착화시의 역류를 방지하기 위해 핀란드나 스웨덴식 벽난로에는 2차 연소실에서 굴뚝으로 바로 통하는 직행댐퍼(Bypass Damper, Direct Damper)를 설치합니다. 초기 착화시에 직행댐퍼를 열어 굴뚝을 예열한 후 충분한 흡입압력이 생기면 직행댐퍼를 닫으면 되는데, 고온에 노출되어 열 변형이 일어나기 쉽기 때문에 주철이나 열에 강한 합금으로 만들어야 하지요.

직행댐퍼를 설치하지 않고 초기 착화시 역류를 해결할 수 있는 손쉬운 방식은 2가지가 있습니다. 굴뚝에 전동배풍기를 설치하여 초기 착화시에만 잠깐 사용하는 방식과 화실 측벽 또는 수직의 열기상승관(상승 열기통로) 측벽과 하강 열기통로 사이에 여러 개의 구멍, 즉 감압구(Gas Slot)를 뚫어 압력을 줄이는 방식이 있습니다. 감압구를 뚫어두면 습기나 냉기, 불완전연소된 무거운 가스와 분진을 곧바로 굴뚝으로 배출할 뿐 아니라 굴뚝을 신속하게 예열시켜 부압을 줄여주지요. 그 결과 벽난로 내부의 자연스런 열기 흐름을 유지합니다. 높이를 달리하여 설치한 다중의 감압구는 불완전연소된 가스를 다시 화실로 끌어들여 순환 연소시키는 장치이기도 합니다. 순환 연소 구조는 비행기 엔진이나 경주용 자동차 엔진 등 초현대적인 연소장치에서 종종 볼 수 있는데요. 이러한 감압구를 가진 3채널 구조는 러시아 페치카에서도 발견됩니다.

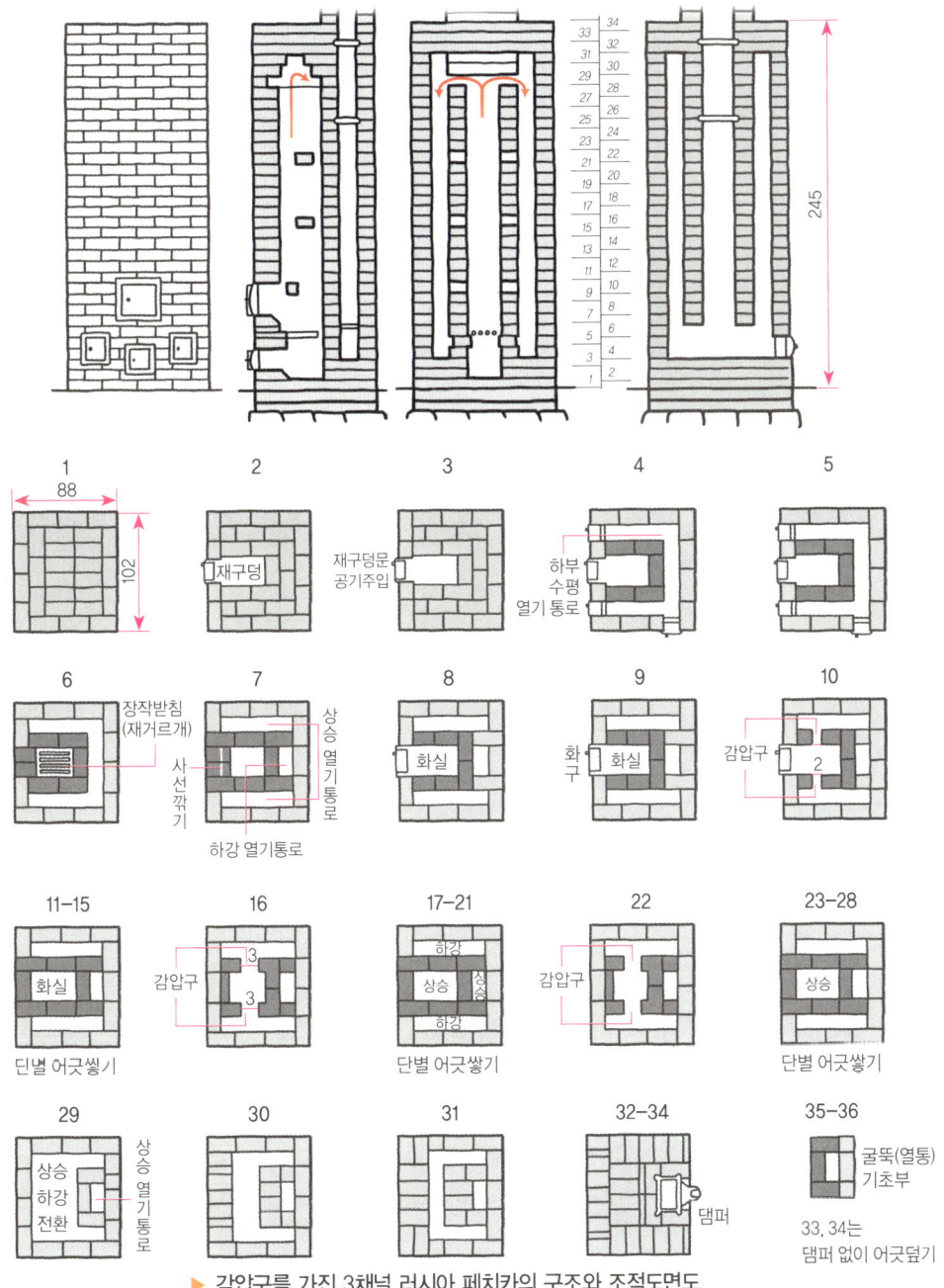

▶ 감압구를 가진 3채널 러시아 페치카의 구조와 조적도면도

제16장 | 핀란드와 스웨덴의 콘트라 플로우

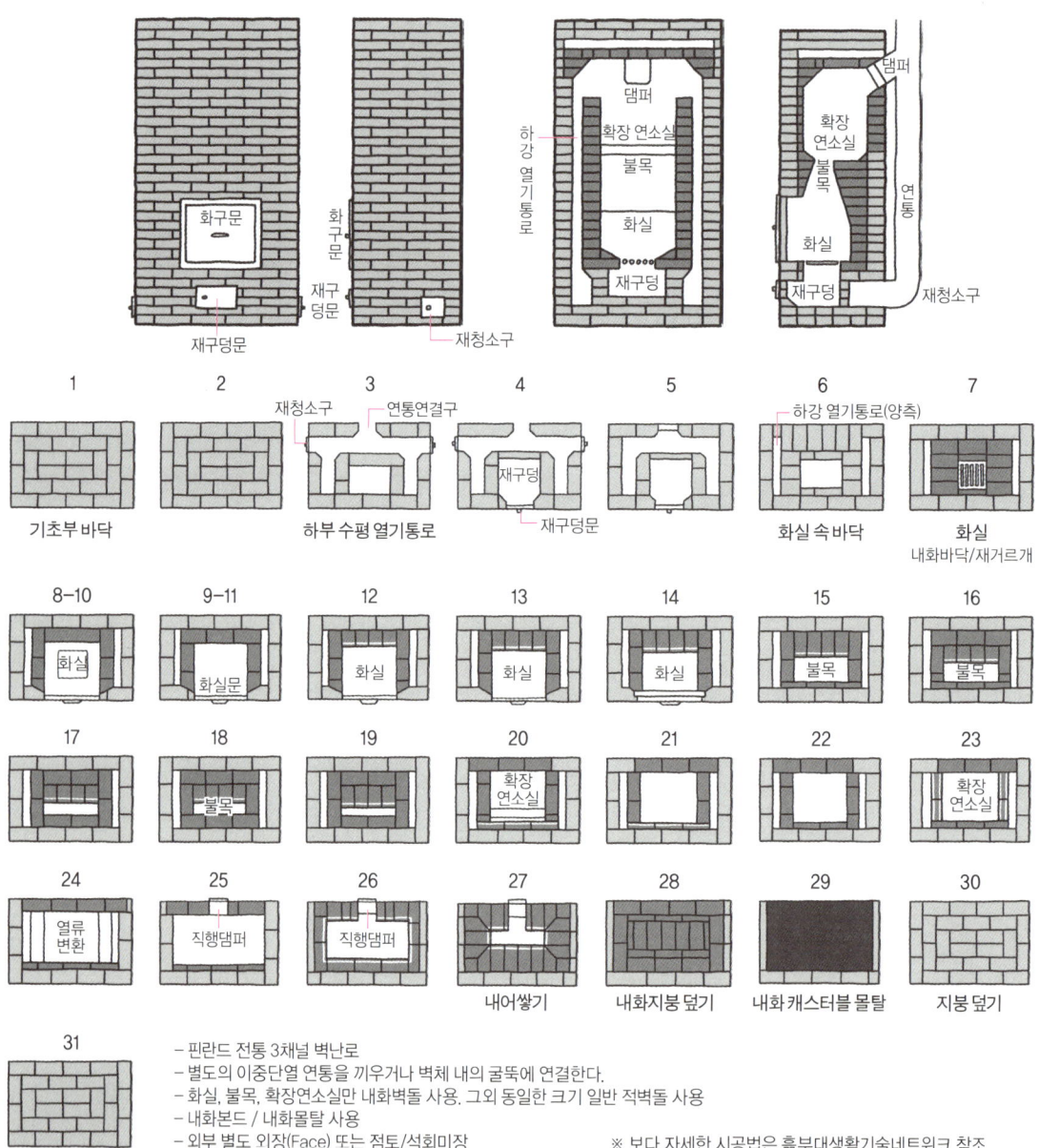

▶ 핀란드의 전통적인 3채널 콘트라 플로우 벽난로의 조적도면

3채널 벽난로의 변형

핀란드의 3채널 콘트라 플로우 벽난로가 유럽 전역을 비롯해 북미까지 널리 확산된 까닭은 단순한 구조와 변형이 쉽기 때문입니다. 기본형에 축열과 발열 면적을 확대하고 기능적이면서 미적인 요소를 보강하는데 하강 열기통로와 굴뚝 연도 사이에 열기가 한 번 더 우회할 수 있는 따뜻한 의자(Warm Bench)나 따뜻한 벽(Hot Wall)을 주로 추가하지요.

3채널의 기본형에 이와 같이 열기 우회 구조를 연장할 경우 연소가스의 원활한 흐름을 위해 곳곳에 직행댐퍼를 설치합니다. 직행댐퍼를 설치할 수 없을 경우 역시 감압구를

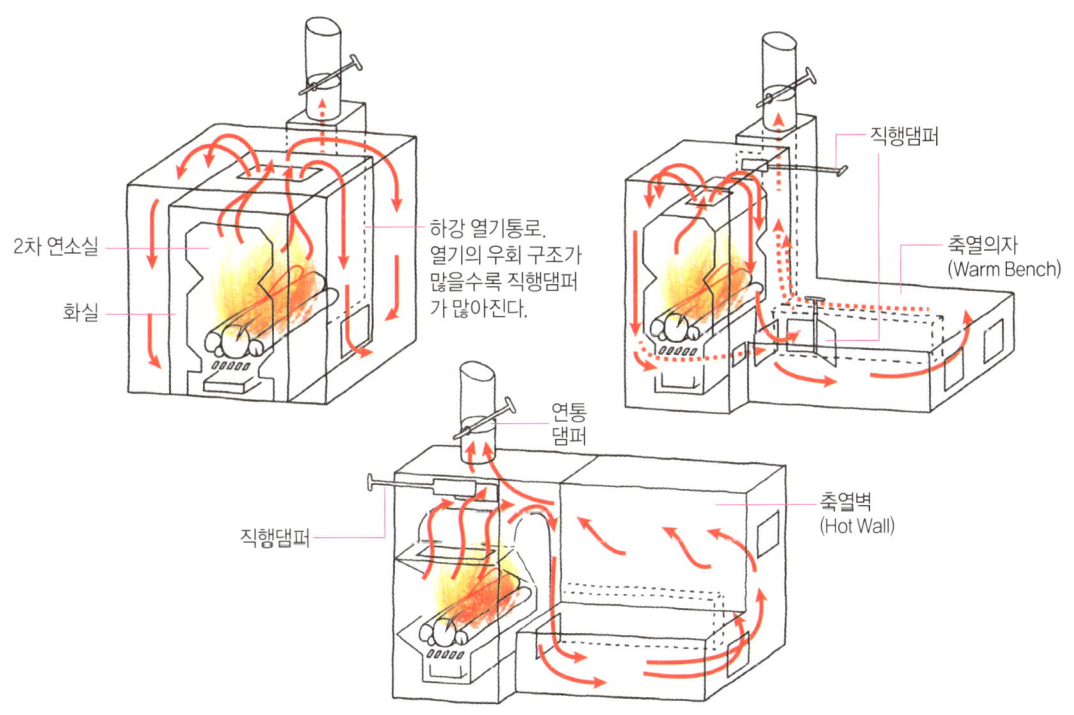

▶ 따뜻한 의자와 벽이 부착된 3채널 벽난로의 변형들

설치할 수 있습니다. 콘트라 플로우 벽난로에서 의자를 데울 경우 열기 흐름의 좌우 균형을 조절해야 합니다. 우에서 좌로 열기가 흘러 연통으로 빠져나갈 때는 하강 열기통로 우측으로 연결되는 연결구의 높이는 좌측보다 5~7.5cm 정도 높고, 연통 연결구(연도)보다 7.5~10cm 정도 높아야 합니다. 즉, 열기가 최종 배출되는 곳이 가장 낮아야 열기의 균형을 잡을 수 있지요. 좌측에서 우로 흐를 때는 이와 반대이고요.

사이드 채널Side Channel 벽난로

사이드 채널Side Channel은 3채널 방식의 또 다른 변형입니다. 주로 러시아의 벽난로 전통으로부터 유래되며 현대에도 그 변형이 종종 발견되지요. 처음 이 벽난로의 구조와 도면을 접한 필자와 장흥에 살고 있는 강수철, 선강래, 윤평수, 강태회 등 벽난로연구회원들은 의아해했습니다. 화실 상부의 상승 열기통로로 올라간 열기는 한쪽 측면의 하강 열기통로로 내려간 후 화실 밑의 하부 열기통로를 지나 다른 한쪽 측면의 상승 열기통로를 거쳐 굴뚝으로 빠져나가는 구조입니다. 우리가 의문점을 가진 이유는 화실바닥 장작받침 밑의 재구덩이 하부 열기통로 역할을 동시에 한다는 점입니다. 이런 구조에서 불완전연소된 가스의 일부는 다시 장작받침을 통해 화실로 유입되는데요. 쉽게 말해 연기가 다시 화실로 유입되는 것이죠. 이 때문에 초기 착화시 쉽게 불이 붙지 않을 수 있는 단점이 있습니다. 장점은 불완전연소된 가스가 화실로 재유입되어 순환 연소하게 되는 것이죠. 과연 이 구조에서 벽난로는 제대로 기능을 발휘할 것인지 궁금했던 우리는 마침 장흥으로 귀농하여 집을 짓고 있던 강수철 연구원의 집에 이 모델의 벽난로를 설치하기로 했지요. 필자와 연구원들은 하부 열기통로 뒤편에 화실바닥과 뒷벽으로 연결되는 외부 공기 공급관을 별도로 설치했습니다. 또한 화구문과 재구덩(여기서는 하부 열기통로) 문에 공기를 화실로 보낼 수 있는 공기주입구를 만들었습니다. 초기 착화시에 굴뚝과 직결된 직행댐퍼를 열어 굴뚝이 예열되도록 했지요. 또한 외부 공기주입관의 댐퍼와 각종 공기주입구를 열어 충분히 불이 살아나도록 했습니다. 굴뚝이 충분히 예열되고 화실의 불꽃이 커진 후 굴뚝과 연결된 직행댐퍼를 닫아도 화실 하부의 공기주입구를 통해 연기가 역류되지 않았습니다. 자연스럽게 하부 열기통로 전면의 공기주입구를 통해 공기는 화실 또는 측면의 상승 열기통로로 유입되어 내부 압력을 조절하는데요. 순환 연소하는 구조와 굴뚝의 흡입압력과 화실 내부 상승압(또는 흡입압)의 정도에 따라 하부 열기통로(재구덩)의 공기주입구를 통한 공기 공급이 자연적으로 조절된 것이죠. 이 때문에 사이드 채널의 벽난로는 크게 과열되지 않고 온화한 열을 내며 연소를 지속한다는 점을 발견했습니다. 참고로 하부 열기통로는 재가 쌓이는 재구덩의 역할을 동시에 합니다. 하부 열기통로에 재서랍을 넣을 경우 연소가스의 흐름을 막지 않게 하기 위해서 재서랍의 높이를 적당히 조절

▶ 3채널의 변형인 사이드 채널Side Channel 벽난로의 구조와 열기 흐름

▶ 장흥 강수철 연구원 집에 설치한 사이드 채널 벽난로
선강래 씨와 필자(왼쪽).

해주어야 합니다.

자신의 집에 최초로 사이드 채널 구조의 벽난로를 연구회원들과 함께 설치한 강수철 씨는 시공과 사용 경험을 바탕으로 자신감을 가지고 순천의 벽난로연구회원인 윤평수 씨, 장흥의 강태회 씨 등과 함께 대전에도 같은 모델의 벽난로를 시공했습니다. 이후 강수철 씨를 주축으로 연구회원들이 완주, 용인, 거제, 춘천, 장흥 평화리 등 곳곳에 콘트라 플로우형 벽난로를 시공하였습니다.

스웨덴식 5채널 벽난로

　스웨덴의 5채널 벽난로는 화실 상부의 수직 열기상승 구조, 좌우에 각각 전면 하강 열기통로와 후면의 상승 열기통로 등 총 5개의 열기통로를 갖고 있습니다. 3채널의 경우 좌우 하강 열기통로를 통과한 연소가스가 뒤편 밑의 연도를 거쳐 굴뚝으로 빠져나가는 반면 5채널은 좌우의 하강 열기통로를 통과한 연소가스는 좌우 뒤편의 상승 열기통로를 통해 올라간 후 합류하여 연도를 거쳐 굴뚝을 통해 빠져나갑니다. 구조가 좀 더 복잡하며 규모가 상대적으로 크지요. 3채널은 화실 밑 재구덩의 재청소구와 좌우 하강 열기통

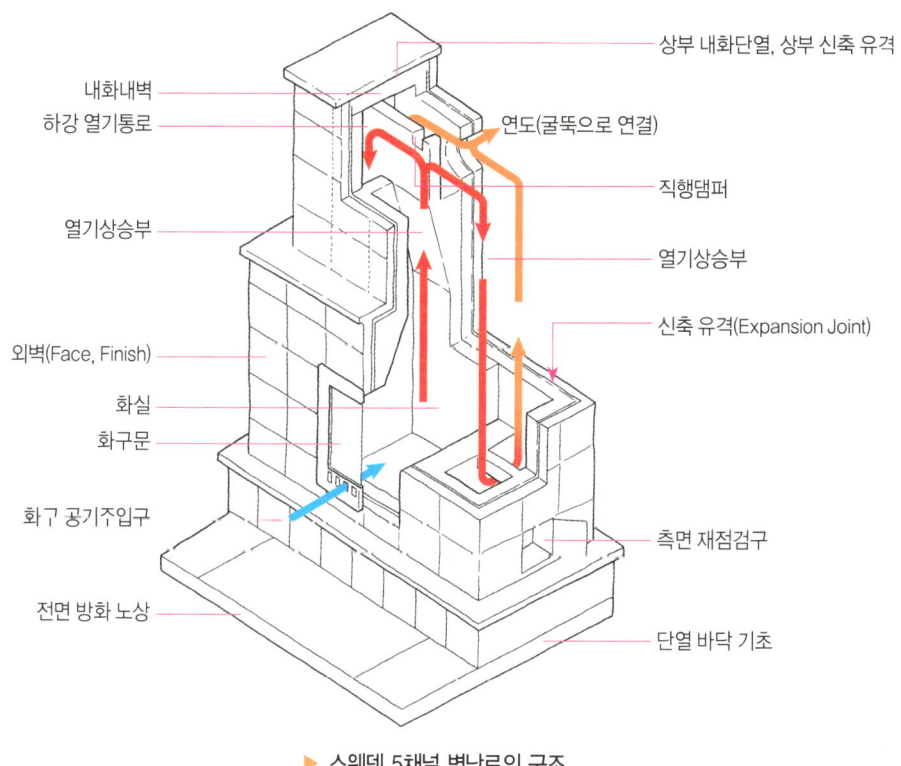

▶ 스웨덴 5채널 벽난로의 구조

로 밑의 재점검구, 굴뚝 밑의 재점검구 등 청소를 위한 구조가 있는 반면 5채널은 좌우 하강 열기통로와 상승 열기통로까지 연결된 하부 연결부에 측면 재점검구, 좌우 상승 열기통로가 합류되는 굴뚝 밑 지점에 재점검구가 설치됩니다. 합류 지점을 좌우 열기통로 쪽으로 경사지게 만들 경우 재점검구는 생략되지요. 화실 밑에 재구덩이 있는 모델과 없는 모델이 있습니다. 구조가 상대적으로 복잡하지만 내외부 축열 면적이 넓어 열 손실이 적고 충분한 열을 오랫동안 실내로 방열합니다. 이 구조에서는 따뜻한 의자나 축열벽과 같은 별도의 열기 우회 구조를 부착할 수 없습니다. 5채널 역시 초기 착화시의 부압을 줄이고 역류를 방지하기 위해 직행댐퍼를 필수로 설치해야 합니다.

국내에 설치된 5채널식 벽난로는 장흥 안양에 귀촌한 강대철 조각가의 작업실과 완주 로컬에너지센터(구 호남잠사)에 있습니다. 장흥의 5채널 벽난로는 강대철 선생의 요청으로 필자와 장흥의 최성훈 씨, 울산의 함승호 씨가 함께 시공하였고, 울산의 진일주 씨가 철물을 제작했습니다. 이 벽난로의 외장(Face)은 조각가인 강대철 선생이 직접 제작하여 부착했습니다. 완주의 5채널 벽난로는 필자와 강수철 씨, 강태회 씨, 윤평수 씨와 함께 축열장인 과정의 교육생들이 시공했지요.

▶ 장흥군 안양면 강대철 조각가의 작업실에 설치된 5채널 축열식 벽난로

일본의 오니기리 벽난로

필자는 그동안 친분이 있던 일본 로켓매스히터협회의 초청으로 2013년 히로시마에서 개최된 자작 난로경연대회인 '히로시마 나는 난로다' 행사와 이후 몇몇 워크숍의 강사로 참여했습니다. 처음부터 벽난로 워크숍으로 기획되지 않았고 일본 현지의 자재 수급 상황을 사전에 파악하기 어려웠지요. 주어진 시일이 짧았고 예산부족으로 내화벽돌이나 벽난로 전용 철물을 사용하지 못했습니다. 주변 건재상에서 간단히 구할 수 있는 적벽돌

▶ 일본 히로시마의 오니기리 벽난로
원형 콘트라 플로우 구조이다. 맨 오른쪽이 필자.

과 화구, 진흙, 석회, 모래, 강가의 돌, 현장 마당에 있던 도기관과 맷돌 등을 재활용하여 3일 만에 시공할 수 있는 간단한 규모의 콘트라 플로우형 벽난로를 만들었지요. 외장은 흙과 석회, 모래, 볏짚을 혼합한 반죽으로 여러 겹 미장하고 석회 칠로 마감했습니다. 이때 만든 벽난로의 형태가 일본의 주먹밥인 '오니기리'와 유사해 참석자 모두들 '오니기리 벽난로'로 부르기로 했습니다.

로켓매스히터의 벽난로 버전 김세Gymse

로켓매스히터의 벽난로 버전에 해당하는 덴마크의 김세Gymse는 6년 전 개발된 모델입니다. 'Gymse(Gomboc)'는 '지방질'이란 뜻으로 '뚱뚱하게 살찐' 벽난로 정도의 뜻이지요. 실제 모양이 약간 뚱뚱하게 보이는데, 이 모델의 열효율은 약 87%입니다. 2시간 연소 후 24시간 동안 열기가 지속되고, 화실 위로 연결된 열기상승관의 상부 최고 온도는 900℃까지 상승합니다. 역시 열기 흐름을 살펴보면 콘트라 플로우형 벽난로라 할 수 있는데요. 열기상승관으로 상승한 열기는 다시 그 주위를 감싼 외벽 몸체 사이의 공간에서 하강한 후 하부의 굴뚝이나 축열의자를 통과한 후 빠져나갑니다. 김세 벽난로의 내부(Core)는 사각형의 화실 상부를 단계적으로 좁혀 만든 불목 위로 로켓매스히터의 열기상승관과 같

▶ 완주에서 워크숍을 진행하며 제작한 김세Gymse 벽난로 앞에서 백동선 씨(왼쪽)와 필자.

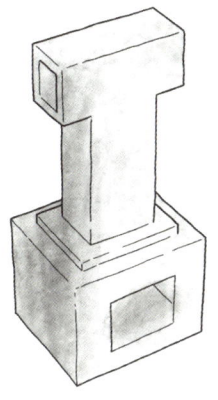

▶ 김세 벽난로의 화실과 T자형 열기상승관

이 높고 좁은 구조물을 내화벽돌로 조적하여 만듭니다. 화실을 포함한 전체적인 형상은 사각박스형 화실 위에 'T'자 모양의 열기상승관을 얹어 놓은 형태지요. T자 형태인 열기상승관의 상부에 해당하는 부분 역시 내화벽돌로 만드는데 고온의 불꽃이 직접 벽난로 외부 상판에 닿지 않게 하기 위해서입니다. 이곳에서 열기의 흐름이 하강으로 바뀌지요. 이러한 내부구조는 화실을 포함하여 모두 내화벽돌로 조적합니다. 그 외의 다른 구조물은 모두 폭이 넓은 적벽돌을 사용하여 조적하는데 국내에서 판매되는 바닥용 적벽돌보다 약간 더 큽니다. 내화벽돌과 적벽돌로 이중으로 쌓는 일반적인 벽난로 외벽체와 달리 화실과 열기상승관 외 구조는 적벽돌 만으로 홑겹으로 쌓기 때문에 싱글 페이스Single Face 벽난로로 구분됩니다. 즉 홑겹 외장입니다. 내화벽돌을 적게 사용하기 때문에 자재 비용을 줄일 수 있지요.

　완주의 적정기술사회적협동조합에서 벽난로 장인과정을 개설하여 워크숍을 통해 참가자들과 함께 김세 벽난로를 시공한 적이 있습니다. 이때 강사로는 필자와 순창의 백동선 씨, 장흥의 강수철 씨 등이 참여했습니다. 자세한 시공 방법에 대한 설명은 흙부대생활기술네트워크을 참조해 주세요.(http://cafe.naver.com/earthbaghouse/10271)

17 독일과 스웨덴의 타일 벽난로

독일은 축열식 벽난로를 현대화시켰을 뿐 아니라 다양하게 발전시킨 나라입니다. 그 종류도 다양한데 카헬 외펜Kachelöfen, 그룬트 외펜Grundöfen, 콤비 외펜Kombiöfen, 바름루프트 외펜Warmluftöfen, 하이츠아인자츠 외펜Heizeinsatzöfen 등으로 세분화되어 있습니다. 러시아와 러시아 이민자들의 영향을 받은 북미, 유럽 동북지역의 벽난로들은 그 형태면에서 육중하고 단순한 사각형이 많고 내부의 열기 구조가 외형을 결정하지요. 반면 독일의 벽난로는 디자인적으로 훨씬 자유롭습니다. 내부 열기 구조에 의해 외형이 규정되지 않고 디자인을 위해 내부구조(Core)와 이격된 외장(Face)과 외형을 구성하기도 합니다. 러시아나 북미의 벽난로들이 석공이나 조적공 전통의 영향으로 외장에 적벽돌이나 석재를 자주 사용하는 반면 독일 등 유럽은 도공 전통의 영향으로 외장에 전용 타일을 자주 사용하지요. 독일을 대표하는 카헬 외펜의 카헬Kachel은 타일을, 외펜öfen은 난로를 뜻합니다. 즉 타일 벽난로이지요. 열기통로 구조를 살펴보면 러시아 페치카나 콘트라 플로우 벽난로의 열기통로 구조가 수직 구조라면 독일 벽난로들은 수직, 수평 열기통로를 자유롭게 선택하거나 조합하여 축열부를 구성합니다.

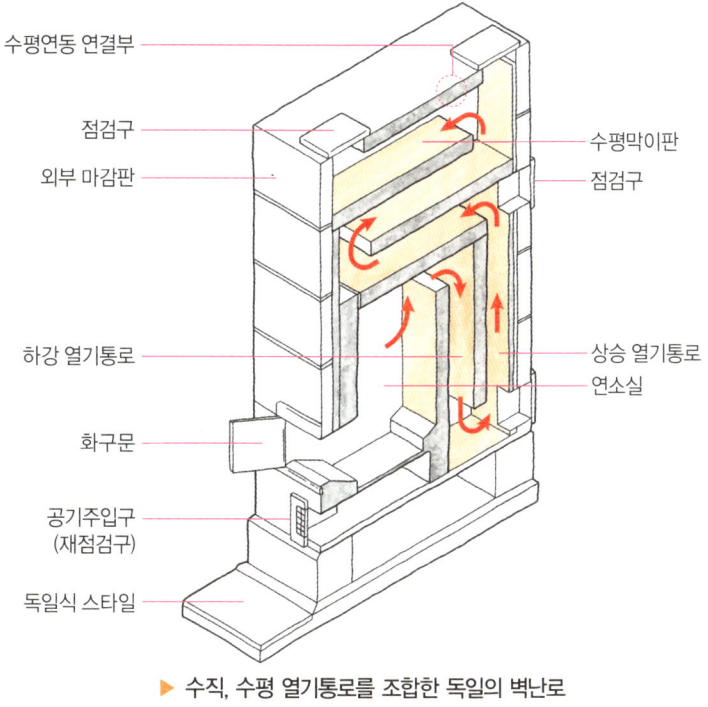

▶ 수직, 수평 열기통로를 조합한 독일의 벽난로

그룬트 외펜 Grundöfen

　그룬트 외펜은 내화벽돌이나 내화석판으로 내부를 조적하여 화실과 열기통로 구조를 만든 기본 축열 벽난로입니다. 뜨거운 연소가스는 내화벽돌로 만든 열기통로를 통과한 후 마지막으로 굴뚝으로 빠져나갑니다. 2톤 중량의 열기통로를 축열부로 구성할 수 있는데요. 하루에 1~2회만 불을 피워도 최대 24시간까지 복사열을 실내로 방출할 수 있는 열량을 축열부에 저장할 수 있습니다. 이때 복사되는 열은 날카롭지 않고 온화하여 실내를 건조하게 만들지 않습니다. 초과 열을 이용하기 위해 온수 가열장치를 부착할 수도

▶ 석회미장과 타일로 외장을 마감한 독일의 그룬트 외펜

있고, 실내 공기를 보다 적극적으로 가열할 수 있는 대류 가열 구조를 만들 수 있지요. 그룬트 외펜을 시공하는 데 규모에 따라 최소 2~4주가량 작업 시일이 소요됩니다. 외장(Face)은 두꺼운 전용 타일을 부착할 수도 있고, 외장을 벽돌로 일단 조적한 다음 그 위에 파이버 메시Fiber Mesh 등 비금속 망을 접착한 후 다시 얇은 타일을 부착할 수 있습니다. 또 외장 벽돌 위에 흙미장 또는 석회미장으로 마감할 수도 있습니다. 이때 타일은 포인트 디자인으로 사용할 수 있지요.

하이츠아인자츠 외펜 Heizeinsatzöfen

하이츠아인자츠 외펜은 주철난로와 주철 열교환 장치를 내화벽돌과 타일로 조적한 벽난로 내부에 넣은 삽입형 벽난로입니다. 벽난로 외장과 내부에 삽입된 주철난로와 열교환장치 사이는 빈 공간이지요. 이 사이로 실내의 공기가 통과하면서 대류 가열을 일으키기 때문에 보다 빨리 실내 공기를 데울 수 있습니다. 대류 가열식 벽난로를 특히 바름루프트 외펜 Warmluftöfen 으로 분류하기도 하는데, 그룬트 외펜에 비해 외장벽에 저장되는 축열량이 적습니다. 따라서 그룬트 외펜에 비해 자주 장작을 추가로 넣어주어야 하지요. 그럼에도 하이츠아인자츠 외펜이 독일에서 애용되고 있는 까닭은 기성품으로 만들어진 주철장치들을 삽입하고 외장벽만 시공하면 되기 때문에 시공 시간이 짧고 외형의

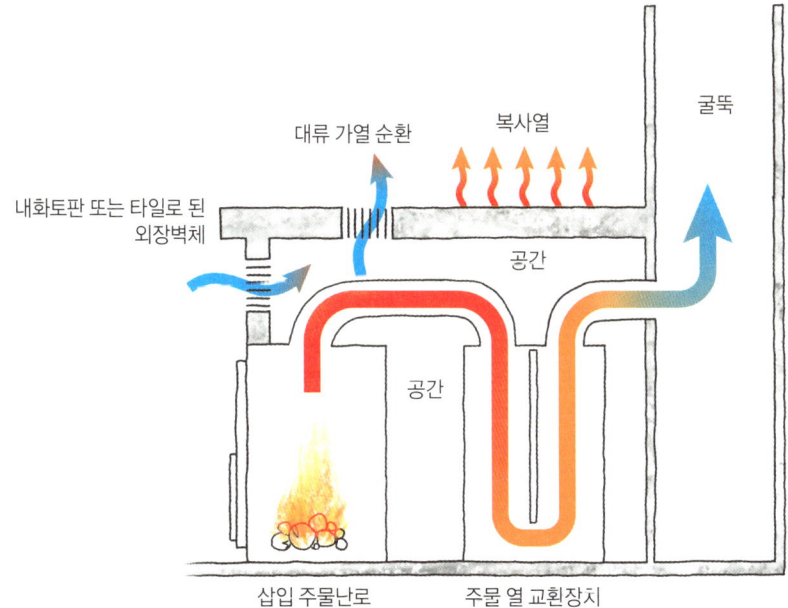

▶ 독일의 삽입형 벽난로 하이츠아인자츠 외펜의 구조

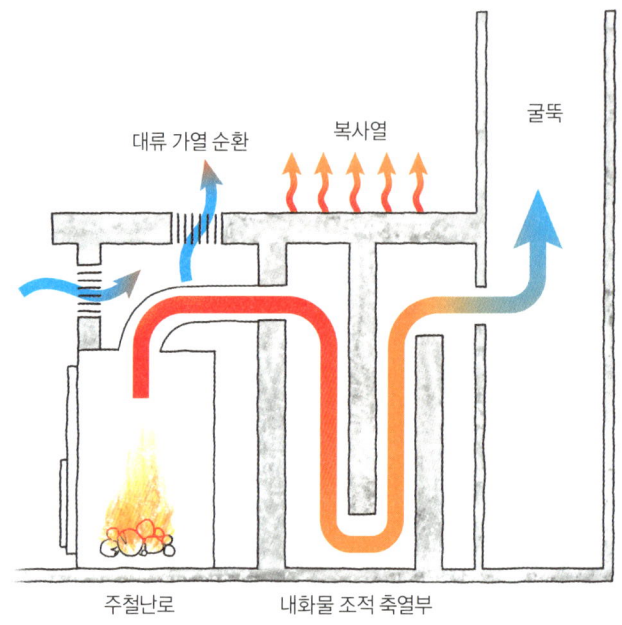

▶ 독일의 콤비 외펜의 구조

디자인을 내부구조와 상관없이 자유롭게 구성할 수 있기 때문입니다. 참고로 콤비 외펜 Kombiöfen은 화실은 주물난로를 삽입하고 축열부는 주철 장치가 아닌 내화벽돌로 열기통로를 조적하여 만듭니다. 그룬트 외펜과 하이츠아인자츠 외펜의 결합형이지요.

국내에 많이 소개된 삽입형 벽난로와 독일의 삽입형 벽난로의 차이점을 분명히 해둘 필요가 있습니다. 독일의 하이츠아인자츠 외펜은 구조가 주물이며 내부에 다시 내화물로 라이닝 처리되어 있을 뿐 아니라 화구문 등이 정밀하여 기본적으로 고온 연소가 가능하지요. 주물난로 외에 열기의 배출을 지연시켜 열 교환이 일어나게 만드는 주철 열교환 장치가 부착되어 열 손실이 적습니다. 주철 열교환 장치 역시 내부는 내화물로 라이닝 처리되어 있습니다. 반면 국내 삽입형 벽난로는 그렇지 않은 경우가 대부분으로 고온

▶ 하이츠아인자츠 외펜의 시공 사례

연소하지 못할 뿐 아니라 굴뚝으로 곧바로 열을 배출해버려 장식품으로 전락하여 방치되는 경우가 많습니다.

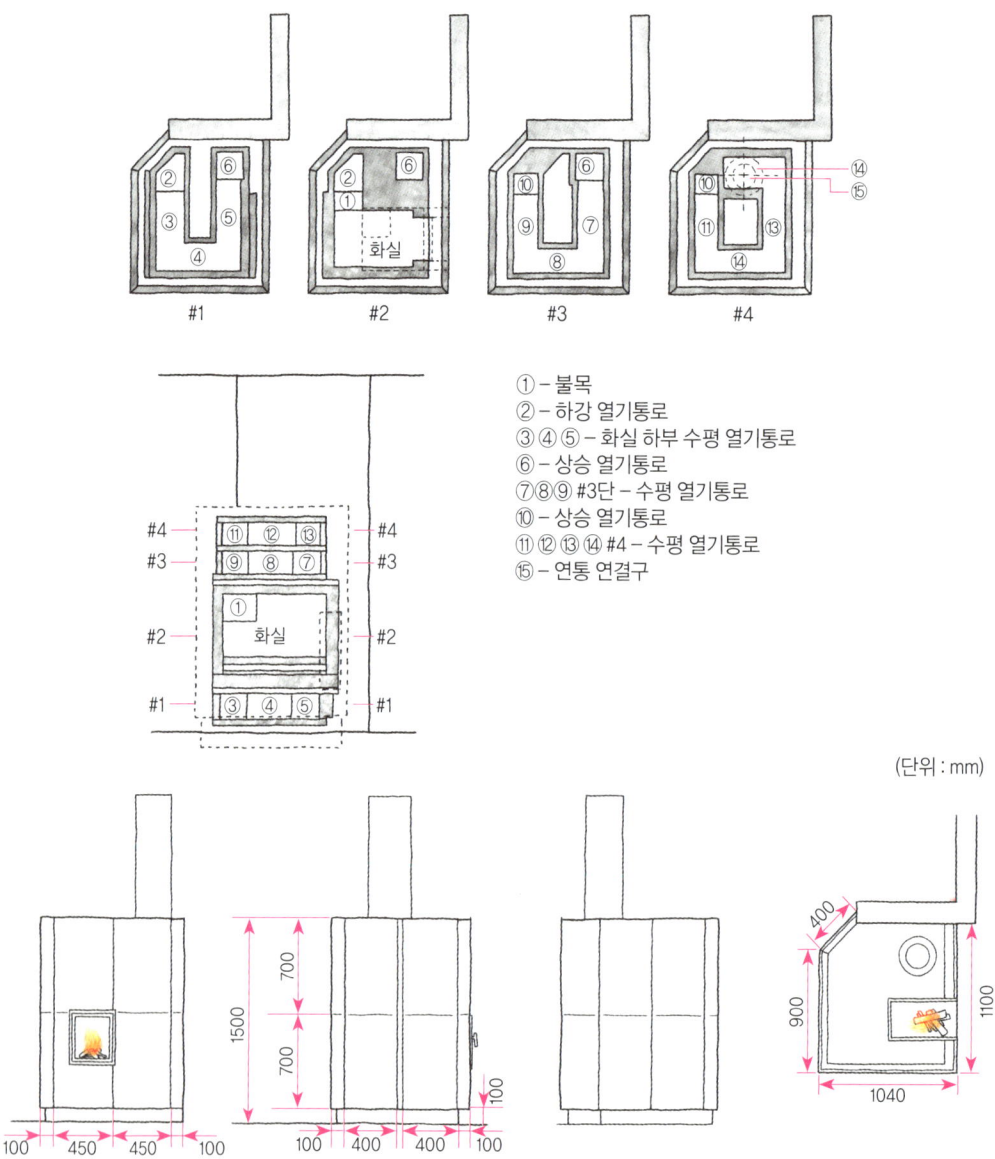

① - 불목
② - 하강 열기통로
③④⑤ - 화실 하부 수평 열기통로
⑥ - 상승 열기통로
⑦⑧⑨ #3단 - 수평 열기통로
⑩ - 상승 열기통로
⑪⑫⑬⑭ #4 - 수평 열기통로
⑮ - 연통 연결구

(단위 : mm)

▶ 카헬 외펜의 도면 사례
판형의 내화토판을 사용하기 때문에 러시아 페치카의 단별 벽돌 조적도와 다르게 표현된다.

스웨덴의 크론스테트 백작과 카케룽은 Kakelugn

　대략 1500~1800년 사이는 소빙하기였습니다. 이 시기 스웨덴은 현재보다 더 추웠겠지요. 아침부터 저녁까지 종일 재래식 벽난로에 불을 지펴야만 간신히 견딜 수 있을 정도였습니다. 결국 스웨덴의 산림자원은 급격하게 고갈되었지요. 1760년대 스웨덴은 철광산업이 급격히 발달하고 있었는데 용광로에 필요한 땔감 때문에 더 빠른 속도로 스웨덴의 나무들이 사라지고 있었습니다. 한편 주택 난방에 사용할 땔감도 부족해지기 시작했지요. 목재가 부족해지자 땔감을 줄일 수 있는 열효율이 좋은 난로에 대한 요구가 높아졌습니다. 이때 아돌프 프레데리크 Adolf Frederik 스웨덴 국왕은 저명한 건축가이자 발명가, 과학자인 칼 요한 크론스테트 Carl Johan Cronstedt 백작에게 땔감을 절약할 수 있고, 열효율이 높은 벽난로를 만들어 달라고 의뢰했습니다.

　크론스테트 백작은 국왕의 요청에 따라 5개의 채널, 즉 5개의 긴 열기통로 구조를 가진 효율 높은 카케룽은 kakelugn이라 불리는 타일 벽난로를 만들었습니다. 외부에 타일을 부착한 이 벽난로는 스웨덴 벽난로의 표준이 되었을 뿐 아니라 유럽의 벽난로 수준을 한 단계 높이는 모델이 되었습니다. 크론스테트 백작은 이전의 벽난로가 대부분 굴뚝을 통해 내기중으로 열을 빼앗긴다는 점에 주목했지요. 당시 보편적으로 사용하던 벽난로는 90% 이상의 열을 굴뚝을 통해 하늘로 날려 보냈으니까요. 백작은 땔감을 줄이는데 초점을 맞추기보다는 더 많은 열을 저장, 즉 축열할 수 있게 만드는 데 주력했습니다. 그 결과 옛날처럼 장작을 난로 안에 계속 넣지 않고, 하루에 두어 번 정도만 넣어도 되어 땔감을 절감할 수 있게 되었습니다. 그는 벽난로 내부에 뱀처럼 구불구불 위아래로 휘어진 5개의 열기통로를 만들어 벽난로 내부를 통과하는 연소가스를 오르락내리락 하도록 만들었습니다. 화실에서 고온 연소되어 발생한 뜨거운 연소가스는 벽난로 내부를 통과하

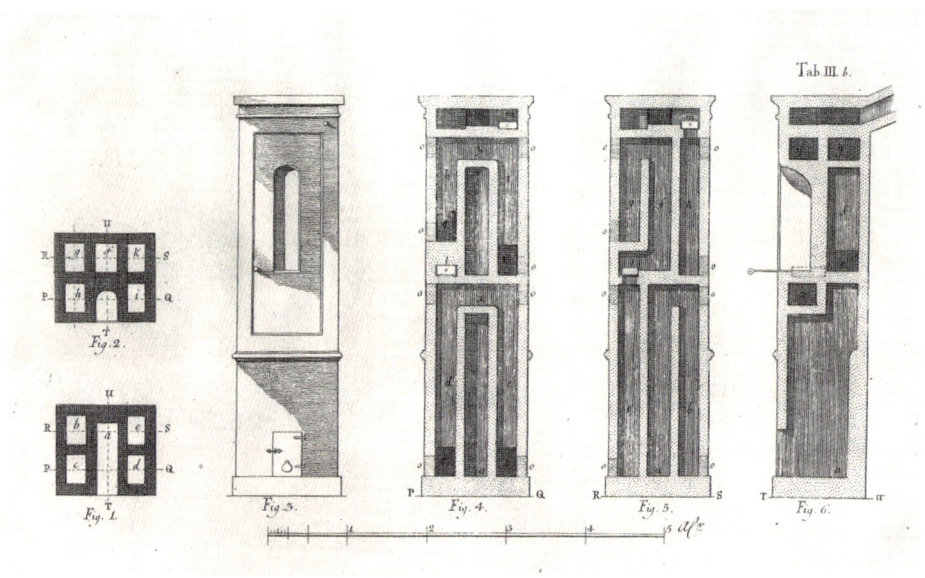
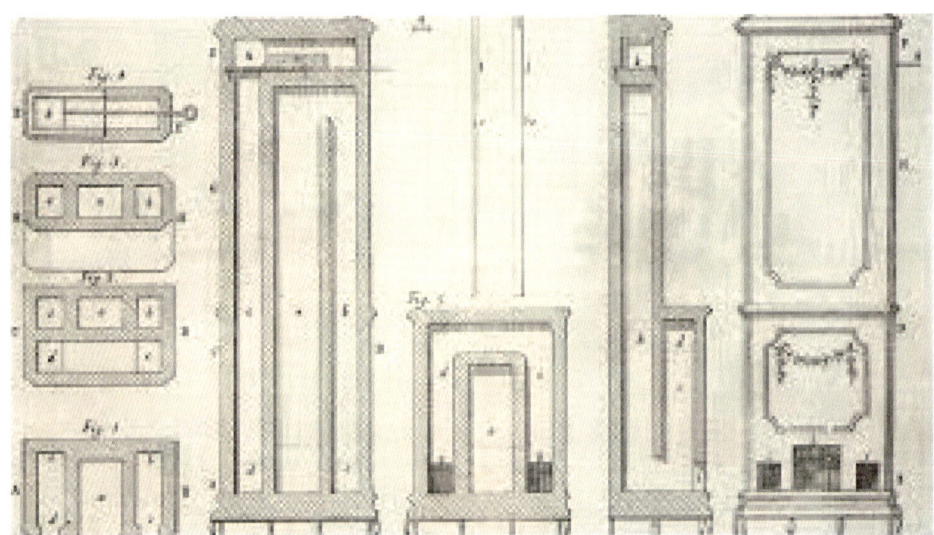

▶ 크론스테트 백작이 설계한 개량 벽난로 카케룽은의 열기통로 구조도

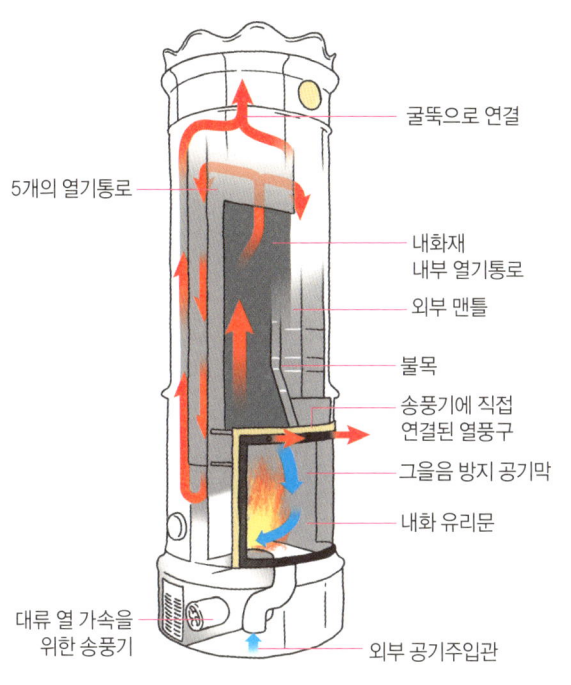
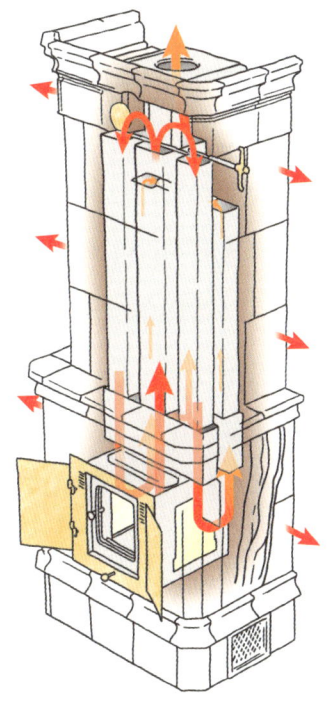

▶ 현대적인 카케룽은 벽난로의 구조도 　　　　▶ 사각 카케룽은의 열기 흐름과 구조도

　면서 고온의 열을 열기통로를 이루는 벽돌에 저장하고 오랜 시간 천천히 실내로 열을 방출할 수 있게 만들었지요. 화실 또한 개선했습니다. 이전의 벽난로는 많은 장작을 넣기 위해 화실을 크게 만들었는데 종종 지나친 열 압력을 발생시켜 벽난로에 균열을 일으켰는데요. 크론스테트 백작은 화실을 좁고 작게 만들었는데, 작은 화실은 빨리 고온 환경에 다다르고 장작을 고온청정 연소시켰습니다. 또 다른 벽난로 개량 모델에서 백작은 대류 열을 적극적으로 이용하기 위해 벽난로 내부에 열기통로와 별도로 실내의 공기가 순환할 수 있는 열교환관을 만들어 넣었지요. 백작은 대류 열교환관이 좁을수록 대류의 속도와 열교환율이 증가한다는 점을 발견하고 이를 개량 벽난로 모델에 적용했습니다.

제17장 | 독일과 스웨덴의 타일 벽난로

그는 10채널을 가진 벽난로를 비롯해 좀 더 복잡하고 다양한 벽난로들을 설계했는데 문제는 구조가 너무 복잡하고 만들기 어렵다는 점이었습니다. 현재 스웨덴에서는 단순한 구조로 만들기 쉽고 효율 좋은 5채널 벽난로가 대중적으로 사용되고 있습니다. 바로 스웨덴 5채널 콘트라 플로우 타일 벽난로이지요.

크론스테트 백작이 만든 카케룽은 벽난로는 중앙에 좁고 높은 화실과 연결된 상승 열기통로가 있습니다. 그 주위에 위아래로 연결된 4개의 열기통로를 가지고 있지요. 화실에서 발생한 뜨거운 연소가스는 중앙의 상승 열기통로를 거쳐 앞쪽 좌우 2개의 하강 열기통로를 통해 밑으로 내려갑니다. 그 다음 다시 각각 뒤편 하부에서 좌우에 연결된 2개의 상승 열기통로를 통해 위로 올라간 후 합류하여 연통이나 굴뚝을 통해 실외로 배출됩니다.

카케룽은의 외장은 타일이고, 220~230cm 높이에, 외부 직경은 750~870mm인 원통형 기둥 모양이 대부분이고, 직사각형의 탑 형태도 있습니다. 현대에 와서는 드물게 외장을 타일이 아닌 컬러 금속판이나 벽돌 등 다른 재료로 만들기도 하지요. 내부구조 역시 현대에 와서 콘투라Contura 같은 기업은 벽돌이 아닌 내화캐스터블로 단별로 성형하여 만듭니다. 벽난로 중앙의 실내 공기가 순환하는 대류 열교환관의 직경은 보통 125mm이고, 연소가스가 통과하는 열기통로의 직경은 150~154mm 정도입니다. 이때 공기주입관의 직경은 60mm 내외 정도가 적당하지요. 벽체나 천장으로부터 보통 5cm 이상 띄워서 설치합니다. 무게는 크기에 따라 1,100~1,400kg 정도로 육중합니다.

카케룽은 벽난로는 보통 하루에 두 번 땔감을 넣고 불을 지피는데 보통 30분~2시간 정도 불을 피우면 24시간 이상 실내를 따뜻하게 유지할 수 있습니다. 위에서 언급한 표준 크기인 카케룽은 타일 벽난로의 열효율은 87% 이상입니다. 크론스테트 백작은 두꺼운 장작을 넣기보다는 잘게 쪼갠 나무를 땔감으로 사용할 것을 권장했습니다. 큰 장

▶ 현대적인 스웨덴 카케룽은 타일 벽난로

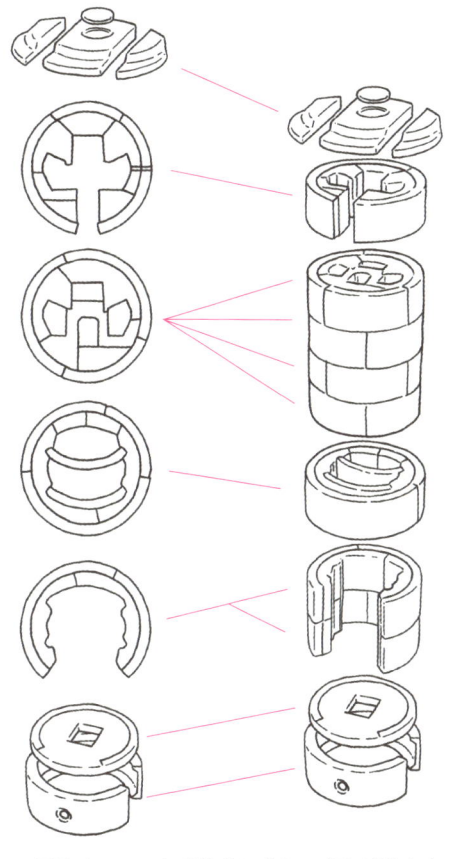
▶ 콘투라Contura가 내화캐스터블로 단별 성형하여 제작하고 있는 카케룽은 내부(Core) 구조물

작을 넣고 오래 연소시키면 불은 오래갈지 모르지만 그만큼 굴뚝댐퍼를 열어놓아야 하기 때문에 열 손실이 커진다고 주장했지요. 가는 장작으로 재빨리 고온 연소시켜 벽난로에 그 열을 축열하고 굴뚝댐퍼를 닫으면 열 손실을 크게 줄일 수 있기 때문입니다. 카케룽 벽난로는 굴뚝을 통해 나가는 연기가 매우 적어 대기오염을 줄일 수 있지요. 1,110~1,200℃ 정도의 고온으로 장작을 연소시키기 때문인데, 일반 철제 화목난로는

650~700℃ 정도로 장작을 연소시킵니다. 철제 난로는 표면의 온도가 매우 높아서 뜨거운 철제 난로에 닿은 집 안의 미세 먼지들이 연소하면서 실내 공기를 오염시킵니다. 하지만 카케룽은 벽난로는 표면 온도가 손이 데지 않을 정도이기 때문에 실내 공기를 오염시키지 않습니다.

벽난로 이것부터 알아야 한다

18 축열식 벽난로의 시공과 배치

19 내화물의 이해와 조적

20 벽난로에 부착되는 철물들

18 축열식 벽난로의 시공과 배치

 축열식 벽난로는 이동 가능한 난로가 아니라 건축물의 일부입니다. 축열식 벽난로는 '놓는다'란 표현보다는 '시공한다'란 표현이 더 어울리는 이유지요. 러시아나 북미에서는 건물을 지을 때 벽난로를 함께 시공하기에 집의 일부가 되는 셈입니다. 서구 유럽의 경우 벽난로가 있으면 주택 에너지 효율이 높아지기 때문에 집값을 더 쳐줍니다. 건축물의 일부인 벽난로를 효과적으로 시공하기 위해서는 일하는 순서를 제대로 파악해야 하지요. 아무리 복잡한 작업도 세부 공정으로 나누어 보면 작업 내용이 단순 명확합니다.

 '쥐가 코끼리 잡아먹듯' 큰일도 작게 나누어 해나간다면 못할 일이 없겠죠. 우선 일반적인 축열식 벽난로의 시공 순서를 간단히 살펴볼까요.

축열식 벽난로의 시공 순서

1. 벽난로 자리를 정한다.
2. 바닥에 벽난로 외곽선을 그려둔다.
3. (경량 목구조 바닥일 경우)바닥을 자른다. 이때 벽난로 외장면보다 10cm 더 크게 자른다.
4. 필요 자재를 쌓고, 작업대와 비계를 설치한다.
5. 네 보서리에 사개 추를 이용해서 수직 기준선을 잡는다.
6. 철근 콘크리트로 밑바닥 기초를 미리 깔고, 이 위에 콘크리트 블록 기초를 쌓아올

린다. 콘크리트 기초는 블록 기초보다 15cm 넓게, 최소 25cm 두께로 시공한다.

7. (경량 목구조 바닥일 경우)바닥보다 약 12~15cm 낮은 위치까지 콘크리트 블록 기초를 쌓아 올린다.

8. 블록 기초 위에 틀을 만든 후 콘크리트를 부어 방바닥면보다 2~3cm 낮게 벽난로 바닥을 깐다. 두께는 최소 10~15cm. 철근을 넣어 바닥을 보강한다. 이때 바닥에 외부 공기주입관을 삽입하되 벽난로 외장 전면부에서 보통 17~20cm 안쪽 중앙에 설치한다. 이 위치는 재구덩의 위치에 따라 외부 공기주입관 설치 위치를 달리할 수 있다. 이미 깔려 있는 방바닥 위에 벽난로를 설치하고자 할 때는 바닥보다 되려 10~15cm 높은 두께로 벽난로 바닥을 깐다.

9. 굴뚝(연통)과 연도, 재청소구 자리를 잡는다.

10. 벽난로를 벽체에 붙여서 시공하는 경우가 아니라면 보통 내부구조를 먼저 쌓고, 다음에 외장을 쌓는다. 특히 석판재를 부착할 경우 외장은 나중에 부착한다.

11. 화실의 높은 열 압력과 열팽창에 견딜 수 있도록 화실과 열기통로를 포함한 내부구조를 쌓는다. 주로 내화벽돌과 내화본드나 내화몰탈을 사용한다. 내부구조를 외장과 함께 쌓을 때는 항상 외장보다 약간 높게 쌓는다.

12. 열팽창에 대비한 신축 유격을 위해 내열 신축 이음재를 준비한다. 내열 신축 이음재(Ceramic Wool, Ceramic Rope, Ceramic Paper, etc)는 철물이 부착되는 모든 개구부(화구, 재구덩문, 재청소구, 연통, 댐퍼, 오븐 문)를 부착할 때 사용한다. 철물 부착 부위가 아닌 내부구조와 외장 사이의 신축 유격에는 신축 이음재로 내열 자재(Ceramic Paper)를 사용하지 않고 박스 종이로 대용할 수 있다.

● **외장과 내부구조를 함께 쌓을 경우**(*표시는 내부구조와 외장을 함께 쌓는 경우에 해당한다.)

10* 먼저 화구 높이까지 내부구조를 쌓은 후 신축 이음재를 부착한 후 외장 벽돌을 쌓는다. 외장 벽돌을 조적하기 위한 접착반죽(Mortar)은 강력 시멘트를 사용하는 것이 좋으나 일반 시멘트나 흙 반죽을 사용할 수도 있다.

11* 내부구조를 화구 인방 높이까지 쌓고 다시 신축 이음재를 부착한다. 보통은 박스 종이를 펴서 부착한다. 외장 벽돌을 다시 화구 인방 높이까지 쌓는다. 내부구조를 최상부까지 내화벽돌과 내화본드나 내화몰탈을 이용해서 정밀하게 쌓는다. 그런 다음 역시 외장 벽돌을 쌓는다. 이와 같이 내부구조를 먼저 쌓고 그 다음 외장 벽돌을 쌓되 작업에 지장을 주지 않을 정도의 높이, 보통 40~45cm 정도씩 단계적으로 쌓는다.

12* 외장 벽돌을 최종 높이까지 쌓는다. 내부구조 최상부보다 약 7.5cm 정도 높게 쌓는다. 지붕 덮개 시공방법에 따라 외장의 높이는 달라질 수 있다.

13. 최종 외장 지붕 밑에는 신축성 있는 내열 단열재(Ceramic Wool)를 최소 2.5cm 두께 이상 깔아야 한다. 대용으로 펄라이트Perlite 3 : 석회 1을 섞되, 물 반죽하지 않은 상태로 섞어서 덮을 수 있다. 석회는 벽난로의 건조 과정에서 발생한 습기를 흡수하면서 굳어진다.

14. 화구문, 재청소구, 재구덩(재서랍)문을 설치하고 떨어진 반죽을 청소한다. 철물을 부착할 때는 반드시 내열 신축 이음재를 사용한다.

15. 화구 앞 방화 노상, 연통, 연통댐퍼Damper를 설치한다. 연통에 역풍방지기 또는 연가를 설치한다.

16. 깨끗하게 닦아내고 잘못된 부분이 없는지 살피며 최종 점검한다.

17. 사용자에게 안전 수칙과 사용 방법을 숙지시킨다. 초기 벽난로의 건조, 착화 방

법, 초기 축열과 반응 시간, 연소 주기, 적정 표면 온도 등에 대해 설명한다.
18. 일정 기간 동안 벽난로 사용을 점검한다.

어디에 설치할 것인가?

'조화'는 모든 생활 영역에서 필요한 감각이지요. 쉽게 움직일 수 없는 구조물을 설치할 때 이 감각을 잃으면 곧 후회하기 마련입니다. 위치와 규모는 어울림을 결정짓는 핵심이죠. 사람도 마찬가지겠죠. 자신이 설 자리와 한계를 아는 것이 중요합니다.

벽난로는 쉽게 위치를 바꿀 수 있는 철제 난로가 아닙니다. 한 번 설치하면 움직일 수 없죠. 게다가 일반 난로에 비해 크기는 5~20배이고 중량은 보통 1톤 이상입니다. 난방이 필요한 겨울이 지나면 벽난로는 자칫 집 안에 떡 버티고 앉은 육중한 애물단지가 될 수 있습니다. 벽난로를 적절한 규모로 적당한 위치에 아름답게 디자인해야 할 필요가 여기에 있지요.

벽난로를 어디에 설치할지 결정할 때 3가지 측면을 점검해 봐야 합니다. 벽난로의 하중을 견딜 수 있는 바닥, 외부 공기주입관을 삽입할 수 있는 적당한 자리와 건물 하중을 받치고 있는 골조나 구조에 영향을 끼치지 않고 연통을 뚫을 수 있는 위치, 가장 효과적으로 벽난로의 대류 열과 복사열을 실내 난방에 이용할 수 있는 배치를 고려해야 하지요.

축열식 벽난로는 소규모인 경우라도 1톤 이상으로 무거운데, 무겁고 덩치가 커야 열을 많이 저장할 수 있기 때문에 어쩔 수 없습니다. 이러한 무게를 받칠 수 있는 견고한 기초 바닥이 필요하지요. 러시아에서는 집을 지을 때부터 벽난로를 앉힐 기초를 견고하게 만듭니다. 경량목 구조라면 바닥 장선과 마룻바닥을 뚫고 철근강화 콘크리트 기초를 따로 만들어야 합니다. 이미 다 지은 집 안에 벽난로를 설치하려 한다면 하중을 충분히 견딜

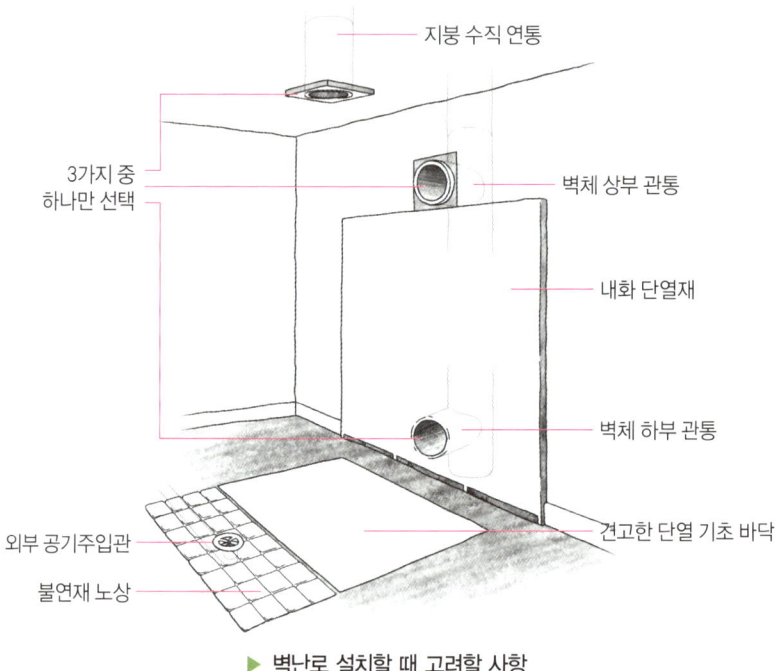

▶ 벽난로 설치할 때 고려할 사항

수 있는 자리를 정해야 합니다. 필요에 따라서는 보완을 해야 하지요. 우리의 경우 대부분 보일러 난방 배관을 하고 콘크리트 바닥을 만드는데 너무 얇게 콘크리트 바닥을 깔았다면 하중을 분산시킬 수 있도록 넓고 두꺼운 판재나 철근강화 콘크리트 바닥을 덧깔아 보완해주어야 합니다.

　실내에 공기주입구가 있는 경우 이미 데워진 실내의 공기가 굴뚝으로 빠져나갑니다. 밀폐가 잘된 집인 경우 실내 공기를 지속적으로 연소시켜 버리기 때문에 실내 산소가 부족해질 수 있겠지요. 외부 공기주입관을 통해 연소에 필요한 공기를 따로 공급하면 열 손실을 줄일 수 있습니다. 외부 공기주입관을 쉽게 뚫고 외부와 벽난로 하부를 연결할 수 있는 적절한 자리를 정해야 합니다. 외벽체로부터 너무 먼 자리를 정해서 불필요한

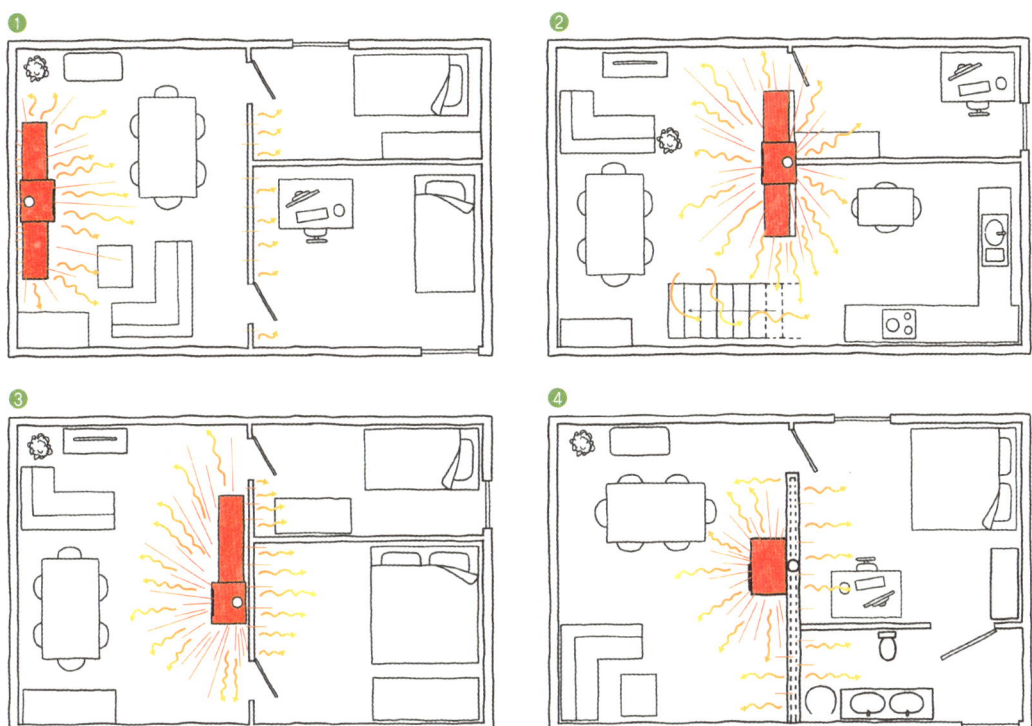

▶ **벽난로 배치와 각 공간의 난방 효과**
① 외벽에 설치할 때 단열 필수. ②, ③ 간벽 설치시 단열 불 필요. ④ 간벽을 열기통로로 활용할 경우 효율은 가장 높다.

바닥공사를 다시 하고 싶은 사람은 없겠죠. 아예 건물 구조 때문에 공기주입관을 삽입할 수 없는 경우도 있습니다.

연통은 수직으로 지붕을 뚫거나 벽을 뚫어서 세웁니다. 이때 건물 안전에 영향을 주는 기둥이나 장선, 보, 내력벽 등을 절대 건드리지 말아야 합니다. 연통을 뚫는다고 기둥을 자르거나 보나 서까래를 잘라서는 안 되지요. 안전에 영향을 주지 않고 손쉽게 연통을 뚫을 수 있는 벽난로 자리를 잘 잡아야 합니다. 가능하면 지붕 용마루에 가깝고 건물 실내의 중앙이 위치로 적당하지요.

축열식 벽난로의 배치

벽난로의 열은 레이저처럼 뿜어지는 복사열과 공기를 데워서 순환시키는 대류 열로 방을 데웁니다. 벽난로의 발열은 복사열 55%, 대류 열 45% 정도인데 가로막힌 벽이 있으면 난방 효과는 50% 감소합니다. 최대한 벽난로의 많은 외표면이 실내로 노출될 수 있는 자리에 배치해야 난방 효율이 높아지죠. 주로 건물의 중앙에 가깝게 설치하면 최대한의 대류 열을 이용할 수 있습니다. 내부 간벽에 의지하지 않고 거실 중앙에 벽난로를 세울 때는 주로 주방과 거실 공간을 시각적으로 분리할 수 있는 위치가 적절합니다.

건물의 하중을 받지 않는 비내력 간벽에 벽난로를 설치하면 효과적으로 여러 공간을 데울 수 있는데 주로 거실과 침실 벽에 벽난로를 설치합니다. 또 규모가 큰 벽난로일 경우 3~4개 공간이 교차하는 모서리에 설치할 수 있지요. 여러 공간을 동시에 난방할 경우 각 방의 크기에 따라 노출되는 벽난로 표면을 잘 배분해야 하고요. 난방열이 많이 필요한 큰 공간은 벽난로 표면을 더 많이 노출시켜 줍니다.

화구도 큰 공간 쪽으로 놓이게 자리를 잡는데요. 거실이 열 손실이 많기 때문에 거실

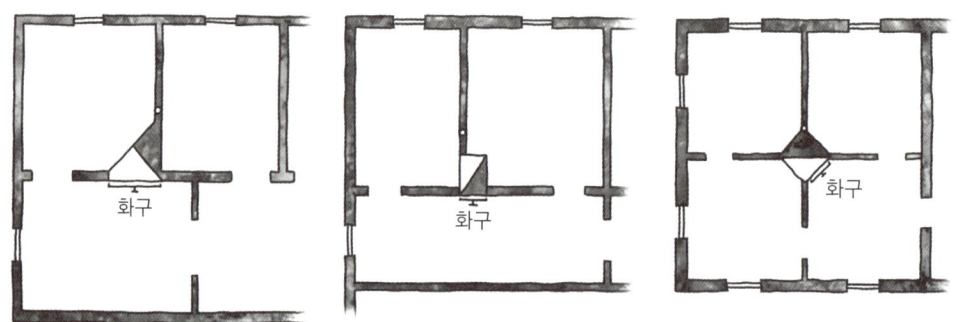

▶ 여러 공간에 걸친 간벽에 벽난로 설치하기

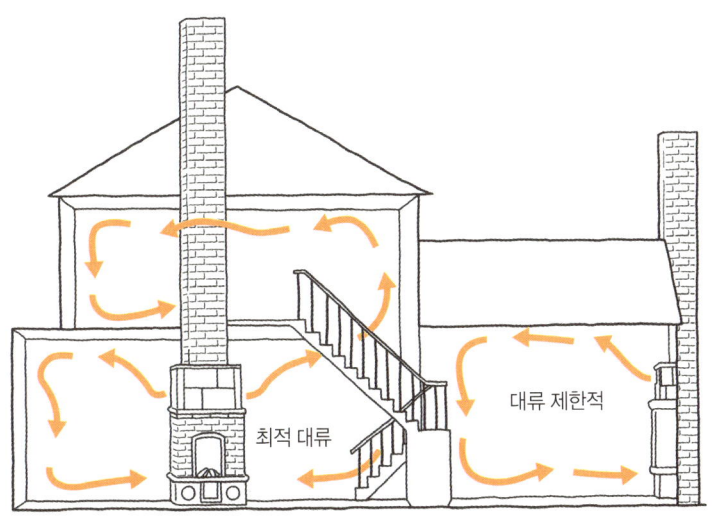

▶ 복층 구조에서 벽난로의 위치

쪽으로 벽난로 표면이 가장 많이 노출되어야 하고 화구도 거실 쪽으로 내는 것이 좋겠죠. 복층 구조의 거실일 경우 2층으로 올라가는 계단 주변이 효과적으로 대류 열을 이용할 수 있는 위치입니다.

다시 강조하지만 벽난로를 삽입할 간벽은 건물의 하중을 받지 않는 비내력 벽이어야 합니다. 벽난로를 벽에서 띄울지, 붙일지, 삽입할지에 따라 인접한 공간마다 발열량에 차이가 나죠. 인접한 벽이나 천장이 가연성 재료일 경우 화재를 예방하기 위한 충분한 방화 간격을 유지해야 하는데 보통 가연성 벽체와 100mm, 천장과 200mm 방화 간격을 띄우거나 불연단열재를 부착해 줍니다. 간벽에 벽난로를 삽입할 때 여러 공간을 효과적으로 따뜻하게 만들 수 있지요. 피치 못하게 외벽이나 외벽 모서리에 자리를 잡을 경우 외부로 나가는 열 손실을 막기 위해 내화성 단열재를 벽과 벽난로 사이에 부착해 주어야 합니다.

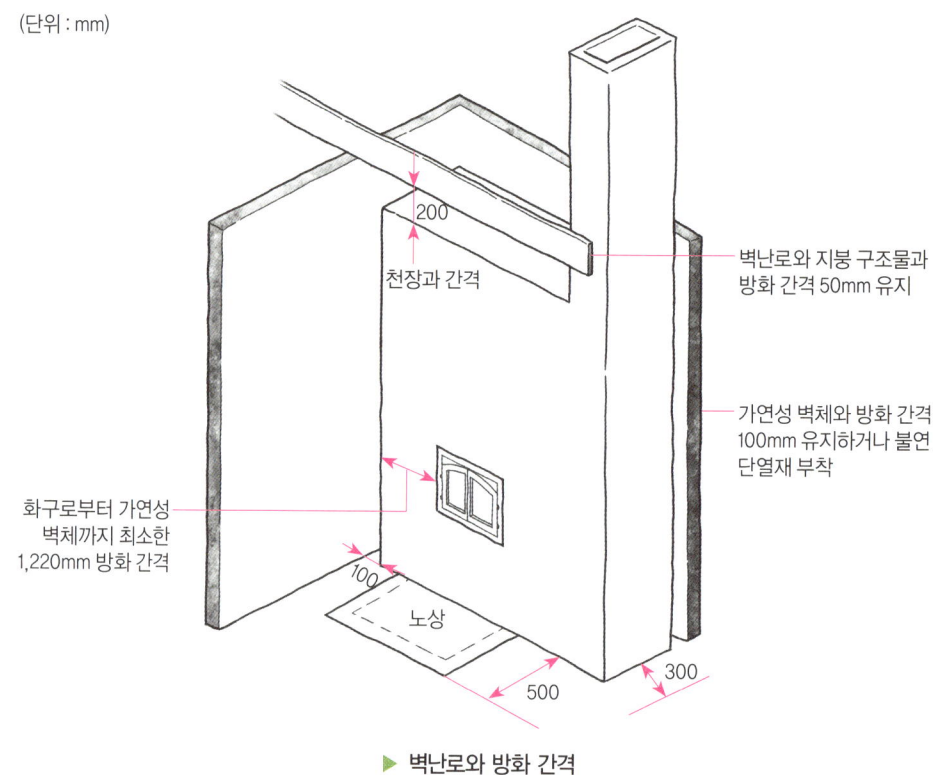

▶ 벽난로와 방화 간격

축열식 벽난로의 규모

화실이 크면 클수록, 외장의 면적이 넓을수록 벽난로의 발열 표면적, 즉 열량이 커집니다. 그렇다고 무조건 크게 만들 수는 없는 노릇이죠. 비용도 증가하고 너무 육중한 벽난로가 실내 공간을 차지하고 있어도 문제입니다. 적절한 크기는 난방해야 할 공간의 크기와 단열 정도에 따라 결정하면 됩니다. 난방 공간이 클수록 벽난로도 커져야죠. 단열이 잘된 집이라면 같은 면적이라도 그렇지 못한 집보다 벽난로 크기가 작아도 충분할 수 있습니다. 공간 난방에 필요한 열에너지의 양, 열 손실이 일어나는 정도에 따라 벽난로의 규모는 복합적으로 판단해야 합니다.

주택 난방에 필요한 열에너지를 산출하기 위해서는 열 손실량을 알아야 합니다. 창과 문, 지붕, 벽체, 틈새, 바닥 등을 통해 단위시간당 빠져나가는 열량을 측정하고 난 후 그 조건에서 단위시간당 벽난로가 발산해야 할 열량을 산출할 수 있습니다. 그런 후에야 필요한 열량에 맞춰 적합한 벽난로의 크기를 정할 수 있지요. 벽난로를 자가 시공하고자 하는 일반인들이 고가의 비싼 계측장비를 갖출 수 없으니 결국 경험적 판단에 맡겨야 합니다.

이 책에서 소개하고 있는 소형 보급형 벽난로들은 하루 두세 번 화실에 장작을 가득 넣어서 연소시킬 때 대략 7~8평 규모의 거실 공간을 데울 수 있습니다. 중형 벽난로들은 15~20평, 대형은 30~50평정도의 공간을 난방하기에 적합합니다. 비록 규모가 작아도 화실에 장작을 자주 넣어준다면, 즉 연료 장착 주기를 짧게 반복하면 더 넓은 공간을 난방할 수 있지만 벽난로가 과열되어 균열의 원인이 될 수 있지요. 축열식 벽난로에서 과열은 금물입니다.

대전에 설치된 사이드 채널식 벽난로는 외벽에 접하여 설치되었다. 내부 간벽이 아닌 외벽에 벽난로를 설치할 때는 외부로 열을 빼앗기지 않도록 벽난로와 외벽 사이에 단열처리한다.

러시아 페치카의 규모 산출 사례를 살펴보죠. 집 밖 온도가 겨울철 평균 영하 30℃일 경우 1입방미터의 실내 공간을 영상 18℃까지 끌어올리는 데 드는 열량을 기준으로 산정합니다. 73.26입방미터(대략 바닥면적 8~10평, 높이 약 3m인 주택에 해당)인 경우 필요 열량은 위 조건의 주택에서 1입방미터당 필요한 열량이 21kcal/h이므로 73.26×21=1,538kcal/h입니다. 벽난로 표면적 1평방미터당 발열량은 약 300kcal/h. 필요 난방 열량 1,538kcal/h를 300kcal/h로 나누면 벽난로의 표면적이 산출되는데 약 5.1평방미터가 됩니다. 표면적이 5.1평방미터인 벽난로의 높이는 대략 2.2m, 벽난로 둘레 길이가 2.3m입니다. 이 경우 벽난로 표면적 1평방미터당 약 1.6~2평 정도 난방이 가능하다는 계산이 나오지요. 물론 이러한 산출 방식은 건축 방식과 단열 정도에 따라 필요 열량 값이 달라지므로 모든 주택에 보편적으로 적용할 수는 없습니다.

19 내화물의 이해와 조적

러시아 페치카는 벽돌 장인의 전통과 닿아 있습니다. 러시아인들은 집을 지으면서 거의 동시에 페치카(축열식 벽난로)를 만들었지요. 러시아인들은 페치카를 별도의 난방장치로 보기보다는 건축물의 일부로 보았습니다. 오래전 페치카는 난로이자, 침대이자, 조리 화덕의 역할을 했습니다. 좀 더 시간이 지나면서 페치카는 방과 방 사이에 하중을 받지 않는 간벽을 대신하게 되었지요. 집을 짓던 벽돌 조적공들이 자연스럽게 페치카를 주로 시공하게 되면서 벽돌공들을 통해 페치카의 시공법이 전수되었습니다. 페치카를 만들기 위해서는 벽돌을 잘 쌓는 숙련된 기술이 필요하지요. 물론 건축물의 일반 벽돌쌓기와 다른 내화벽돌의 조적방법과 지식, 경험이 더해져야 합니다. 벽돌공 가운데 일부는 보다 전문적 지식과 경험을 필요로 하는 페치카 장인으로 분화됩니다.

벽난로에 사용되는 내화물

내화물은 '고온에서 견디는 물질'이란 뜻으로 불에 타지 않고 고온에서 쉽게 녹지 않는 비금속 무기재료를 말합니다. 한국산업규격(KS)KSL 0011-1976(내화물 용어)에 의하면 SK-26번 이상의 내화도를 가진 비금속 물질 또는 그 제품을 내화물이라 하는데 다만 금속이 일부 사용되고 있는 것도 포함하지요. 화로나 가마, 벽난로, 고급난로, 보일러 제작에 주로 사용되는 내화물은 내화점토, 내화벽돌, 내화판, 알루미나 시멘트, 내화캐스터블 몰탈, 세라믹 파이버, 세라믹 보드, 세라믹 본드, 세라믹 울, 세라믹 로프, 내열 실리콘 등입니다.

- 내화벽돌

벽난로의 내부구조는 주로 SK-26번 이상의 내화도를 가진 내화벽돌로 조적합니다. 내화벽돌은 내화도가 높고 강도와 열 충격 저항이 크며, 그을음이나 목초액 등에 의한 화학적 침식에 강해야 하는 등 여러 구비 조건이 필요합니다. 내화벽돌은 주로 한 번 불에 구운 흙인 샤모트를 주재료로 알루미늄, 규사 등 광물을 혼합해서 만듭니다. 내화벽돌은 용도에 따라 단열성, 내화성, 내산성, 강도에 있어 차이가 있는데 고강도 내화벽돌일수록 절단하기 어렵지요. 예를 들어 SK-32보다 SK-34가, SK-34보다 SK-36이 강도가 높고 절단하기 어렵습니다. 이런 내화벽돌을 절단할 때는 분진이 많이 날 뿐 아니라 매우 위험해서 반드시 마스크를 사용해야 합니다. 내화벽돌 분진은 유해한 광물성 가루를 포함하고 있기 때문이지요. 내화벽돌을 절단할 때는 보안경, 가죽 장갑, 벽돌 고정대 등 안전 장비를 반드시 갖추어야 합니다. 내화물의 고온 가열 효과를 비교 측정하는 제게르 콘Seger cone 기준에 따라 내화벽돌을 분류하면 일반 내화질 벽돌(SK-32, SK-34)은 일반 실리카계 벽돌, 알루미나계 내화질 벽돌 등이 있는데 고열 온도에서 고온 안정성이 크고 일반 내화 사용 범위가 크기 때문에 공업요나 굴뚝, 주방 화덕, 화목난로의 라이닝, 벽난로 내부구조 등 광범위한 용도

▶ 다양한 내화벽돌

▶ 초경날을 장착한 석재용 고속절단기

로 사용됩니다. 또 고알루미나질 내화벽돌(SK-36, SK-38)은 고압, 고순도의 내화질의 원료로 초고온 소성 후, 초고압 성형을 거쳐 제작된 제품으로 입도 조정, 내마모성, 높은 강도가 필요할 때 사용할 수 있습니다.

　벽돌 절단은 석재전용 절단기를 이용하는데 마찰열을 줄이기 위해 절단면에 물을 지속적으로 분사하도록 되어 있습니다. 석재전용 절단기는 고가이기 때문에 서재절단용 초경날을 고속절단기에 끼우고 호스를 연결해서 물을 분사하며 자르거나, 목재가공용 각도 절단기에 초경날을 끼우고 방수가 될 수 있도록 개조해서 사용하기도 합니다. 내화벽돌은 자르는 동안 회전날이 반동에 의해 튀어오를 수 있기 때문에 반드시 벽돌을 고정할 수 있는 고정대가 있어야 하지요. 또한 분진마스크와 보안경, 장갑을 반드시 착용하고 작업하며 실내에서는 절단 작업을 하지 않습니다.

- **내화몰탈**

내화몰탈은 내화벽돌을 쌓을 때 접합재로 사용하는 반죽입니다. 기경성 몰탈은 공기 중에서 건조되면서 굳어지는 성질의 몰탈이며, 가열할 때 굳어지는 몰탈인 열경성 몰탈이 있습니다. 열경성 몰탈은 공업로에서 주로 사용하고 벽난로 시공에는 기경성 몰탈을 주로 사용지요. 내화몰탈은 시공 후 건조되면서 수축이 적어야 하며 시공성과 접착력이 우수해야 합니다. 내화몰탈은 형태에 따라 분말형과 액상형이 있는데 후자의 것을 내화본드라고 하지요. 분말형은 시멘트처럼 물과 혼합하여 사용하고 내화본드는 전동교반기로 혼합하여 그대로 사용합니다. 내화벽돌에 내화본드를 바를 때는 주로 고무 주걱이나 흙손을 사용하여 바르고, 잔여물은 스펀지 등으로 깨끗이 닦아냅니다. 일반 벽돌을 조적할 때는 보통 몰탈의 두께가 5mm 이상인 반면, 내화벽돌을 조적할 때 내화몰탈 또는 내화본드의 두께는 1~3mm 이하여야 하는데 두껍게 바르면 이 접착면에서 균열이 일어날 수 있기 때문입니다. 내화물은 기밀이 매우 중요하므로 잘 접착해야 합니다. 몰탈을 접착면 전면에 꼼꼼히 바르고 내화벽돌을 전후좌우로 미끄러지듯 움직여 몰탈이 삐져나오면서 틈을 없애도록 조적해야 하고 삐져나온 몰탈은 깨끗이 닦아냅니다. 세라믹 페이퍼나 세라믹 울, 세라믹 코프와 같은 내화성 신축 이음재를 접착할 때에도 내화본드를 사용하는데요. 이때 접착면뿐 아니라 내화성 신축 이음재의 접착면 외부로 노출된 절단면에도 내화본드를 발라 기밀성을 유지해야 합니다.

내화벽돌의 조적

축열식 벽난로인 러시아 페치카는 내화벽돌이나 적벽돌을 이용하여 다음과 같은 조건을 만족하는 구조물로 구축되어야 합니다.

- 고온 연소에 적합한 화실 구조
- 충분한 전열(열 마찰, 열 전도) 면적을 확보하는 열기통로 구조
- 실내로 열기를 방열할 수 있는 넓은 외 표면적
- 균열, 산화 부식 등 열 변형에 견딜 수 있는 구조
- 결로 응축수의 영향을 줄이기 위한 구조
- 청결한 유지 관리, 보수를 위한 구조
- 조리, 난방, 온수 등의 목적 구조

　모든 벽돌은 일반 벽돌이든 내화벽돌이든 어긋쌓기를 기본으로 하지요. 어긋쌓기란 접착몰탈을 바른 위 아랫단의 접착면이 연속적으로 이어지지 않게 쌓는 방식입니다. 이러한 어긋쌓기는 수직의 벽면체를 쌓을 때뿐 아니라 상부 지붕 구조와 같이 수평면을 만들 때에도 밑단과 윗단 수평면의 각 벽돌 접착면이 연이어지지 않게 어긋쌓기합니다. 특히 지붕과 같은 수평면은 최소 3단 이상 수평면을 쌓아야 하는데요. 이중으로 맞닿은 벽면체를 쌓을 경우에도 안쪽 벽면체와 바깥 벽면체의 각 벽돌 접착면 역시 어긋나야 합

▶ 어긋쌓기

니다. 이렇게 어긋쌓기를 해야 균열로 인한 가스 누출을 막을 수 있습니다.

러시아 페치카 중에는 단순한 구조를 가진 소규모 페치카에서부터 온수, 난방, 조리 등 여러 목적을 충족시키는 복잡하고 거대한 페치카까지 다양합니다. 아무리 복잡한 구조라도 러시아 벽돌 장인들은 자신들의 경험과 지식에 바탕을 둔 관행적 작업 방식을 정리했습니다.

'이론은 오랫동안 많은 이들의 경험을 수렴하면서 권위를 획득해나간다. 언제나 경험은 이론 앞에 선행한다.' 페치카에 관한 이론은 특히나 경험적 과학이지요. 페치카를 규격 자재인 벽돌을 쌓아서 화실 구조와 열기통로를 만들다 보니 사용하는 내화벽돌의 크기 때문에 자연스럽게 생기는 제약과 특성을 반영해서 조적 방식이 정해졌습니다. 다시 말해 화실이나 열기통로를 만들 때 특별한 비율과 공식이 우선되기보다는 작업 경험과 페치카 사용 경험에 의존해서 적절한 단면적 크기가 정해졌지요. 평쌓기, 모쌓기, 세워쌓기 등 벽돌조적의 가장 기본적인 조적방법 역시 동일하게 이용되어 왔습니다. 다만 일반 벽돌과 달리 매우 정밀하게 절단하여 조적합니다. 이뿐 아니라 벽돌을 자르는 등 작업 효율성과 간편성을 위해 사용되는 벽돌의 크기는 온장, 반토막, 반절, 1/3장, 2/3장, 3/4장 크기가 주로 사용됩니다. 각 단마다 필요한 절단 벽돌의 개수가 파악되면 페치카를 쌓기 전에 미리 벽돌을 절단해둘 수가 있어 작업 효율성을 높일 수 있지요. 북미 벽난로 협회의 경우 축열식 벽난로를 쌓기 전에 사전에 벽돌 절단 목록(Brick Cutting List)을 작성하도록 지도하고 있습니다. 러시아의 페치카 장인들의 관행적인 페치카 조적 방식을 몇 가지 소개하면 다음과 같습니다.

1. 화실은 모쌓기로 쌓지 않고 평쌓기로 쌓는다. 만약 모쌓기로 화실을 만들 경우 겹쌓기, 즉 이중벽을 쌓는다.

2. 상승 열기통로의 단면적은 하강, 수평 열기통로에 비해 상대적으로 작게 만든다. 열기는 상승하려는 특성을 갖고 있어 좁은 공간에서도 자연스럽게 상승하기 때문이다. 단, 그을음이나 목초액이 끼지 않도록 충분한 단면적으로 만든다.
3. 하강 열기통로는 상승, 수평 열기통로에 비해 좀 더 크거나 병렬로 만든다. 열기를 하강하게 하는 데는 많은 압력이 작용한다. 따라서 압력을 줄이기 위해 넓게 만든다.
4. 상부의 수평 열기통로는 상, 하강 열기통로의 중간 크기로 만든다. 상부 수평 열기통로는 주로 연소가스의 흐름을 분배하거나 전환하는 역할을 한다.
5. 상, 하강 열기통로의 단면적은 일반적으로 내화벽돌 한 장 또는 두 장 크기로 만든다. 그을음이나 목초액이 끼이지 않도록 가능하면 넓게 만드는 것이 좋다.
6. 하부의 수평 열기통로는 그을음이나 재가 많이 쌓이는 공간이므로 충분한 높이로 만든다. 최소 3~4단 이상 평쌓기로 쌓는다.
7. 참고로 국산 내화벽돌의 크기는 230×114×65mm인데, 러시아 벽돌이 260mm 길이로 약간 더 크다.
8. 열기통로의 내부는 깔끔하게 다듬어져 있어야 하고 연소가스가 정체되지 않고 자연스럽게 흘러갈 수 있도록 만들어야 한다.
9. 모든 연소가스의 흐름이 전환되는 지점은 저항이 생기므로 유선형으로 만들거나, 통로를 확대해야 한다. 열기통로의 방향 전환이 많을수록 굴뚝 배출 온도는 낮아진다.
10. 화실로부터 바로 올라온 고온의 연소가스가 통과하는 열기통로는 외벽체로 신속하게 열을 외부로 방출하기 위해 중앙보다는 주로 전면이나 측면에 배치한다.
11. 지나치게 큰 열기통로는 연소가스가 흘러가는 속도를 늦추는데 연소가스의 통과 속도가 너무 느려도 축열이 낮아진다. 오히려 빠른 속도로 연소가스가 열 마찰을

일으키며 지나가야 축열이 더 잘된다.

12. 가능하면 새로운 설계보다는 검증된 표준 설계도면에 따라 조적하는 것이 안전하다. 따라서 공개된 표준도면을 해석하고 이해할 수 있어야 한다.

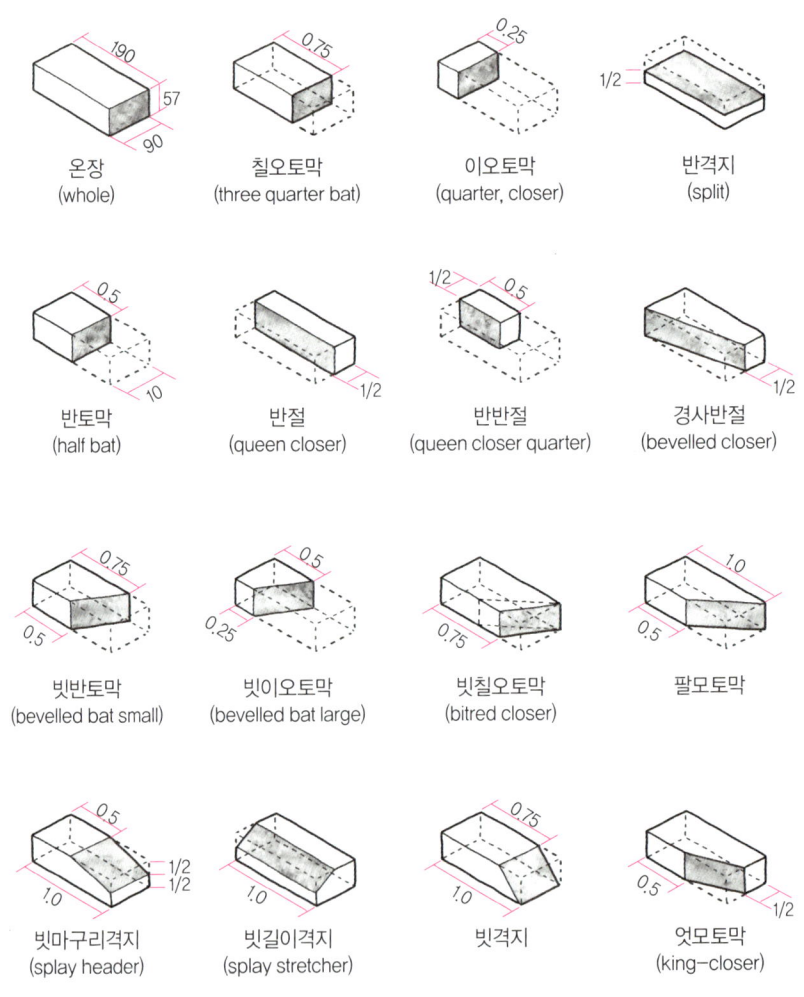

▶ 표준 벽돌 마름질(절단) 방법 및 명칭

▶ 페치카 도면 이해를 위한 기본 사항들

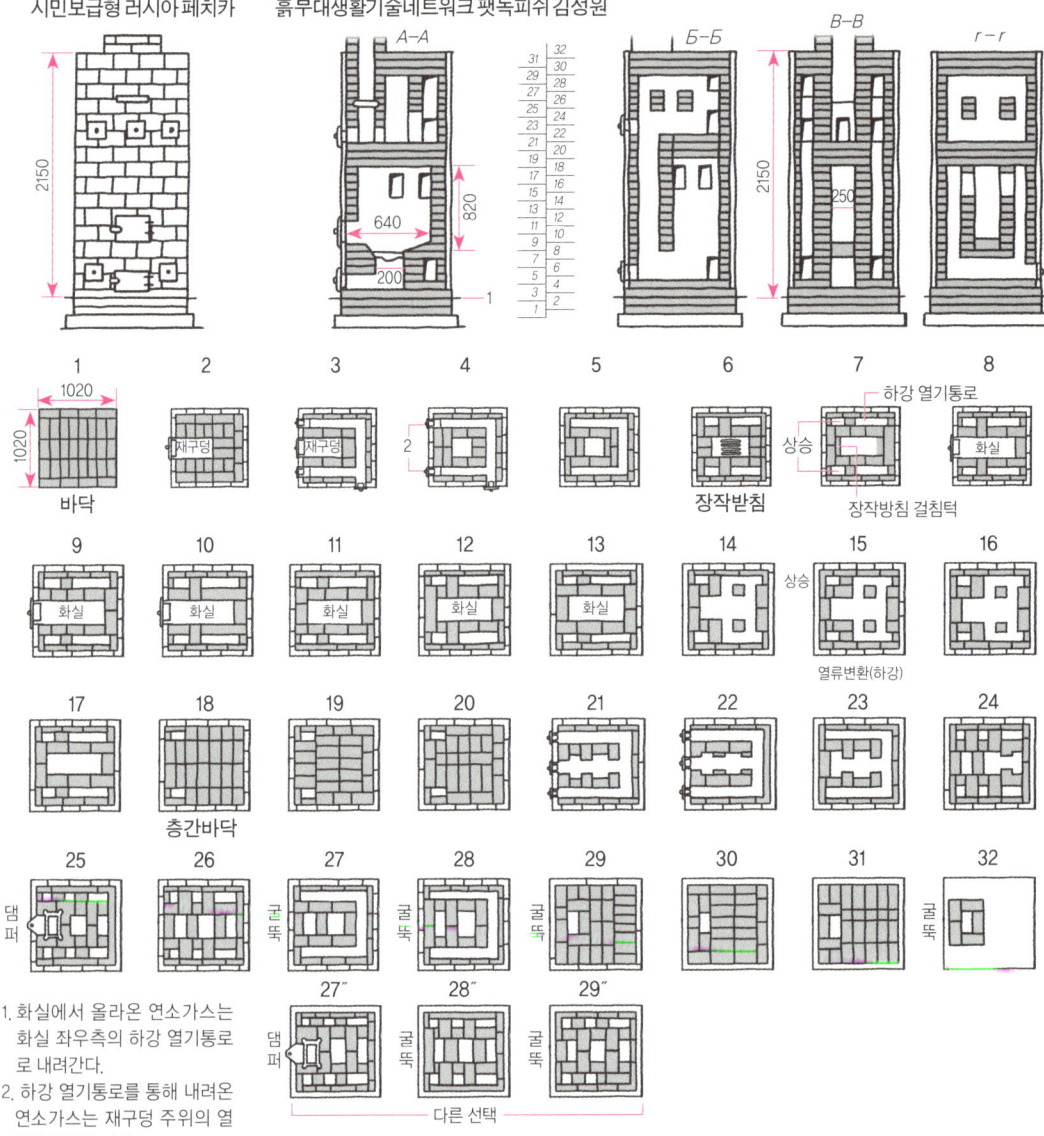

1. 화실에서 올라온 연소가스는 화실 좌우측의 하강 열기통로로 내려간다.
2. 하강 열기통로를 통해 내려온 연소가스는 재구덩 주위의 열류변화부를 거쳐
3. 다시 화실 좌우측 전면의 상승 열기통로를 통해 상부 축열부로 올라간다.
4. 상부 축열구조는 열기가 고이면서 축열될 수 있는 격자 구조이다.
5. 축열부 바닥, 즉 층간 바닥 바로 위에 열류변환 공간이 있고 이곳을 통해
6. 굴뚝을 통해 연소가스는 배출된다.

* 상부의 구조는 축열 및 구조 자체를 안전하게 잡아주는 역할을 한다.
* 층간 바닥, 지붕은 최소 2~3단 이상 덮는다.
* 열류변환부는 최소 3단 이상 확보

▶ **러시아 페치카 조적도면 사례 해설**

열기의 흐름은 좌우에서 하방 후 다시 2층부로 올라가 축열되는 구조다.

20 벽난로에 부착되는 철물들

견고하고 강한 재료들이 종종 우리의 기대를 배반할 때가 있습니다. 벽난로의 효율을 높이고 깨끗하게 사용하려면 철을 이용한 다양한 부속과 장치들을 사용해야 하는데 철은 벽난로의 주재료인 벽돌보다 더 다루기 힘들고 단단한 재료이지요. 열에 대한 반응이 다른 철물과 벽돌. 두 강한 재료를 함께 사용하는 데는 해결해야 할 많은 문제가 있습니다. 벽난로를 만들 때 철물은 초보자들에게 가장 큰 도전이죠. 벽난로의 철물은 벽난로의 핵심적인 부품이자, 기능을 보강하는 장치입니다. 또한 벽난로를 벽난로답게 만드는 훌륭한 장식이기도 합니다. 초보자와 장인의 차이는 철물의 제작과 부착에서 확연하게 드러나지요.

벽난로에 사용되는 철물은 고온의 열에 변형이 일어나지 않아야 합니다. 또 파손되거나 변형되었을 때는 부분적으로 교체가 가능하도록 조립, 해체될 수 있어야 합니다. 벽난로에 사용되는 기본적인 철물은 재구덩문, 재서랍, 화구문, 장작받침(재거르개, Grate), 재점검구, 댐퍼, 직행댐퍼, 연통입니다. 가장 열을 많이 받는 화구문이나 장작받침은 최소 4~6mm 두께 이상의 깅칠판을 사용하고, 그 밖의 열을 덜 받는 철물들은 2~3mm 철판을 사용해서 만듭니다. 주철이나 합금으로 만들면 열에 대한 저항력이 있어 변형 없이 오래 사용할 수 있습니다.

장작받침, 재서랍, 재구덩문

　장작받침은 화실바닥과 재구덩 사이에 놓이는 철물입니다. 장작이 연소하고 남은 재만 재구덩으로 떨어지도록 장작을 받쳐주는 철물인데 가장 많은 열에 노출되지요. 6~7mm 이상의 두꺼운 강철이나 주철로 만드는데 강철로 만들 때는 밑면에 보강철을 덧대어주어야 강한 열에 견딜 수 있습니다. 간과하기 쉬운 점은 장작받침이 연소에 필요한 공기가 화실로 들어오는 주된 통로라는 사실이지요. 장작받침의 재가 떨어지도록 만든 틈은 그 폭이 10mm를 넘지 않아야 합니다. 너무 넓으면 아직 연소하지 않은 숯이 재구덩으로 떨어질 수 있기 때문이지요. 반대로 틈이 너무 좁으면 장작받침을 통해 올라오는 공기의 흐름을 방해하거나 재가 쌓여 막히게 됩니다. 화실이 클 경우 전후좌우 끝에 공기가 골고루 흘러들어갈 수 있도록 만들어야 화실 벽체나 화구문 쪽에서 불완전연소가 일어나지 않습니다. 화실이 깊은 경우 자칫 공기편중현상이 생겨 불완전연소하는(검은) 공간이 만들어지기 때문에 화실의 크기와 형태, 공기가 주입되는 방향에 따라 그 형태를 조금씩 바꾸어야 하지요.

　장작받침은 화실 내에서 가장 많은 열을 지속적으로 받는 부분이기 때문에 뒤판을 덧대어 휘지 않게 만들거나 주철로 만들어야 합니다. 종종 간단한 방법으로 굵은 환봉을 이용해서 그물처럼 얽힌 장작받침을 만들어 사용하기도 합니다. 또는 장작받침과 재서랍, 재구덩문 일체형 철물을 만들어 사용하는 경우도 있습니다. 장작받침 역시 열팽창에 의해 늘어나기 때문에 장작받침이 걸릴 화실바닥 턱에 전후좌우 5mm 정도 유격을 두어야 합니다. 다시 말해서 철로 된 장작받침이 늘어나도 화실바닥과 벽체 구조를 밀어내지 않도록 여유 공간을 두어야 하는 것이죠.

　장작받침을 통해 떨어진 재는 화실바닥 밑의 재구덩이나 그 안의 재서랍에 떨어져 쌓이지요. 재를 담기 위해 재서랍을 사용하지 않는 재구덩은 보통 재구덩 앞쪽에서 안쪽으로 바닥이 경사지게 만듭니다. 재가 밖으로 쏟아져 나오지 않도록 하기 위해서지요. 재 청소를 보다 편하게 하기 위해서 재구덩 안에 재서랍을 넣는데 장작받침과 일체로 만들거나 분리해서 만들기도 합니다. 이때는 재구덩문을 통해 들어온 공기의 흐름을 방해하지 않기 위해 재서랍의 앞쪽을 경사지게 깎아서 입구를 좀 더 낮게 만들어야 합니다. 재구덩문과 재서랍은 보통 따로 만드는데 드물게 일체형으로 만드는 경우도 있고요. 심지어는 장작받침, 재서랍, 재구덩문을 일체로 만들기도 하지요.

재구덩문은 재구덩을 닫아두는 문인데 이곳을 열고 재청소를 합니다. 실내에서 벽난로로 공기가 주입되도록 만들어진 벽난로의 경우에는 대부분 이곳, 재구덩문에 공기조절구를 둡니다. 재구덩 안쪽 바닥을 통해 외부 공기를 끌어들이거나 다른 곳을 통해 화실 안으로 공기를 공급하는 경우에는 재구덩문에 공기조절구를 달지 않습니다. 재구덩문을 대수롭지 않게 여기는 경우가 있는데 완전히 닫으면 절대 공기가 들어가지 않을 정도로 기밀이 유지되어야 하고, 공기조절구는 화실로 공급되는 공기량을 미세하게 조절할 수 있어야 합니다. 재구덩문은 종종 화실문과 일체형으로 만드는데요. 재구덩문은 아주 높은 열을 받는 곳은 아니므로 상대적으로 얇은 2~3mm 두께의 강철을 이용하여 만들 수 있습니다. 고급스런 벽난로에는 주철이나 합금으로 만든 재구덩문을 사용하지요.

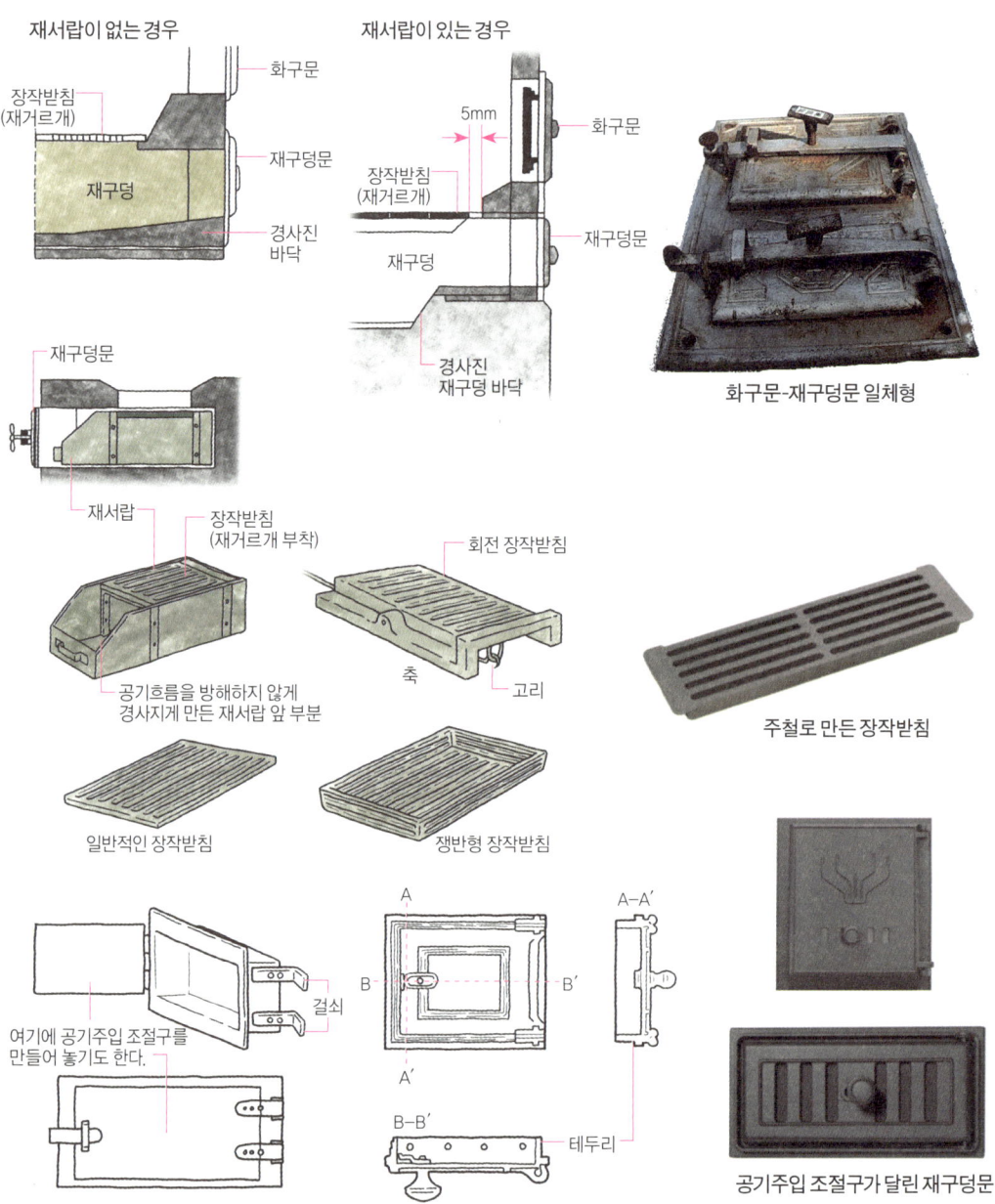

▶ 다양한 벽난로 하부 구조에 부착되는 철물들

기밀 화구문

　기밀 화구문이 달려 있지 않은 벽난로는 벽난로라 할 수 없습니다. 고온 연소의 기본 조건 중에 하나는 화구의 기밀입니다. 과도한 공기가 화실로 들어가면 불이 잘 붙을 거라는 기대와 달리 화실 내부 온도를 떨어뜨립니다. 완전연소를 방해하는 것이죠. 화구문을 완전히 닫으면 공기가 전혀 들어갈 수 없을 정도로 기밀이 유지되고 공기량을 줄이면 연동해서 화실의 불꽃도 즉각 줄어들어야 합니다. 즉 화력 조절이 편해야 하는 것은 물론 화실 내부 가스가 실내로 누출되어서도 안 됩니다. 만약 화구문에 공기구멍이 있다면 화실로 들어가는 공기량을 미세하게 조절할 수 있어야 합니다. 만약 공기구멍이 없는 경우라면 재구덩 문에 공기조절구를 두거나 재구덩 바닥에 외부로부터 공기가 들어오는 직경 150mm 정도의 원형 공기 공급관이나 380×50mm 크기의 직사각형 공기주입관을 설치합니다. 물론 이때도 화실로 들어가는 공기량을 아주 미세하게 조절할 수 있어야 하고 완전히 닫으면 공기가 전혀 화실로 들어갈 수 없어야 하지요. 미세 조절이 가능한 공기구멍이 있어야 화력을 제대로 조절할 수 있습니다. 화력은 장작을 얼마나 넣느냐에 따라 달라지지만 화실로 공급되는 공기의 양에 의해서도 결정됩니다. 과도한 공기주입은 도리어 화력을 떨어뜨리는데, 미세 공기 조절이 갖는 또 하나의 이점은 연소 시간의 조절입니다. 공기구멍을 아주 조금 열어 놓으면 밤새 불이 꺼지지 않고 오래 타지요. 여기서 잠깐! 연소 시간을 늘리기 위해 지나치게 공기량을 줄이면 역시 불완전연소의 원인이 된다는 점을 간과해서는 안 됩니다.

　어떻게 화구문이나 재구덩문의 기밀을 유지할 수 있을까요? 예전에는 압착 잠금쇠로 강하게 누르는 방법을 사용했지요. 하지만 화구문은 고온의 열을 직접 받는 장치라 종종 변형이 생길 수 있고 이 때문에 압착만으로는 기밀을 유지할 수 없습니다. 요즘은 열에 강한 내열 광물섬유(Ceramic Rope)나 내열 개스킷Gasket을 화구문에 끼운 후 압착하는 방식을 주로 사용합니다.

내화유리와 에어 커튼

화구문에는 종종 화실 안의 불을 보기 위해 내화유리를 부착하여 조망창을 만듭니다. 조망창을 화구문에 달 때도 내열 광물섬유를 문과 내화유리 사이에 끼워 넣고 부착해야 기밀을 유지할 수 있지요. 강한 재료들을 맞붙였을 때 고열을 받게 되면 틈이 생기는데 부드러운 재료가 강한 두 재료를 중재해야 틈을 없앨 수 있습니다.

내화유리 안쪽 화실은 매우 뜨겁고 밖은 실온이기 때문에 내화유리 안팎에 온도차가 발생하지요. 이 때문에 종종 그을음이 낍니다. 불을 보려고 내화유리를 달았지만 정작 그을음 때문에 불을 보지 못하는 것이죠. 이런 현상을 방지하기 위해 내화유리 위쪽에서 공기를 불어주는 에어 커튼Air Curtain 장치나 진공층 또는 밀폐된 공기층을 사이에 두고 이중 내화유리창을 부착합니다. 이중 내화유리창을 사용하면 유리 안팎의 온도차가 줄기 때문에 그을음이 덜 낍니다. 에어 커튼으로 뿌려지는 공기는 뜨겁게 예열되어 있어야 하고 화구보다 아래쪽에서 주입되어야 강한 분사력을 유지할 수 있지요. 에어 커튼에 주입되는 공기는 재구덩문을 통해 들어온 후 화실 전면의 내화벽돌 내부구조와 벽돌 외장 사이의 공기통로(200×50mm)를 통해 올라오면서 가열됩니다. 유입된 공기는 화구문틀 양쪽의 관을 통해 올라오면서 다시 뜨겁게 예열된 후 바닥 구멍(직경 1.2cm, 7개 정도)과 위쪽에서 내화유리를 향해 분사되지요. 화구문은 점점 복잡하고 정밀해져서 제작비용도 증가하고 있습니다.

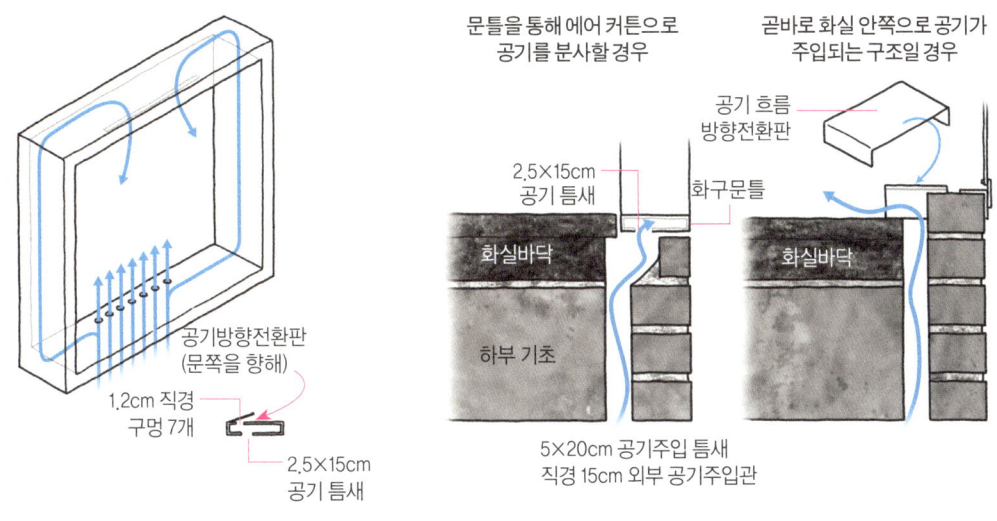

▶ 화구문 주위의 공기 유입과 에어 커튼 구조

헝가리식 이중 화구문

 헝가리나 러시아에서 사용하던 전통 벽난로의 밀폐형 화구문은 대부분 주철로 만들어져 있는데 내화유리가 붙어 있지 않습니다. 내화유리는 최근에 개발된 재료이기 때문에 당연하죠. 광물섬유나 내열 개스킷 역시 최근에 개발된 재료입니다. 그렇다면 예전에는 어떻게 화구문의 기밀을 유지할 수 있었을까요? 완벽한 기밀을 유지할 수는 없었겠지만 이중문 구조가 그 해답입니다. 안쪽 덧문을 하나 더 달면 바깥 화구문이 과열되지 않지요. 또 화실문을 통해 빼앗기는 열을 그만큼 차단하기 때문에 화실을 좀 더 고온으로 유지할 수 있었습니다. 화실 내 연기와 가스도 안쪽 덧문이 우선 막아주기 때문에 바깥 화구문으로 좀처럼 새어 나오지 않습니다. 화구문에 공기조절구가 있는 경우에 안쪽 덧문 아래쪽에 작은 공기구멍을 뚫어 줍니다. 그리고 바깥문에는 잠금걸쇠와 바깥문

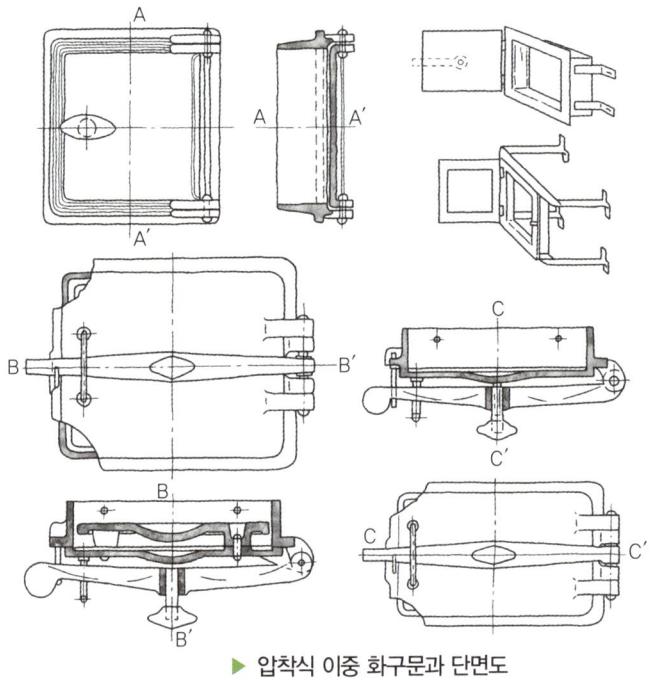

▶ 압착식 이중 화구문과 단면도

중앙에 화구문 전체를 돌려 조일 수 있는 장치를 달아 이중으로 압착할 수 있게 만들어 줍니다.

스칸디나비아의 이중 화구문

스칸디나비아 지역의 원형 타일 벽난로에 부착된 안쪽 덧문이 달린 전통적인 이중 화구문 방식도 주목해 볼 만합니다. 화실의 불을 볼 수 있는 내화유리가 달린 조망창은 없지만 비교적 제작하기 쉽고 경제적인 방식이지요. 헝가리식 화구문과 같이 안쪽 덧문이 있어 화실 외부로 빼앗기는 열 손실도 줄여주고 실내로 연기가 새나오는 것도 막아줍니

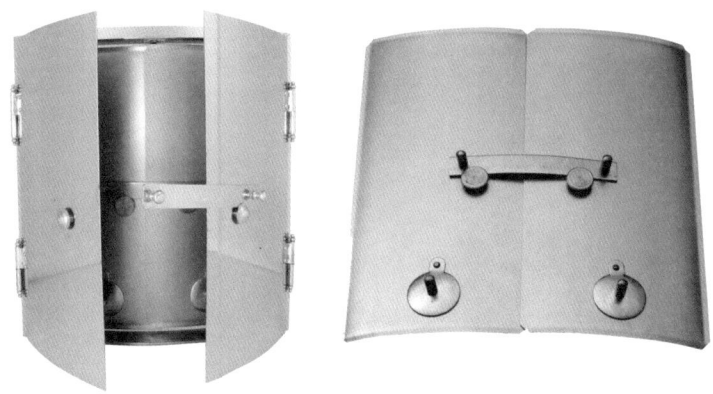

▶ 스칸디나비아식 이중 화구문

다. 물론 안쪽 덧문 하부에는 공기주입을 위한 공기구멍과 마개가 달려 있지요. 안쪽 덧문이나 바깥 화구문은 문틀과 맞닿는 부분에 살짝 턱을 주거나 약간 둥글게 접어서 밀착되도록 만들어져 있습니다. 양쪽으로 여닫는 문도 서로 맞닿는 부분이 겹쳐지게 만들어져 있어 비록 내열 세라믹 로프Ceramic Rope가 없지만 상당한 정도 기밀을 유지할 수 있습니다. 전남 보성 정농회 청년회 워크숍에서 벽난로를 만들 때 이 방식을 흉내 내서 드럼통 철판을 이용해서 간이로 화구문을 만들어 부착해 보았는데 기대 이상으로 연기 역류를 방지해 주었지요.

 전통 주철 아궁이문은 어떨까요. 아궁이문은 4~5만 원 정도 가격으로 저렴하게 구입할 수 있는데 그대로 벽난로 화구문으로 사용하기에는 문제가 있습니다. 아궁이문은 문과 문틀이 일체로 만들어져 있지만 외장 벽돌에 끼워 고정할 수 있는 별도의 문틀을 만들어 우선 끼우고 다시 아궁이문틀을 끼워 고정해야 합니다. 스칸디나비아식 안쪽 덧문처럼 아궁이 철물을 변형해서 부착한다면 화구문을 만드는 데 비용 부담을 줄일 수 있지 않을까요. 참고로 주철은 일반 용접이 되지 않기 때문에 볼트나 전용 나사못을 사용해서 다른 철물들과 부착해야 합니다.

문틀 고정

문틀 부착은 만만치 않은 작업이지요. 재구덩문이나 화구문은 자주 여닫기 때문에 지속적으로 충격이 가해질 뿐 아니라 벽돌보다 큰 열팽창 때문에 종종 벽난로 구조에 균열을 발생시킵니다. 문틀은 내화벽돌 내부구조에 얹기는 해도 절대 고정시키지 않는데요. 자칫 내부구조에 균열을 일으킬 수 있기 때문입니다. 문틀은 주로 외장 벽돌에 고정시킵니다. 안정되게 벽난로 벽체에 문틀을 부착하기 위해서 주로 꺾은 걸쇠나 연철 띠, 앵커 볼트Anchor Bolt, 'ㄷ'자형 문틀 구조가 이용되지요. 걸쇠는 내부구조와 외장 사이 틈에 끼워 넣습니다. 또 쉽게 휘는 연철 띠 여러 개를 문틀 양쪽 측면에 부착하거나 용접한 후 이것을 휘어 외장 벽돌을 조적할 때 몰탈 사이에 끼워 넣습니다. 이 연철 띠에는 구멍이 여러 개 뚫려 있어 이곳으로 몰탈이 밀려들어가도록 만들어져 있지요. 앵커 볼트는 드물게 사용되는데 문틀과 외장 벽돌을 곧바로 볼트를 박아 넣어 고정시키는 방식입니다. 이때 미리 벽돌과 문틀에 드릴로 적절한 구멍을 뚫고 벽돌 구멍 사이에는 몰탈을 살짝 채워 넣은 후 앵커 볼트를 끼워 넣어야 합니다. 앵커 볼트는 25mm 길이가 적당하며 5도 정도 빗각으로 박아 넣어야 쉽게 빠지지 않습니다. 이때 자칫 외장 벽돌이 깨질 수 있으니 조심해야 합니다. 'ㄷ'자 문틀은 외장 벽돌 폭만큼 벌어진 문틀 구조를 벽돌 외장에 끼워서 고정합니다. 어느 경우든 문틀과 같은 철물을 미리 준비했다가 외장 벽돌을 쌓을 때 철물을 끼워 넣으면서 조적해야 견고하게 철물을 고정할 수 있지요.

강철 1m는 100℃ 정도의 온도에서 1.2mm가량 늘어납니다. 화구문은 종종 450℃ 이상의 열에 노출되지요. 벽돌이나 내화벽돌보다 열팽창 정도가 큰 철물이 고온에 노출되

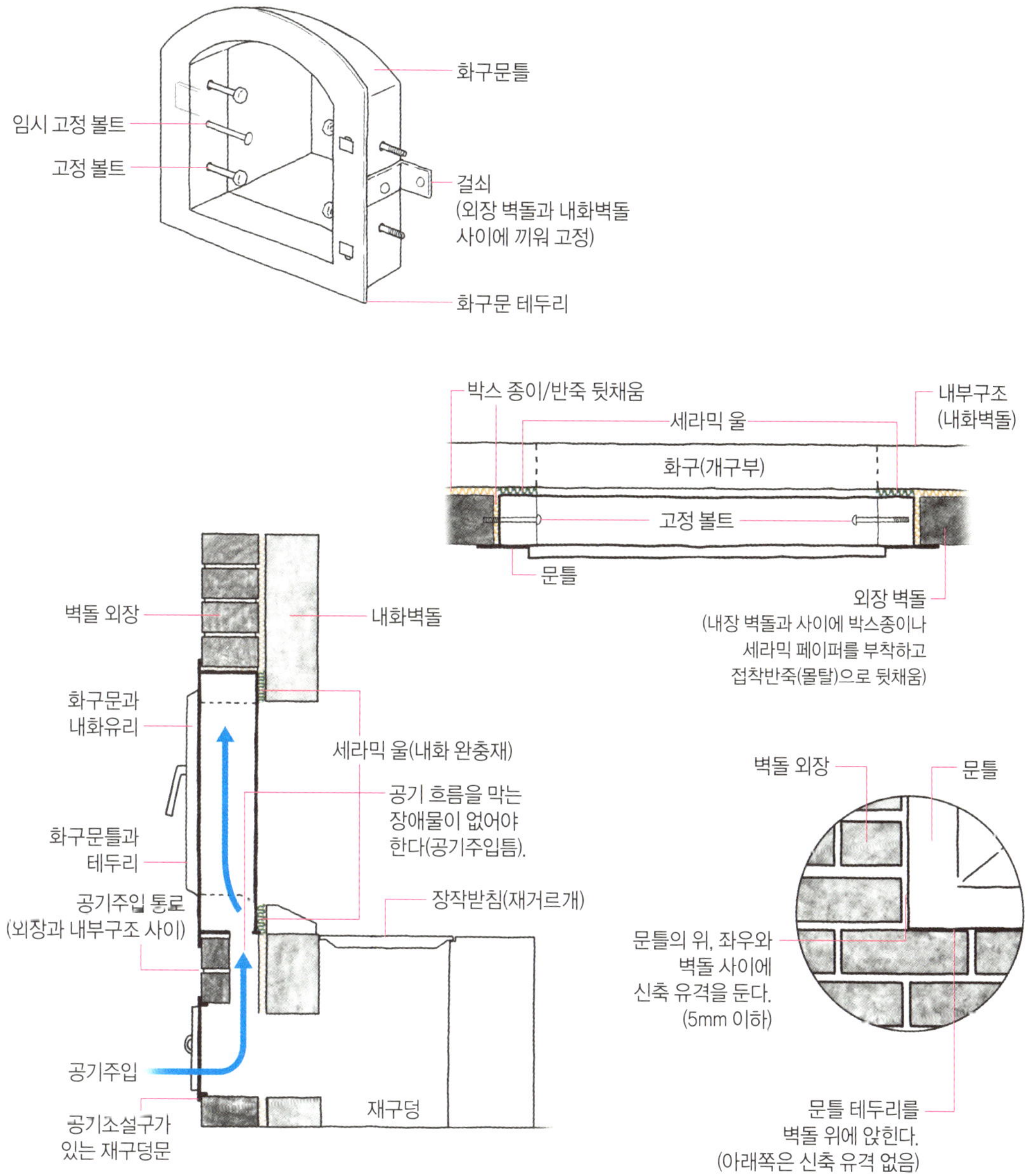

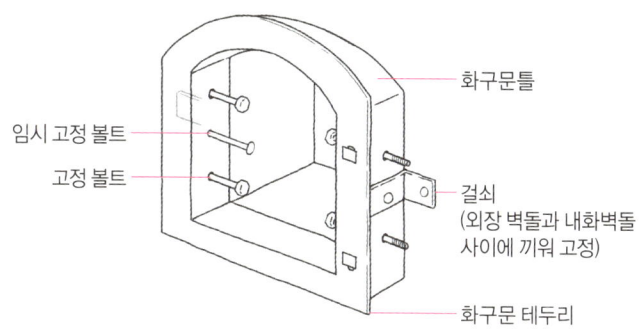

▶ 화구문의 부착 및 고정 방법

제20장 | 벽난로에 부착되는 철물들

면서 종종 벽난로 구조를 밀어내며 균열을 일으키는데요. 이 때문에 화구문을 비롯해 벽난로에 부착되는 모든 철물을 부착할 때는 열팽창에 대비하기 위해 벽난로 벽체와 철물 사이에 5mm 정도 유격을 두어야 합니다. 이 유격 사이에 내열 광물섬유(Ceramic Wool)를 끼워서 완충 밀봉한 후 내화몰탈을 바르지요. 내화몰탈이 없던 과거에는 삼줄이나 마끈, 짚끈에 황토 반죽을 충분히 발라 끼워 넣었습니다. 이 방법은 완벽하지는 않겠지만 지금도 여전히 유효한 방법이 아닐까요.

재점검구

벽난로의 열기통로에는 다양한 이유로 적지 않은 재가 쌓입니다. 열기통로 내부의 재를 가끔 긁어내어야 배연도 좋아지고 실내로 연기가 역류하지 않지요. 만약 열기통로가 재로 막히면 심할 경우 내부의 가스압으로 인해 벽난로 내부가 손상되거나 가스가 터져 나오는 사고가 일어날 수 있습니다. 열기통로의 재는 아래쪽 수평 열기통로와 굴뚝 하부에 주로 쌓이는데요. 수평 열기통로의 한쪽과 굴뚝 하부에 내화벽돌 반 장 크기 폭에 내화벽돌을 두 장 눕혀 놓은 높이로 재점검구를 만들고 마개로 닫아두었다가 청소할 때만 열어 사용합니다. 재점검구 문(Ash Soot Door, Ash Cleanout Door) 역시 벽난로 가스가 새지 않도록 밀착해서 부착해야 하지요. 재점검구 문은 상대적으로 낮은 열을 받는 곳으로 1~2mm 두께의 얇은 철이나 심지어 양철, 스텐, 주철로 만들 수 있습니다.

아무리 낮은 열을 받는 부위라도 열팽창에 대비해서 본래 뚫어두었던 구멍에 비해 약간 작게 만들고 내열 광물섬유(세라믹 울)나 개스킷을 끼운 후 내열몰탈을 발라 평상시 밀폐시킵니다. 보통 재점검구는 틀과 문(또는 마개) 두 개의 부품으로 만드는데 사각형 또는 원형으로 만들고 경첩을 이용해 문과 틀을 일체로 제작할 수도 있습니다. 철물로 된 재

▶ 다양한 형태의 재점검구 문과 마개

점검구를 부착할 때는 주의할 점이 있습니다. 재점검구 내외부로 열 편차가 있기 때문에 결로가 생기면서 목탄(초)액이 흘러나올 수 있는데 이 때문에 점검구 안쪽에 세라믹 울을 가득 끼워 넣거나 세라믹 울로 감싼 벽돌을 안쪽에 끼워 넣으면 재점검구 철문에서 생기는 결로를 방지할 수 있지요. 결로를 방지하기 위해 재짐검구 문(마개)틀, 안쪽 마개, 바깥 마개를 한 묶음으로 만드는 경우도 있습니다. 이렇게 이중으로 막으면 결로를 줄일 수 있기 때문이지요. 참고로 재점검구는 보통 외장 벽돌을 쌓을 때 미리 끼워놓습니다.

재점검구는 1년에 한두 번 드물게 사용하기 때문에 철물 틀이나 마개 없이 벽돌이나 캐스터블 몰탈을 틀에 부어 만든 마개를 그대로 이용할 수 있습니다. 보다 정밀한 기밀을 유지하기 위하여 재점검구 크기보다 약간 작은 벽돌이나 캐스터블 성형 마개를 내열 광물섬유(세라믹 울)로 감싸서 먼저 끼워 막고 접합부만 살짝 내화몰탈을 발라서 그대로 마무리하거나, 나무 마개, 타일로 만든 재점검구 마개로 막습니다. 철물 만드는 비용을 줄이기 위해 이 방법도 추천할 만합니다. 더 간단한 방법은 재점검구를 흙몰탈을 바른 벽

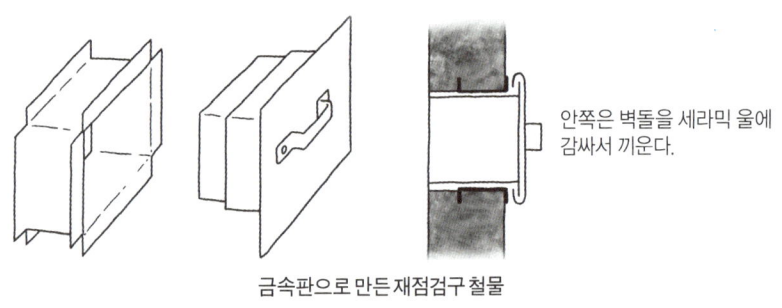

금속판으로 만든 재점검구 철물

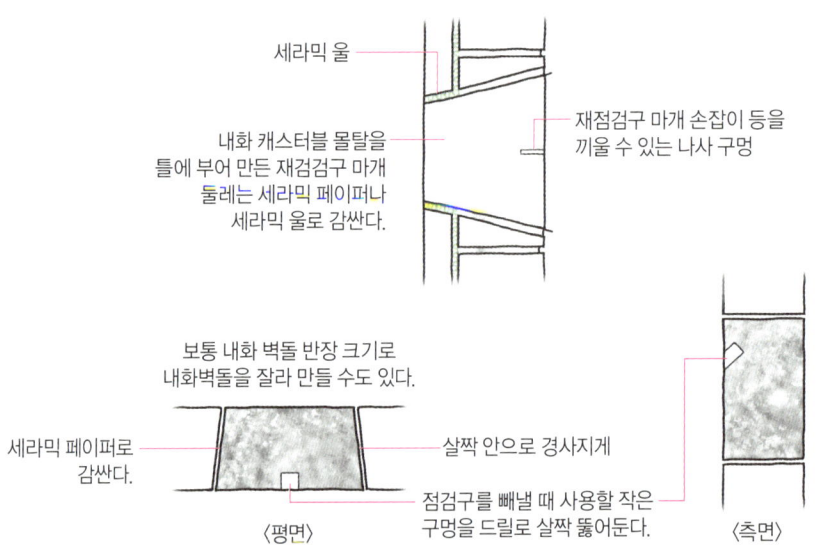

▶ 재점검구 문 또는 벽돌 마개를 이용한 막음 방법

돌로 막는 방법인데요. 벽돌이나 캐스터블 마개를 사용할 때는 빼내기 쉽게 마개 중앙에 미리 작은 구멍을 뚫어두어 고리를 넣고 빼낼 수 있게 만듭니다. 미리 구멍을 뚫고 철사 고리를 끼워 넣을 수도 있고요.

또 다른 막음 방법은 소형 페인트 깡통의 재활용인데요. 보통 소형 페인트 깡통은 잘 밀봉되는 뚜껑이 있는데 이때 깡통 바닥을 뚫어서 사용합니다. 깡통 안쪽은 내열 광물 섬유(Ceramic Wool)를 채워 넣거나 깡통 안쪽에 마끈이나 삼끈 실타래에 흙 반죽을 잔뜩 묻혀서 채워 넣지요. 이렇게 만들면 나중에 막힌 부분을 쉽게 빼낼 수 있습니다.

댐퍼 Damper

댐퍼Damper는 사전을 찾아보면 '통풍조절판'이라 번역해 놓았는데 정확히 그 기능을 드러낸 번역이라 할 수 없습니다. 댐퍼가 연통이나 굴뚝에 부착되었다면 연기와 함께 빠져나가는 열 손실을 줄이는 역할을 하기에 '배연조절판', '연기조절판'이라 해야 그 뜻이 명확해지지요. 벽난로 화실에 불이 꺼져 있을 때는 집 밖의 차가운 냉기가 굴뚝을 통해 들어와 벽난로를 냉각시키지 않도록 막아주는 역할도 댐퍼의 기능입니다. 연소에 필요한 공기가 화실로 들어가는 위치에 있다년 통풍조절판, 공기조절판이라 불러도 되겠지요. 또 벽난로 내부의 열기통로를 지나는 뜨거운 연소가스 흐름을 바꾸거나 닫아두기 위해 사용된다면 열류변환판이라 해야 합니다. 화실에서 치솟은 열기를 열기통로를 통해 우회시키지 않고 바로 굴뚝으로 나가게 해서 굴뚝을 예열할 때 사용한다면 직행열류판(직행 댐퍼)이라 불러야 합니다. 참고로 굴뚝을 미리 예열하면 상승기류가 생겨서 처음 불을 붙일 때 화구로 연기가 역류하지 않습니다.

이렇게 댐퍼가 부착되는 위치에 따라 기능과 명칭이 달라지지만 작동 원리나 형태는

▶ 벽난로 연도와 연통에 부착되는 각종 댐퍼들   ▶ 열기통로에 장착된 열류변환판

크게 다르지 않습니다. 댐퍼는 원형인 회전형(일명 버터플라이댐퍼)과 서랍형(일명 길로틴댐퍼), 마개형(원형댐퍼) 등이 일반적으로 사용되고 있습니다. 굴뚝에 사용되는 댐퍼, 즉 배연조절판은 닫았을 때 완전히 밀폐되면 실내로 가스가 누출될 수 있기 때문에 닫은 상태에서도 단면적의 5% 정도 틈새가 있어야 합니다. 벽난로 내부에 장착하는 댐퍼들은 위치에 따라 쉽게 부식되거나 고온의 열로 변형될 수 있기 때문에 내열싱 스테인리스나 두꺼운 강철을 사용해서 만들어야 하지요. 댐퍼를 벽난로 구조에 정밀하게 장착해서 가스가 새지 않도록 제작하기가 녹록지 않습니다. 초보자들의 경우 상업적으로 판매되는 연통용댐퍼를 사용하는 것이 교체하기도 쉽습니다. 난로 연통용댐퍼는 150mm 직경인 경우 3만5천~4만 원 정도인데 고급형댐퍼는 소형 모터와 센서를 장착해서 자동으로 배연량이나 화실 내 온도에 따라 자동 조절할 수 있습니다.

댐퍼 역시 철물이라 벽난로 구조와 결합시킬 때는 세라믹 울이나 세라믹 페이퍼 등과

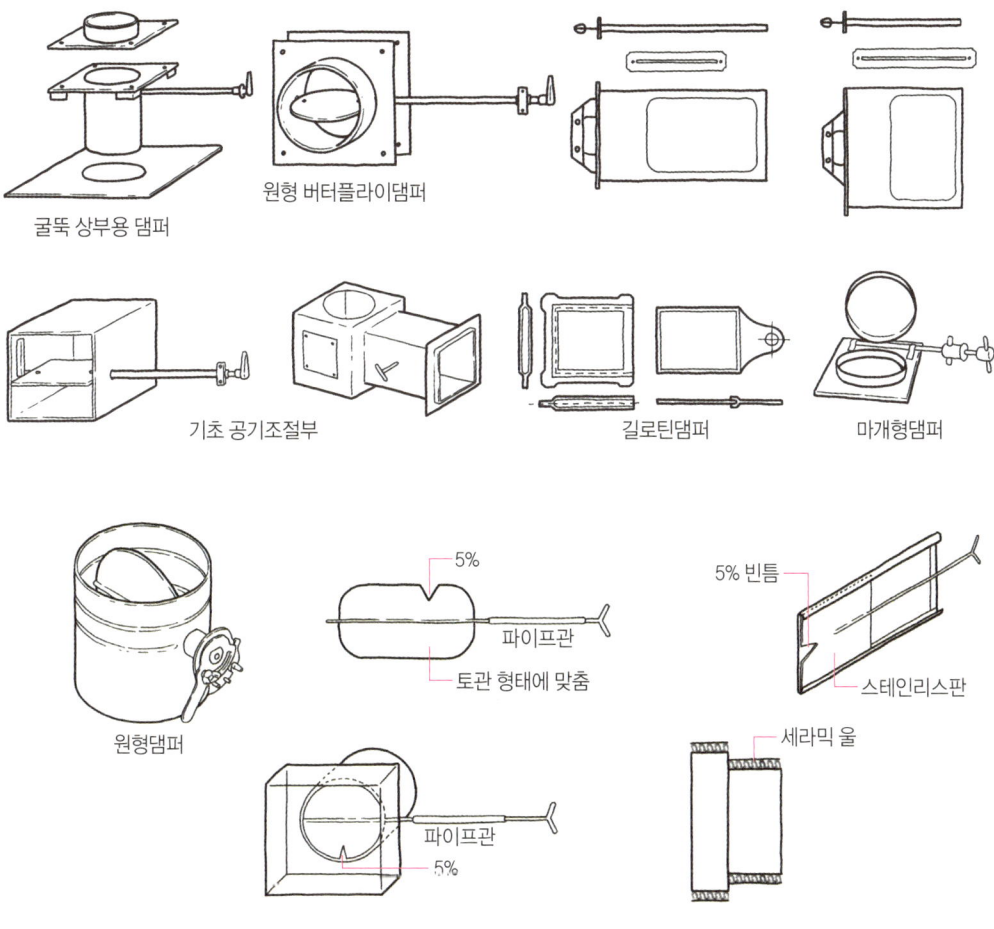

▶ 버터플라이댐퍼, 길로틴댐퍼, 원형댐퍼 등 각종 댐퍼의 구조들

같은 내열 신축 단열재를 끼우고 장착해야 가스가 새는 것을 방지하고, 철물과 벽돌의 열팽창 차이에 의한 균열을 방지할 수 있습니다. 댐퍼 조절봉이 달린 길로틴댐퍼의 경우 조절봉을 우선 얇은 세라믹 페이퍼로 감싼 후 다시 원형 관에 끼워 넣고 조절봉이 끼워진 관 바깥 둘레에 내열본드나 내열실리콘을 바르고 장착해야 합니다. 금속 재질인 조절

봉을 그대로 끼우면 벽돌이 마모되면서 틈새가 벌어져 가스가 샐 수 있기 때문입니다.

오븐실

오븐실은 연소가스가 직접 통과하지 않지만 주변의 열기로 가열되어 빵을 굽거나 닭구이 등을 할 수 있는 조리 공간입니다. 열에 의해 쉽게 부식될 수 있기 때문에 3~5mm 두께의 검은 철판으로 만들지요. 오븐실을 교체할 때 쉽게 낡은 것을 빼내고 새것을 넣을 수 있도록 벽난로 내부에는 철제 앵글 받침이 오븐실 양쪽 벽 위아래에 미리 부착되어 있어야 합니다. 이런 받침 앵글들은 벽난로 내벽체(Core)를 쌓을 때 부착해둡니다.

열기통로 중간에 종종 찻물을 데울 수 있는 온수 가열함을 끼워 넣기도 합니다. 쉽게 열기통로에 끼울 수 있는 물통이라 보면 되는데, 열기통로에 막힌 온수함 틀이 끼워져 있고 여기에 사각 물통을 끼워 넣습니다. 물통 위에는 물을 보충할 수 있는 뚜껑이 있고, 밑에는 꼭지가 달려 있는데, 단순하게 작은 오븐실처럼 문을 전면에 열 수 있는 온수함에 물주전자를 넣어두기도 합니다.

철물의 처리와 부착

모든 철물에 고온에 견딜 수 있는 내열페인트를 바르면 내구성을 높일 수 있는데 자동차 머플러Muffler 도색용으로 나와 있는 스프레이형 내열페인트는 800℃ 정도까지 견딜 수 있습니다. 일반 내열페인트는 보통 400℃까지 견딜 수 있는데 지나치게 높은 열이 가해지면 벗겨지기도 합니다. 열을 많이 받는 곳은 일반 강철이 아닌 내열성 스테인리스나 열 변형이 적은 합금을 사용하는 것이 바람직하지요.

2차 공기분사 구조를 가진 이중화실 단별 조적도

현대 축열식 벽난로에서도 고효율 화목난로와 마찬가지로 예열된 2차 공기를 화실 내로 분사하여 고온 연소를 유도하는 이중화실 벽난로들이 확산되고 있습니다. 이러한 벽난로의 화실은 약 2.5cm 내외의 간격을 띄워 쌓은 이중의 내화벽돌로 구성되는데요. 아래 단별 조적도는 가장 기본적인 소형 이중화실 구조를 보여주고 있습니다. 또한 종탑형 벽난로에서 가스 흐름을 원활하게 만들기 위해 화실 측면에 만든 드라이 조인트Dry Joint라는 틈새를 가진 화실의 조적 방법을 단별로 보여줍니다.

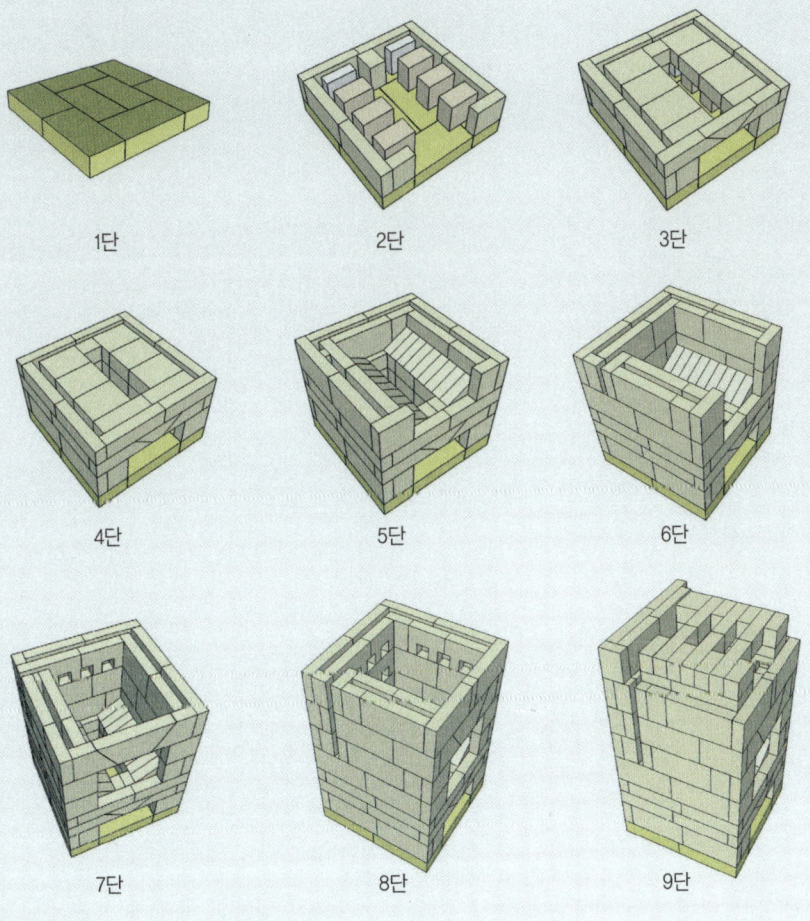

제20장 | 벽난로에 부착되는 철물들

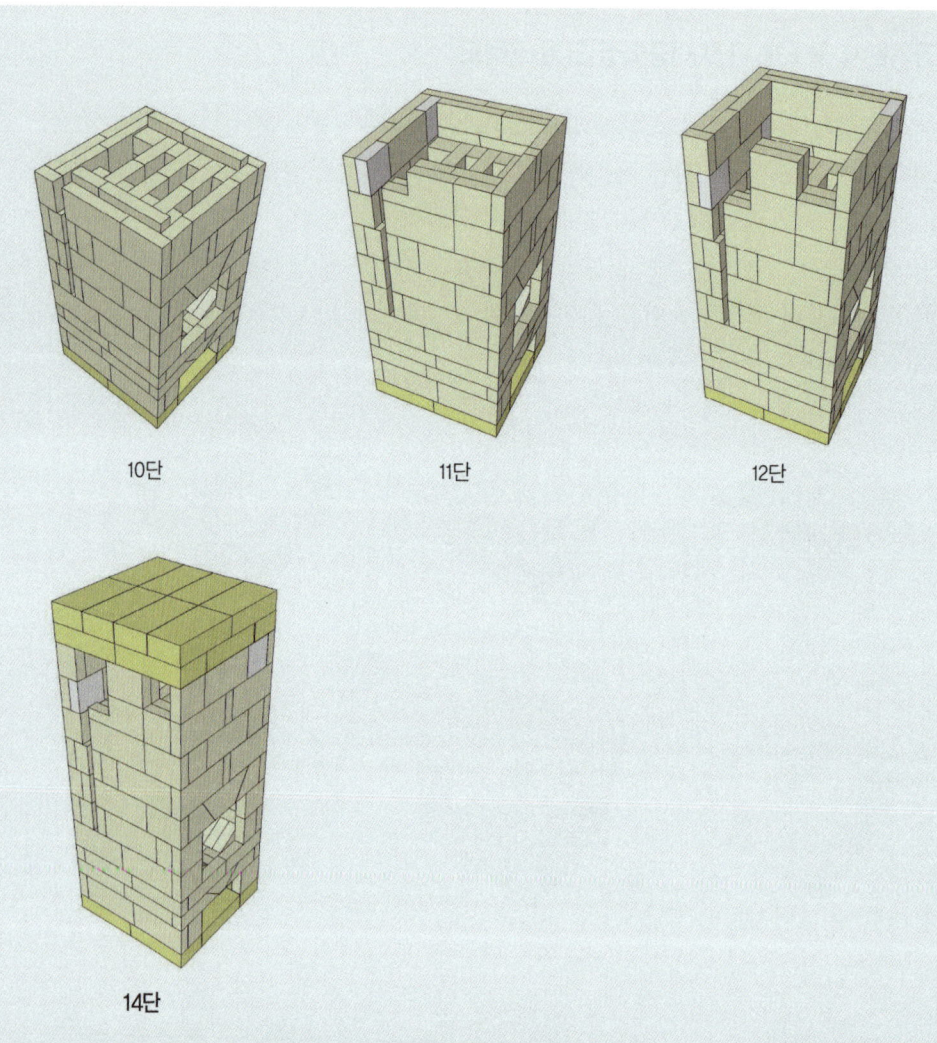

236 V. 벽난로 이것부터 알아야 한다

VI

러시아 페치카 만들기

21 벽난로의 내부구조

22 벽난로의 외장

23 꼭 알아두어야 할 굴뚝(연통) 상식

24 벽난로의 사용과 관리

21 벽난로의 내부구조

　핵심(Core)을 파악하고 나면 자연스레 전체가 보입니다. 기술을 배우고 익힐 때도 같지요. 벽난로의 내부구조를 코어Core라 부르는데 이 코어 구조의 형태와 갖춰야 할 조건, 기능을 충분히 이해하면 못 만들 벽난로가 없는데요. 내부구조 시공이 벽난로 제작의 60%를 차지하고 내부구조를 감싸고 있는 외장(Face) 작업과 각종 철물 부착이 나머지 40%를 차지합니다. 내화벽돌을 쌓다 보면 힘은 들어도 어느새 장난감 블록 쌓기와 같다는 걸 눈치 챌 수 있지요. 다만 약간의 비용과 시간, 용기, 섬세하면서도 느긋한 태도가 필요하지요.

기초를 단단하게, 바탕을 따뜻하게, 주변을 안전하게

　기초를 세우고 바탕을 다지는 일은 대다수 시공에서 첫 번째 작업입니다. 벽난로 역시 건축물이어서 마땅히 기초와 바닥이 단단해야 합니다. 최소 800kg이 넘고 조금 크면 2톤 이상이 되는 육중한 벽난로를 앉힐 기초는 어떠해야 할까요? 서양과 달리 우리의 경우 좌식 생활을 위해 바닥기초를 치고 보일러 배관 같은 바닥 난방 시공을 하는 주택이 대부분이니 우리 사정에 맞는 시공법이 필요합니다.
　바닥 난방을 하는 우리의 경우 이미 단단한 방바닥이 있으니 벽난로 기초를 따로 만

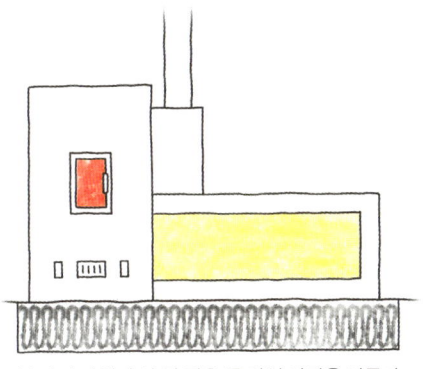
본 바닥 단열이 안 된 경우 통 단열 바닥을 만든다.

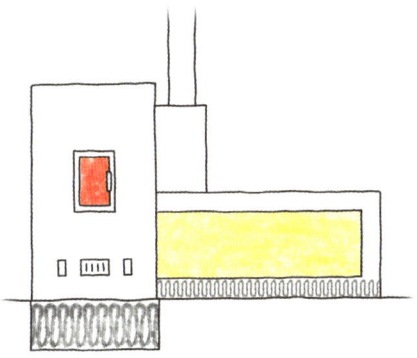
벽난로 몸체 바닥과 축열부 바닥을 각각 따로 단열처리할 수 있다.

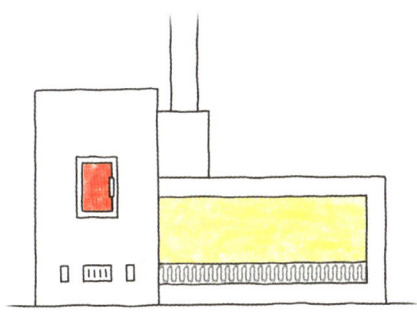
화실바닥에 장작받침이 있고, 그 밑에 재구덩이 있는 경우 벽난로 몸체 바닥 단열은 생략할 수 있다. 단, 축열부 바닥은 별도로 단열한다.

▶ 다양한 벽난로 바닥 단열 방법들

들 필요는 없습니다.

　내부구조와 외장을 앉힐 자리와 이보다 넉넉하게 벽난로 둘레에 노상爐床을 펼칠 수 있을 만큼 널찍한 바탕 넓이에 맞춰 방바닥에 외곽선을 우선 그립니다. 노상은 화재 예방을 위해 외장보다 전면은 약 50cm, 좌우 측면과 후면은 10~30cm 더 넓게 만들지요. 보일러 배관이 눌리지 않게 벽난로 하중을 분산시킬 수 있도록 단단하고 널찍한 바닥을 깔아야 하고, 바닥으로 열을 빼앗기지 않도록 단열처리도 해주어야 합니다.

　단열처리 방법은 여러 가지입니다. 바탕 넓이에 맞춰 틀을 대고 10~15cm 두께로 콘크리트 바닥을 친 후 세라믹 내열 판재를 깔거나, 살짝 버무린 콘크리트만을 친 후 이 위에 10~15cm 높이로 ALC(경량기포 콘크리트) 판재를 깔 수도 있습니다. ALC 판재는 단열성이 좋고 압축 강도도 높은 편인데 다만 소량으로 구하기 쉽지 않은 게 흠이지요. 간단히 기공이 많은 펄라이트Perlite 콘크리트를 깔 수도 있는데요. 이때 시멘트 1 : 모래 2 : 펄라이트 1 정도 비율로 물과 함께 혼합한 반죽을 사용합니다. 일반 콘크리트나 펄라이트 콘크리트 경우 모두 반죽을 반쯤 붓고 중간에 철망 메시나 철근을 깐 후 다시 반죽을 덮어서 단열바닥을 만들면 더욱 견고해집니다.

벽난로 바닥을 깔 때는 외부에서 공기를 끌어들여 벽난로 화실로 보낼 공기주입관을 미리 삽입해두어야 하는데요. 외부에서 들어오는 공기주입관은 보통 직경 150mm 정도가 적당합니다. 가장 가까운 외벽을 뚫어서 공기주입관을 연결하되 벽난로 외장면 전면부에서 보통 17~20cm 안쪽 중앙으로 재구덩이 놓일 자리에 설치합니다. 이때 외부 공기주입관은 쥐나 뱀 등이 들어오지 못하도록 입구에 철망을 겹으로 감싸고, 방 안쪽에는 흡입되는 공기량을 조절할 수 있는 댐퍼를 부착합니다.

청소하기 쉽고, 공기 조절 잘되는 재구덩과 재서랍

무슨 일이든지 뒷마무리가 깔끔해야 만족할 수 있지요. 벽난로는 거실에 두기 때문에 재 청소를 쉽게 할 수 있어야 합니다. 화실바닥 밑에 재구덩이 있는 구조가 재구덩이 없는 구조보다 청소하기 편한 건 당연한데요. 화실바닥 면적보다 재구덩을 좁게 만들어 재가 안쪽으로 모아지도록 만들어야 합니다. 재구덩에 재를 받을 수 있는 재서랍이나 재선반을 끼워 넣으면 재를 간단히 빼낼 수 있지요. 이때 재구덩 바닥은 반듯하고 재서랍을 여닫기에 걸림이 없고 좁지 않아야 합니다. 재서랍을 끼우지 않는 경우엔 혹시 모를 역

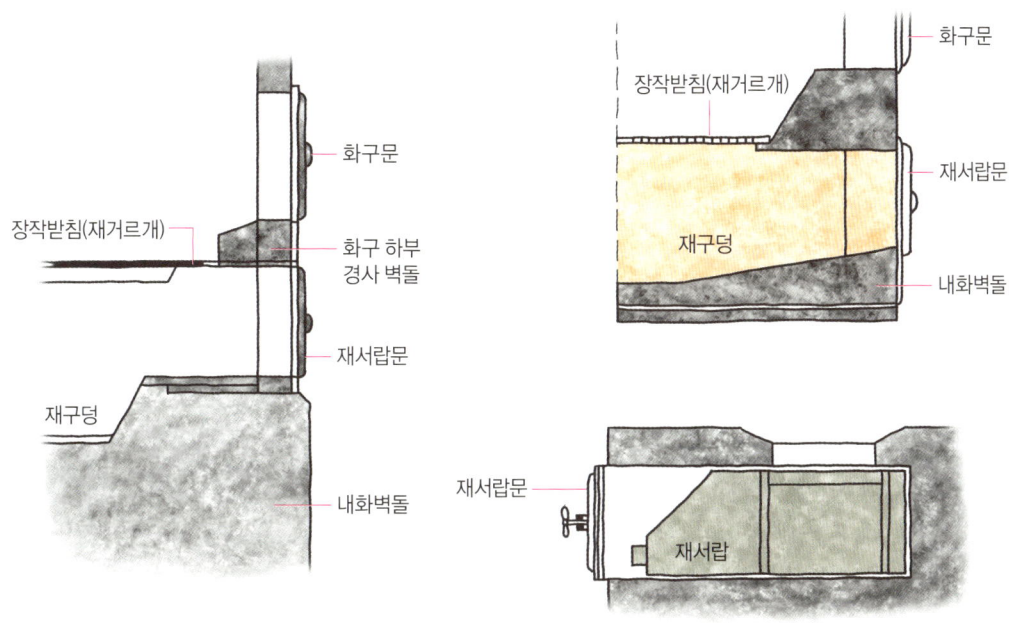

▶ 재구덩과 재서랍

풍에 쌓인 재가 밖으로 나오지 않고 움푹 파인 재구덩 안에 고이도록 재구덩 입구에서 안쪽으로 경사지게 만들어 줍니다. 재구덩 입구는 보통 내화벽돌 한 장 또는 반 장 넓이에 화실 깊이만큼 깊게 만들고, 높이는 내화벽돌 두 장 정도 높이가 적당합니다.

재구덩은 재를 모아두는 역할 외에 아주 중요한 기능을 갖고 있지요. 화실에 공기를 1차로 공급하는 주요 통로 역할을 합니다. 재구덩 바닥으로 연결된 외부 공기주입관이나 재구덩 입구에 상작된 재구덩문을 통해 들어온 공기를 화실 밑바닥에 놓인 장작받침을 통해 화실로 공급하는 역할이지요. 재서랍은 주로 철판으로 만드는데 이러한 공기의 흐름을 방해하지 않게 섬세하게 높이와 길이를 조절해서 만들어야 합니다.

뜨겁고 깨끗한 불길이 치솟는 화실

화실은 벽난로의 심장이지요. 화실 안에 장작불이 타오르면서 뿜어져 나오는 가스는 강한 압력으로 팽창합니다. 거친 화염과 연소가스는 화실 상부의 불목을 거치며 강하게 솟구쳐 올라 벽난로 내부를 빠르게 통과하는데요. 화실은 일종의 가스 펌프 역할을 합니다. 공기와 가열된 장작에서 뿜어져 나오는 나무가스, 즉 연료를 혼합 연소해서 강한 힘을 발생시킨다는 점에서는 가스 엔진이라 할 수 있습니다. 화실은 나무를 태우기만 하는 단순한 공간이 아니지요.

화실의 출력은 한 번에 장착할 수 있는 장작의 양에 의해 결정됩니다. 화실이 크면 더 많은 장작을 넣을 수 있고, 화력이 클수록 화실 내부의 열 압력이 높아집니다. 즉 열 부하가 커지는 것이죠. 화실이 크고 화력이 커질수록 화실은 더욱 견고하고 안전해야 합니다. 작은 화실인 경우에는 내화벽돌을 세워서 홑겹으로 쌓을 수 있습니다. 좀 더 큰 화실이라면 내화벽돌을 눕혀서 한 겹, 그보다 더 큰 화실이라면 두 겹, 세 겹으로 쌓아야 안전합니다. 종종 이 점을 간과하고 화실 벽이 얇은 현대 독일 벽난로를 단순 모방해서 화실을 크게 만들되 홑겹으로 쌓는 잘못된 경우가 있습니다. 하지만 독일 벽난로는 균열이나 가스 누출이 되기 쉬운 접착면이 많은 내화벽돌 조적 구조가 아니라 대부분 접착면이 적고 면이 넓은 데다 열 부하에 강한 특수 내화토판으로 내벽 처리(Lining)한다는 점을 간과해서는 안 됩니다. 해외 사례를 꼼꼼하게 검토하다 보면 이중, 삼중으로 화실을 내화벽돌로 쌓고도 그 주위를 세라믹 페이퍼Ceramic Paper와 같은 내열 신축 이음재를 덧대어 내부구조에서 외부구조로 가해지는 열 압력과 열 부하를 줄인다는 걸 알 수 있습니다. 화력이 큰 대용량 벽난로에서 일명 플로팅 화실(Floating Firebox)이라 불리는 떠 있는 화실 구조를 만들기도 하는데 화실 좌우, 상하, 후면 모두 화실 외부 구조와 분리시킨

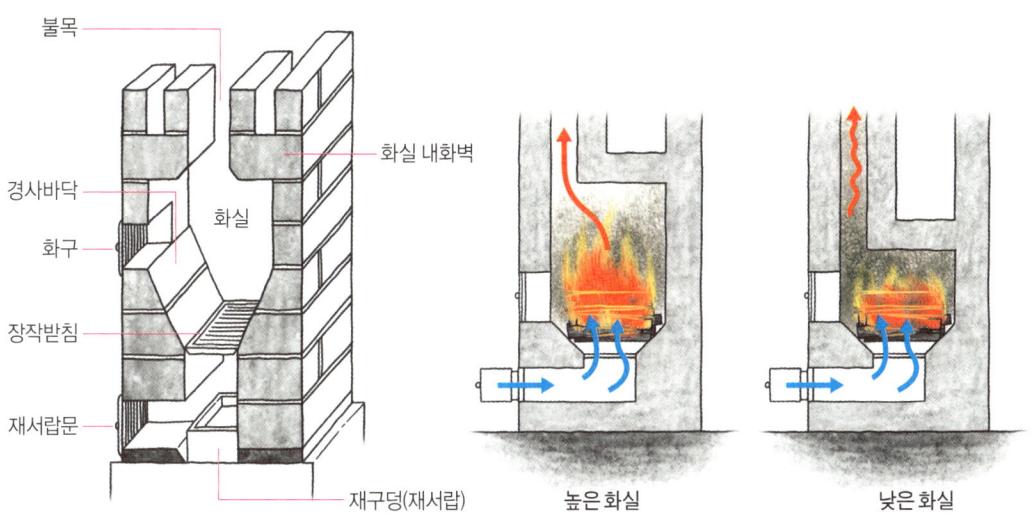

▶ 러시아 페치카 화실의 높이와 구조

구조이지요.

　화실 내부의 가스 압력을 줄여주는 또 하나의 장치는 감압구(Gas Slot)입니다. 감압구는 화실 상부에 뚫어 놓은 작은 구멍인데, 긴 열기통로를 통과하지 않고 불완전연소된 가스나 지나치게 높은 압력의 가스가 굴뚝이나 연통으로 곧바로 빠져나가게 만든 구조입니다. 난로 표면적이 $1m^2$일 때 감압구의 단면적은 $3cm^2$이어야 하는데, 보통은 이보다 크게 만듭니다. 이 기준으로 감압구의 크기와 개수를 정할 수 있습니다.

　적절한 화실의 크기는 어떻게 정할까요? 화실은 벽난로 몸체에 열을 저장(축열)하는 데 필요한 열을 충분히 얻을 수 있는 분량의 연료, 즉 장작을 추가로 넣지 않고 한 번에 장착할 수 있도록 화실의 형태와 크기를 정합니다.

오스트리아의 벽난로 장인 구스타프 융Gustav Jung은 몇 가지 규칙을 제시하고 있습니다.

> "화실의 체적은 벽난로의 발열 표면적이 클수록 커져야 한다. 벽난로의 표면적 $1m^2$마다 화실바닥면적은 $400cm^2$(예를 들어 20×20cm)여야 한다. 벽난로 표면적이 $5m^2$라면 화실바닥은 $2,000cm^2$(예를 들어 40×50cm)여야 한다. 이때 화실 높이는 70cm여야 한다. 어떤 경우라도 화실의 높이가 50cm보다 낮아서는 안 되며 70~80cm가 적당하다."

러시아 페치카 도면들을 검토해보니 대부분의 페치카들은 규모가 큰 경우라도 상대적으로 화실은 작더군요. 대개 좁고(25~35cm), 깊지 않지만(35~45cm), 화실의 높이는 최소 70~100cm, 심지어 150cm인 경우도 있었습니다. 화구를 기준으로 본다면 러시아 페치카의 화실 높이는 화구 높이의 2.5배 정도인 경우가 많았습니다. 화실 높이에 비해 화구가 너무 크면 문을 여닫을 때 연기가 역류할 가능성이 높지요. 또 화실이 낮으면 불완전 연소된 연소가스(연기)가 불을 눌러 고온 연소하지 않아서 그을음도 생기고, 연기도 많아지는 것은 당연합니다. 장작불은 높이 치솟은 불꽃일수록 낮은 불꽃보다 고온입니다. 낮은 불꽃이 약 400℃ 정도라면 높은 불꽃은 1,200℃까지 올라가는데요. 불꽃을 키워야 고온의 열을 얻을 수 있습니다. 그런데 잘못 만들어진 난로들의 경우 대개 화실이 낮습니다. 화실 폭이나 깊이와 비교해도 화실의 높이가 더 높아야 합니다. 어떤 경우에도 화실 폭보다 화실이 높이가 높아야 한다는 점을 명심하시기 바랍니다. 현대의 벽난로들은 대부분 이런 규칙을 따르고 있습니다.

하지만 예외가 없는 규칙은 없지요. 만약 화실 천장 중앙에 충분히 열기가 치솟으면서 상승기류를 만들 수 있는 불목과 수직의 열기상승관이 수직으로 놓인다면 화실의 높이를 평균보다 낮게 만들 수는 있습니다. 화실을 우회하면서 미리 가열되어 뜨거워진 2차 공기를 화실 중상단부에서 분사할 수 있는 구조가 있다면 이 경우 역시 평균보다 화실의 높이를 낮출 수 있습니다. 그렇지만 경험상 어떤 경우에도 고온 연소 측면이나 연소가스의 자연스런 흐름과 연기 역류 방지 측면에서 화실이 높은 경우만 못하지요.

화실바닥은 보통 1~2단 이상 내화벽돌을 눕혀서 쌓는데 가운데로 경사진 구멍을 뚫어 재구덩과 연결합니다. 가장 오래 열에 노출되는 부분인 점을 항상 인식해야 합니다. 화실바닥의 구멍 위에는 강철이나 주철로 만든 장작받침(재거르개, Grate)을 얹습니다. 현대적인 벽난로의 화실 중상단부 내측 벽은 2차 공기가 올라오는 이중벽 구조로 만들고, 여기에 2차 공기분사구(Checker Brick)를 뚫어 줍니다. 전통 러시아 페치카에서는 이 구조를 찾을 수 없지만 종탑형 벽난로나 현대 벽난로에서는 2차 공기주입 구조가 자주 등장하지요.(237~238쪽 참조).

불을 뿜어 올리는 노즐, 불목

왜 '불목'이라 부를까요? 사람의 '목'에 비유했을까요? 목을 넘어간 음식이 쉽게 역류하지 않듯이 불목을 지난 불꽃과 연기는 쉽게 역류하지 않습니다. 불목은 연기의 역류를 방지하는 장치이기도 하니까요. 이뿐일까요. 좁은 목이 있기에 힘 있는 날숨을 내뱉을 수 있듯이 불목은 불길을 힘 있게 뿜어내는 분사 노즐 장치이기도 합니다. 베르누이 법칙은 불목의 역할을 과학적으로 설명해주지요.

"유체(기체, 액체)가 흐르는 통로의 단면적이 1/2로 좁아지면 유체의 속도는 2의 제곱=4배로 빨라지고 힘(에너지)은 (속도 ⑷)의 제곱=16으로 커진다. 이때 유체의 온도는 속도와 반비례로 냉각된다."

넓은 화실에서 타오른 불꽃과 연소가스는 좁은 불목을 지난 후 확산되면서 더욱 세차게 분사됩니다. 한마디로 노즐Nozzle현상이 일어나지요. 법칙대로라면 불목을 지나면서 연소가스의 온도가 떨어지겠지만 뜨겁게 예열된 공기와 연소가스가 불목에서 혼합되었다 확산하면서 2차 연소가 일어납니다. 다만 불목을 지난 지점이 연소가스가 다시 산소와 결합해서 발화될 수 있는 조건(약 600℃ 이상)이어야 합니다. 불목 다음에는 공기와 혼합된 연소가스가 확산되면서 2차 연소를 일으키는 확장된 공간이 필요한데, 이를 2차 연소실 또는 확장 연소실이라 부릅니다. 불목을 지나면서 확장 연소실에서 2차 연소를 일으킨 혼합 연소가스는 온도가 떨어지지 않고 오히려 고온 연소하며 힘차게 열기통로를 향해 이동하지요.

벽난로 화실 구조에서 없어서는 안 될 불목은 경사협곡형, 줄막음형, 측면개구형 등 다양한 형태로 만들 수 있습니다. 불목의 크기에 대해서는 여러 의견이 있는데요. 보통 화구 바닥 넓이보다 1/6~1/10 정도로 작게 만듭니다. 또 굴뚝 단면적을 기준으로 불목 크기를 정할 경우에는 굴뚝의 20% 이상이어야 합니다. 러시아 페치카에서는 내화벽돌 한 장 또는 반 장 크기인 작은 불목도 종종 찾아볼 수 있는데요. 벽난로 장인인 조셉 터너Joseph Turner는 불목의 단면적은 보통 600cm^{2}가 적당하고, 적어도 400cm^2 이상이어야 한다고 제안하고 있습니다.

열을 저장하는 구불구불 열기통로

열기통로를 구불구불 자주 꺾기만 하면 더 많은 열을 저장할까요? 천만에요! 너무 잦

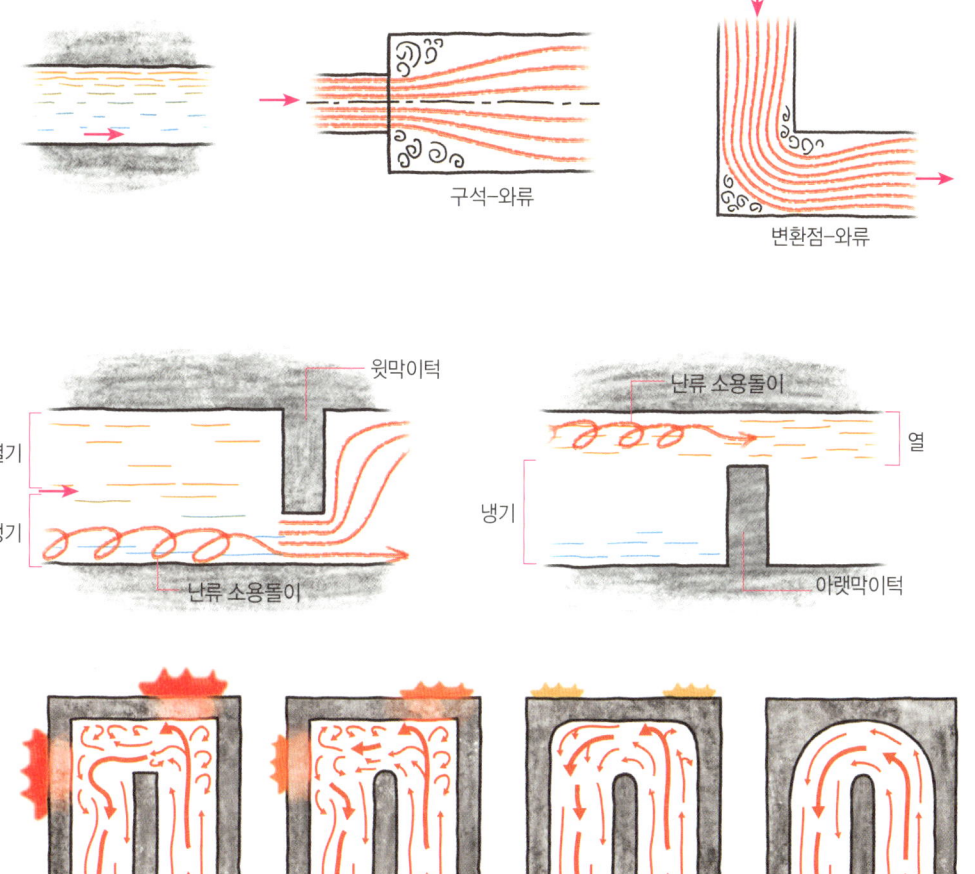

▶ 열기통로의 형태에 따른 가스의 흐름과 열 부하

제21장 | 벽난로의 내부구조

은 방향 전환은 연소가스 흐름을 나쁘게 만들고 변환 부위에 와류를 발생시키지요. 그 결과 변환점에 집중적으로 열 부하가 가해집니다. 그럼 열기통로는 얼마나 길게 만들 수 있을까요? 종종 연통으로 빠져나가는 열이 아깝기도 하고, 보다 많은 열을 벽난로 몸체에 저장할 욕심으로 너무 복잡하거나 너무 긴 열기통로를 만드는 경우가 있습니다. 화실의 규모에 비해 지나치게 긴 열기통로는 내부 결로를 일으킬 수 있습니다. 그래서 가능하면 열기통로의 최대 길이는 10m를 넘지 않아야 합니다. 열기통로가 너무 길거나 복잡하면 내부에 쌓이는 재를 청소하기 위해 지나치게 많은 재점검구를 뚫어두어야 하는데, 이러면 시공도 어렵고 철물 비용도 증가하지요.

- 열기통로의 길이

열기통로의 길이나 크기는 화실과 굴뚝의 크기, 벽난로의 표면적에 따라 결정됩니다. 화실의 크기, 즉 화실에 한 번 장착될 수 있는 장작의 양에 따라 열에너지도 변합니다. 이 에너지를 충분히 축열할 수 있는 적절한 길이의 열기통로가 필요하지요. 너무 짧으면 열 손실이 커지고 너무 길면 내부 결로가 생길 수 있으니까요.

화실에 한 번에 장착할 수 있는 장작 양을 기준으로 열기통로의 길이를 결정하는 공식은 '열기통로의 길이=$1.3\sqrt{장작\ 양}$'입니다. 만약 화실에 한 번에 장착할 수 있는 장작 양이 15kg이라면 적절한 열기통로의 길이는 $1.3\sqrt{15}=5m$입니다.

발열 표면적이 넓을수록 당연히 축열 면적, 즉 열기통로도 길어져야 하는데요. 벽난로 전문가 조셉 터너는 벽난로 표면적 $1m^2$에 해당하는 열기통로의 적정 길이는 1m, 벽난로 표면적 $1m^2$에 해당하는 하강 열기통로의 길이는 0.5m라고 제안하고 있습니다.

굴뚝과 비교하면 열기통로가 길수록 굴뚝은 더 높이 올려야 하지요. 열기통로 단면적이 20×20cm일 경우 '열기통로 길이+2m'가 굴뚝의 적절한 높이입니다.

– 열기통로의 단면적

그렇다면 적절한 열기통로의 단면적 크기는 얼마일까요? 최소 17×17cm, 보통은 20×20cm~25×25cm입니다. 벽돌로 열기통로를 만드는 러시아 페치카의 경우 수평 열기통로는 벽돌 한 장 폭에 벽돌 2장을 눕혀 쌓은 높이입니다. 상승하강, 수직 열기통로는 벽돌 1~2장 크기, 변환 지점의 열기통로는 벽돌을 2~3장을 눕힌 높이가 가장 많습니다. 방향이 바뀌는 열기통로는 다른 열기통로보다 약 25% 정도 단면적을 넓게 만들거나 변환부 벽돌을 곡선에 가깝게 깎아서 흐름을 부드럽게 만들어야 열기가 자연스럽게 흐르지요. 보통 상승 열기통로는 하강 열기통로보다 열기 흐름이 자연스럽기 때문에 단면적을 좁게 만듭니다. 하강 열기통로가 여러 갈래로 분기되는 병렬 구조일 경우에는 상승 열기통로와 같이 좁게 만들 수 있는데요. 러시아 페치카의 많은 모델 중에는 사방분수형이나 5채널 벽난로처럼 벽돌 반 장 크기로 상승 열기통로를 좁게 만들기도 합니다. 스웨덴식 5채널 벽난로 중에는 모든 열기통로를 동일하게 17×17cm로 만든 사례도 있습니다. 그러나 마른 장작보다는 충분히 마르지 않은 장작을 주로 사용하는 국내 화목난방 장치 이용자들의 사용 습관을 고려할 때 벽난로의 모든 열기통로는 기준치보다 모두 높고 넓게 만들어야 재가 쌓여 막히지 않습니다.

열기통로는 전체적으로 끝이 좁은 깔때기처럼 화실 쪽보다 굴뚝 쪽으로 갈수록 좁게 만드는데요. 화실과 굴뚝에 접한 각 끝단 열기통로의 단면적은 2.5 : 1 비율로 만들거나 굴뚝 쪽의 열기통로를 화실 쪽 열기통로보다 30~40% 정도 작게 만듭니다. 독일식 타일 벽난로의 경우는 종종 이렇게 열기통로를 만듭니다.

– 열기통로의 유형

전체 열기통로 가운데 수평 열기통로는 15% 이상 차지해야 합니다. 이곳에 충분한 재

▶ 벽난로의 다양한 열기통로 유형

가 쌓일 수 있어야 하기 때문이지요. 페치카의 경우 수평 열기통로에는 반드시 재점검구를 만듭니다. 독일이나 유럽 중앙지역은 주로 수평 열기통로의 비중이 큰 벽난로가 많고, 핀란드, 스웨덴, 러시아는 주로 수직 열기통로의 비중이 큰 벽난로들이 많습니다.

열기통로는 직렬형과 병렬형으로도 나눌 수 있는데요. 직렬형은 화실에서 굴뚝까지 열기통로가 단선으로 구불구불 이어지는 형태이고 병렬형은 여러 갈래로 열기통로가 나뉘어졌다 다시 굴뚝 연도에서 합류하는 방식입니다. 직렬형은 화실에 가까운 쪽과 먼 쪽 사이에 열 편차가 발생하기 쉽고 재청소구를 여러 곳에 만들어야 하는 단점이 있지요. 반면 병렬형은 열 편차가 적고 재청소구를 상대적으로 적게 만들어도 된다는 이점이 있습니다. 이외에 열기실 구조를 가진 종탑형과 스웨덴의 5채널식, 핀란드의 3채널식, 독일의 수직과 수평 열기통로를 혼합한 구조 등 다양한 방식으로 열기통로 구조를 만듭니다.

열기통로를 설계하는 데 놓치지 말아야 할 주의사항이 있습니다. 가능하면 화실에서 곧바로 올라온 상승 열기통로는 바깥 외벽체 쪽으로 배치하는 것이 바람직합니다. 빨리 열을 실내로 발산시킬 수 있기 때문이지요.

내화벽돌로 내부구조 쌓기

벽난로의 내부구조는 내화벽돌과 내화몰탈(접착 반죽), 또는 내화본드를 사용해서 쌓습니다. 내화벽돌은 SK-32, SK-34, SK-36 가운데 한 종류를 사용하는데 번호가 높을수록 내화온도가 높고 강도도 높지요. 지금까지 사용해본 결과 SK-34급 내화벽돌이 벽난로를 만들기에는 제일 무난했습니다. 내화몰탈은 사용하는 내화벽돌에 맞춰 동일 등급의 내화몰탈을 사용해야 하는데요. 즉 SK-34급 내화벽돌을 사용한다면 SK-34급 내화몰탈을 사용하지요. 내화몰탈 대신 내화본드를 사용할 때는 보통 Super-3000급을 사용합니다.

내화벽돌에 내화몰탈이나 내하본드와 같은 접착 반죽을 바를 때는 일반 벽돌을 쌓을 때와 다르게 1~3mm 내외로 얇게 마릅니다. 가능하면 1mm 정도 두께로 접착면이 얇아야 균열 위험이 줄어듭니다. 고무 주걱(일명 '고무 헤라')이나 흙손으로 벽돌 접착면에 2~4mm 두께로 접착 반죽을 바른 후 밑단 벽돌 위에 올려놓고 앞뒤 좌우로 흔들면서 눌러서 쌓습니다. 이때 접착 반죽이 사방으로 완전히 삐져나오게 해야 가스가 새어나오지 않습니다. 삐져나온 접착 반죽은 고무 헤라로 깨끗이 닦아내줍니다.

내화벽돌을 자를 때는 주로 초경 날이 부착된 전용 고속회전 절단기나 핸드 그라인더를 이용하는데 매우 위험한 작업입니다. 작업시에는 벽돌을 고정할 조임쇠가 필요하고 보안경, 가죽 장갑, 분진마스크, 안전모 등 안전 장구를 반드시 착용해야 합니다. 내화벽돌은 온장 외에 1/2장, 2/3장, 1/3장, 1/4장, 3/4장으로 자른 절단 벽돌을 많이 사용합니다.

수평 열기통로형 벽난로의 구조

벽난로의 전체 열기통로 가운데 수평 열기통로는 15% 이상 차지해야 합니다. 이곳에 충분한 재가 쌓일 수 있어야 하기 때문이지요. 독일이나 유럽 중앙지역은 주로 수평 열기통로 비중이 큰 벽난로가 많습니다. 1820년대 마르쿠스 불 Marcus Bull 의 실험에 의하면 열기가 쉽게 빠져나가기 때문에 열 손실이 커 보이는 수평 열기통로 구조가 실험 결과 수직 열기통로 구조보다 열효율이 약간 더 좋았습니다. 수평 열기통로형 벽난로는 구조가 단순해서 시공이 쉽지요. 다만 각 수평 열기통로에 재가 쌓일 수 있기 때문에 각 열기통로마다 재점검구를 두어야 합니다.

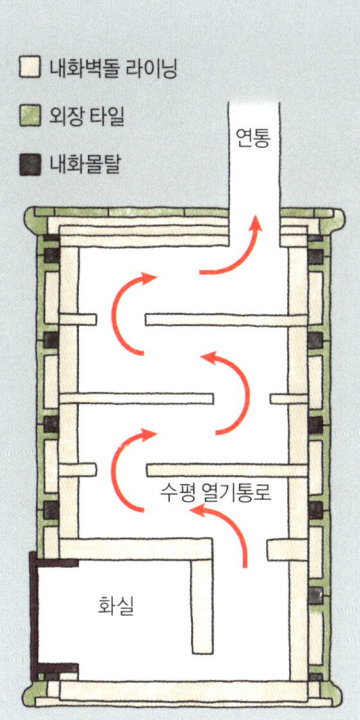

▶ 수평 열기통로 구조의 독일식 타일벽난로의 구조

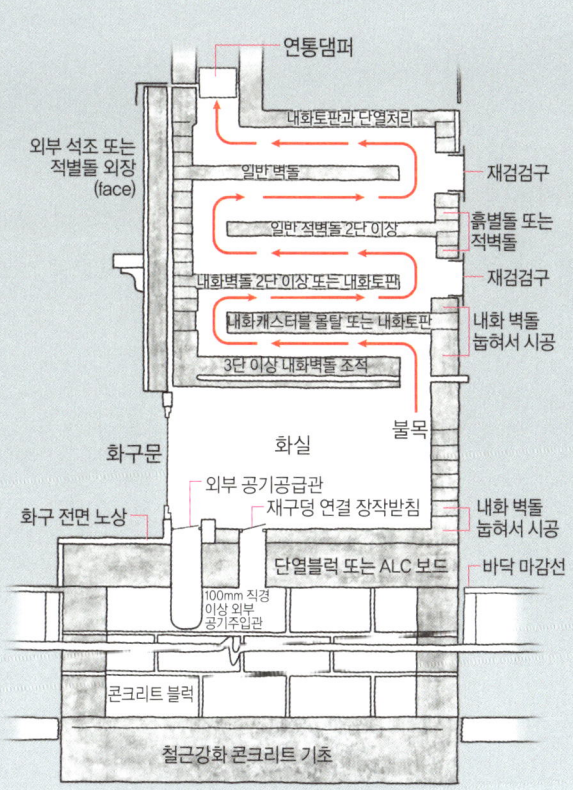

▶ 남미에 보급된 수평 열기통로 구조의 러시아식 벽난로의 구조

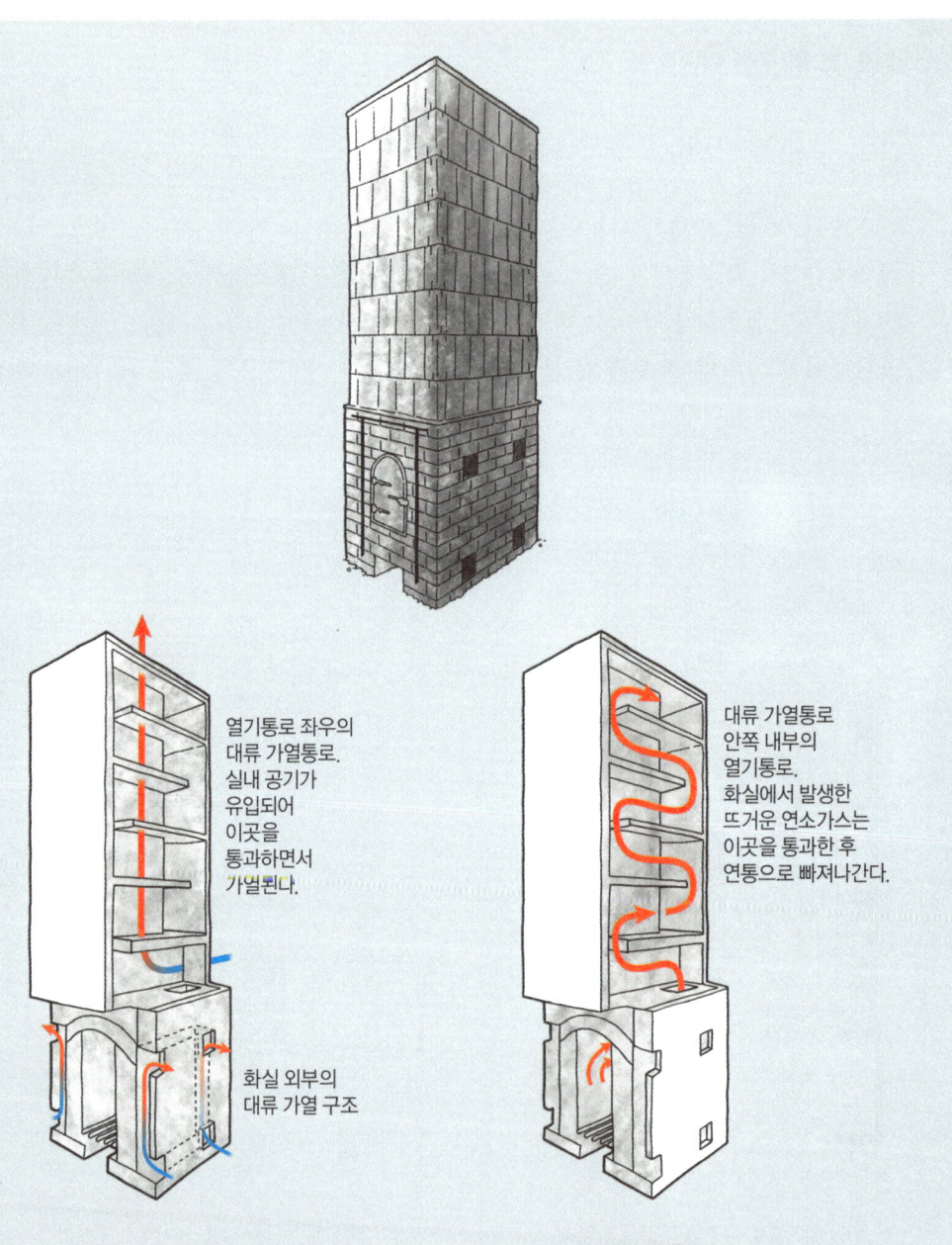

▶ 수평 열기통로 구조와 대류 가열통로 구조가 결합된 벽난로

22 벽난로의 외장

 현재 기술은 과거 다양한 문제의 해결과 개선의 결과입니다. 어떤 기술이라도 그 기술이 해결해온 문제들에 대해 질문할 때 비로소 완벽한 이해에 다가갈 수 있겠지요. 장인은 솜씨가 좋은 기술자이기 전에 질문하는 사람입니다. 또한 장인은 일을 통해 해답을 얻습니다. 손으로 '경험하는 기술'의 과정을 통과해야만 보다 완벽한 이해를 얻을 수 있기 때문이지요.

벽난로 외장의 기능

 처음부터 페치카는 외장이 있었을까요? 러시아에서 벽돌로 페치카를 만들기 시작한 처음부터 내화벽돌을 사용하지는 않았습니다. 사실 내화벽돌은 최근에 등장한 현대적 자재이지요. 근래에 와서 벽난로의 내부구조를 만들 때 열에 강한 내화벽돌을 주로 사용하기 시작했습니다. 초기 러시아 농민들은 일반 적벽돌로 쌓은 홑겹의 내부구조만으로 이루어진 벽난로를 만들어 사용했습니다. 그러다가 점차 벽돌 위에 흙이나 석회로 미장하기 시작했는데요. 귀족들은 벽돌로 내부구조를 한 겹 더 쌓거나 돌이나 타일, 금속을 덧붙여 외장을 만들기 시작했습니다. 외장이 없는 벽난로는 빨리 뜨거워지고 발열도 강하지만 너무 빨리 식어버리는 단점이 있었지요. 외장은 벽난로의 축열 용량을 보강해서 잠자는 동안 벽난로가 쉽게 식지 않도록 만들어 줍니다. 내부구조만으로 이루어진 홑겹의 벽난로는 종종 과열되면서 균열이 생기는 경우가 있었고, 이곳을 통해 가스가 새는 사고가 일어나곤 했습니다. 외장은 가스 누출을 방지할 수 있는 안전장치 역할을 하지요. 벽돌은 보기에 거칠고 시간이 지나면서 먼지가 쌓이거나 변색이 됩니다. 이때 외장은 거친 벽돌을 가려주어 심미적으로 아름답게 벽난로를 치장하는 역할을 해주지요. 다양한 마감재를 외장에 이용하게 되면서 실내 인테리어와 어울리는 벽난로 디자인이 점차 중요해졌습니다.

외장 전 가스 누출 점검

사람이 하는 일엔 항상 실수가 있기 마련입니다. 아무리 꼼꼼하게 가스가 새지 않도록 내화벽돌을 쌓고 내화몰탈이나 내화본드로 접착했다고 해도 완벽할 수 없지요. 내부구조를 다 만들었다면 외장을 하기 전에 반드시 가스가 새는 곳이 없는지 점검해야 합니다. 외장을 하고 나면 내부구조에 가스가 새는 곳이 있더라도 더 이상 손볼 수가 없기 때문입니다. 가스 누출 검사는 먼저 화실 안에 종이나 잔 나무를 넣고 살살 태워 연기가 새는 곳이 없는지 살펴봅니다. 이때 맨눈으로 연기가 새는 곳을 찾기 어려우니 손전등을 비춰가며 꼼꼼히 살펴야 합니다. 연기가 새는 곳을 발견하면 내화본드나 내화몰탈을 꼼꼼히 발라 새는 곳을 메워줍니다. 종종 내화벽돌을 거칠게 쌓은 후 바깥 전면을 내화몰탈로 완전히 덧바르는 경우가 있는데, 내화벽돌을 정밀하게 쌓고 가스 새는 곳을 보강하는 것만 못합니다.

가스 누출은 벽난로 벽체나 철물(Hardware) 주위의 균열이 주원인이지만 연통이나 굴뚝을 잘못 설치했거나 열기통로 내부가 그을음으로 막혀 배연이 자연스럽지 못할 때도 발생합니다. 벽난로는 실내에 설치하는 난방 장치인데 특히 무색무취인 일산화탄소와 같은 가스 누출은 생명을 앗아갈 수 있다는 점에 각별히 주의해야 합니다. 그래서 일산화탄소 감지기를 설치하는 것이 안전합니다.

내부구조와 외장 사이의 신축 유격(Expansion Joint)

벽난로의 내부구조와 외장 사이에는 열팽창으로 균열이 발생하지 않도록 최대 2.5cm 간격을 띄우고 외장을 쌓는데 이를 신축 유격(Expansion Joint)이라 부릅니다. 내화벽돌로 쌓은 내부구조는 열 부하에 따라서 측면보다는 주로 위아래로 늘었다 줄기를 반복하는데 만약 외장이 내벽에 바로 접착되어 있으면 열팽창 정도가 다른 외벽에 균열이 발생하겠지요. 이를 막기 위해 간격을 띄우는데 이를 신축 유격이라 합니다.

벽난로의 내부구조를 다 쌓은 후 우선 일정한 간격을 유지하기도 하고 지나친 열이 외장으로 전달되는 것을 방지하기 위해 0.5~1cm 두께인 박스 종이나 세라믹 울을 내부구조에 접착시킨 후 다시 1.5~2cm 정도 공간을 띄우고 외장 벽돌을 쌓는데요. 내부구조와 외장 사이의 공간에 벽돌을 쌓을 때 사용하는 접착 반죽을 흘려 넣어 뒤채움을 해줍니다. 박스 종이는 이후에 내부에서 삭거나 타서 없어집니다. 이러한 방식으로 신축 유격을 만들면 내부구조가 팽창하더라도 외장에 영향을 주지 않습니다.

내부구조와 외장 사이에 신축 유격을 띄우지만 사실상 종이 박스나 세라믹 울이 접착되고 반죽으로 뒤채움하기 때문에 사실 빈 공간이나 간격은 남지 않습니다. 이 점에서 자칫 오해와 실수를 저지르기 쉽습니다. 신축 유격의 간격을 너무 띄우면 열전도를 방해하기 때문에 열 반응시간이 지나치게 길어질 수 있으니까요. 신축 유격 사이에 끼운 약 0.5~1cm 두께의 세라믹 울이나 박스 종이에 구멍이나 틈이 있어서는 안 됩니다. 구멍과 틈을 통해 곧바로 내부와 외장이 접촉하면 외장에 균열이 발생하게 되니까요. 신축 유격 사이로 공기가 흐르지 않도록 철저하게 밀폐해야 합니다. 만약 공기가 흐르게 될 경우 특히 화구 쪽 틈에서 과열되면 내부에 부착한 박스 종이가 급격하게 타면서 화재가 발생할 수 있습니다.

어떤 경우라도 내화벽돌로 쌓은 내부구조가 노출된 채로 남겨져서는 안 됩니다. 치명적인 가스 누출의 위험이 있을 뿐 아니라 내부구조의 가열·냉각 온도가 부분적으로 크게 차이가 나면서 구조의 변형을 가져올 수 있습니다. 외장은 축열이 되는 내열성 건자재를 사용할 수 있지만 절대 콘크리트 블록이나 벽돌로 외장을 쌓지 않습니다. 공극이 있어 열전도를 방해하기 때문이지요.

외장의 두께

벽난로의 외장 두께는 어느 정도가 적당할까요? 외장은 뒤채움 반죽 2cm와 외장 벽돌 두께 10cm를 포함해서 10~12cm가 적당합니다. 뒤채움이란 내부구조와 외장 사이에 띄운 신축 유격 사이에 자연스럽게 밀려 떨어져 채워지는 반죽입니다. 물론 신축 유격 사이 공간을 모두 뒤채움으로 채워서는 안 되고 적어도 0.5cm 이상은 빈 공간으로 띄워야 합니다. 만약 신축 유격이 2.5cm라면 최대 2cm 이하 정도만 반죽으로 뒤채움을 해야 합니다. 외장 안쪽에 채우는 뒤채움 반죽은 내부구조와 외장 사이의 열전도율을 높여서 외장면으로 열이 발산하기 시작하는 데 걸리는 시간, 즉 열 반응시간을 줄여줍니다. 또 뒤채움은 내부구조와 외장 사이의 공기층을 없애고 가스 누출을 미연에 방지하는 역할을 하기도 하지요. 이때 외장 벽돌을 쌓거나 뒤채움에 사용하는 반죽은 보통 시멘트/모래 반죽, 시멘트/모래/석회 혼합 반죽을 사용하곤 하는데 시멘트 1 : 모래 6 : 석회 1

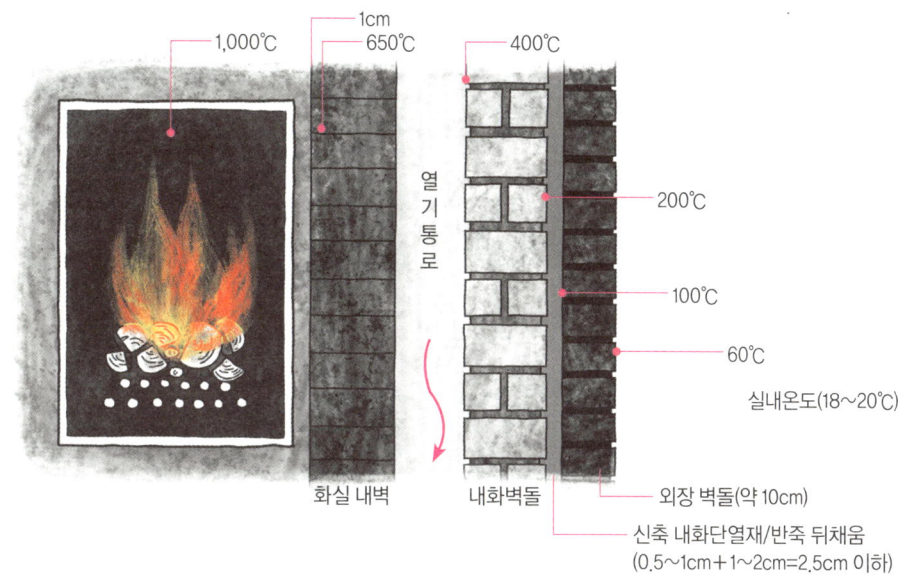

▶ 외장의 두께와 신축 유격

정도를 혼합하여 사용합니다. 이때 시멘트 대신 흙을 사용할 수도 있지요.

외장이 너무 얇으면 열 반응시간은 빨라지지만 대신 빨리 식는 단점이 있고, 너무 두꺼우면 외부로 발열되는 데 지나치게 많은 시간이 걸립니다. 즉 열 반응시간이 달라집니다. 빨리 발열이 되도록 계속 불을 때다 보면 자칫 과열이 될 수 있는데 그 결과 균열이 발생할 수 있습니다. 벽난로는 하루 3번 이상 불을 때지 않는 것이 바람직합니다. 즉 과열은 무조건 피해야 하지요.

기후니 생활 습관, 설치 장소에 따라 벽난로 외장 두께를 달리할 필요가 있습니다. 추운 지방일수록 외장 두께를 두껍게 해서 밤새 불이 꺼진 후에도 식지 않도록 충분히 열을 저장할 수 있게 만들고 상대적으로 따뜻한 지역은 외장을 얇게 만듭니다. 또 집 안에서 생활하는 시간이 긴 농부는 벽난로가 식지 않도록 적절히 불을 때며 관리할 수 있기 때문에 외장을 두껍게 만듭니다. 하지만 출퇴근하는 직장인일 경우 하루 2번 이상 불을 피우기 쉽지 않고 집을 비운 동안 벽난로가 식기 때문에 집에 돌아와서 불을 피운 후 단시간 내에 벽난로가 발열될 수 있어야 하는데 이 경우에는 외장을 얇게 만들어야겠지요. 만약 오전 10시 이후에야 문을 여는 카페에 설치한다면 벽난로 외장은 얇게 쌓아야 관리하기 쉽습니다. 가끔 사용하는 별장이라면 역시 벽난로 외장은 얇은 것이 좋습니다.

벽난로 상부 덮개 처리

 벽난로의 상부는 열 부하가 집중되고 열을 가장 많이 빼앗기는 부분입니다. 벽난로의 발열은 측면의 벽체를 통해 일어나야 난방에 효과적이지요. 이 때문에 벽난로 상부는 내열성이 높게 보강해야 하고 열을 빼앗기지 않게 단열처리해야 합니다. 내부구조 상부와 외장 상부 덮개는 측면과 같이 공간을 띄워 신축 유격을 만들어야 합니다. 상부 처리를 잘못하면 상부에 수평으로 균열이 발생하지요. 이렇게 내부구조와 외장의 상부가 분리되도록 만드는 구조를 유동 구조(Floating System)라 부릅니다. 마치 계란의 안쪽 노른자와 바깥쪽 껍질이 흰자에 의해 분리된 것과 같이 내부구조와 외장은 신축 유격에 의해 분리되어야 열에 의한 변형이 발생하지 않습니다.

 벽난로 상부 덮개는 다양한 방식으로 시공할 수 있는데요. 내부구조는 내열성 높은 내화토판이나 내화캐스터블로 만든 내화판 또는 내화벽돌을 3단 이상 쌓아서 만들 수 있습니다. 이렇게 만든 내부구조의 상판 덮개 위를 다시 캐스터블 몰탈이나 콘크리트판을 만들어 덮습니다. 이때 절대 내부구조의 상판과 외장 상판이 접착되지 않아야 합니다. 상부 측면도 마찬가지지요. 절대 신축 유격을 잊지 말아야 합니다. 외장과 내부구조 상판 사이에 마른 단열 몰탈로 덮고 공기층을 두거나 세라믹 울로 덮습니다. 마른 단열

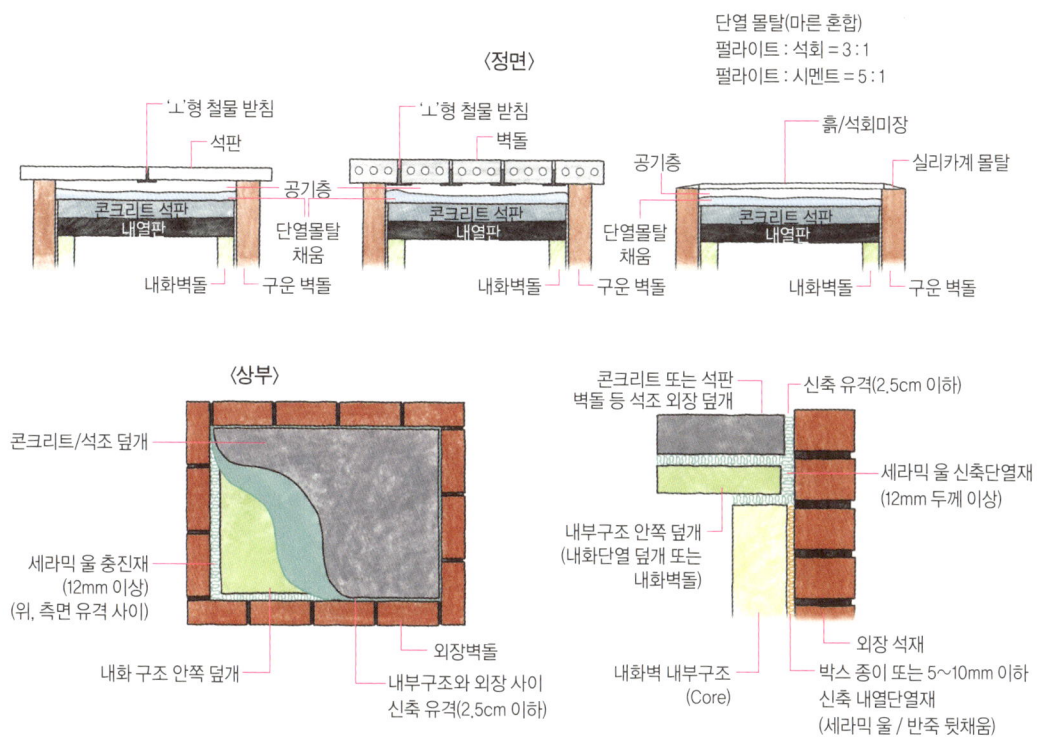

▶ 벽난로 상부 덮개의 유동 구조 시공

몰탈은 펄라이트 3 : 석회 1 또는 펄라이트 5 : 시멘트 1 비율로 마른 가루를 혼합하여 만드는데 벽난로가 건조되면서 습기를 빨아들여 자연적으로 굳어집니다. 세라믹 울을 덮을 때 두께는 최소 12mm 이상이어야 하는데 세라믹 울은 외장과 내부구조 사이의 측면에 끼워 신축 유격을 만듭니다. 외장 덮개의 두께는 최소 50mm 이상이어야 하고 콘크리트, 돌, 벽돌, 석판, 철망 위에 흙 반죽을 발라 덮을 수 있습니다. 불에 타지 않는 세라믹 울이나 세라믹 로프가 없던 시절에는 마끈이나 볏짚을 꼬아 만든 새끼줄에 흙을 잔뜩 묻혀 사용하거나 흙 반죽에 짚을 버무린 짚 버무리를 대용했지요.

취향대로 꾸미는 벽난로 외장

아름답지 않은 벽난로, 실내 장식과 어울리지 않는 벽난로는 무척 눈에 거슬립니다. 불을 피우지 않는 하절기 동안에 덩치 큰 벽난로가 집 안에 있다고 상상해보세요. 집 안에 어울리는 가구 역할을 할 수 있어야 봐줄 만하겠죠. 벽난로 외장은 가스 누출을 방지하고 축열 성능을 보강하는 역할 외에 시각적인 아름다움을 제공합니다. 외관이 거친 벽난로는 먼지가 끼기 쉬운데 먼지가 타면서 눌어붙기 때문에 쉽게 제거되지 않을 뿐 아

▶ 다양한 벽난로 외장 방법들. ① 흙반죽 ② 흙반죽/벽돌 ③ 석회미장 ④ 적벽돌 ⑤ 자연석

니라 타면서 나쁜 냄새를 내뿜죠. 이 때문에도 깔끔한 마감 처리가 필요합니다.

벽난로의 외장은 벽돌이나 거섶흙반죽(Cob), 도기타일, 석판이나 자연석, 금속판을 부착해서 만들 수 있습니다. 벽돌이나 거섶흙반죽으로 외장을 한 경우에는 그 위에 다시 흙미장이나 석회미장을 하고 옻나무과의 천연 수지를 바르는 방법이 이용되어 왔습니다. 요즘에는 내열투명페인트나 내열에폭시를 도포하는 경우도 있지요. 여러 가지 재료를 이용해서 복잡한 외장을 하는 것은 바람직하지 않은데요. 물질마다 열팽창 정도가 다르기 때문에 균열을 일으키거나 탈착되는 문제가 발생할 수 있기 때문입니다.

벽돌이나 자연석으로 외장을 할 경우는 구석 모서리나 화구 등 개구부부터 어긋쌓기로 쌓아 올립니다. 사용하는 접착 반죽은 진흙/모래 반죽, 진흙/모래/석회 반죽, 시멘트/모래 반죽 등 다양한 몰탈을 사용할 수 있는데요. 이때 접착 몰탈은 5mm 이하 두께로 바릅니다. 흙미장이나 석회미장으로 전면을 덧바르지 않는 경우 벽돌이나 자연석 사이 접착면은 줄눈을 채워 넣는데 원하는 색상의 벽돌 전용 또는 타일용 줄눈몰탈을 사용할 수 있습니다.

벽난로 미장법

벽돌이나 거섶흙반죽으로 쌓은 외벽체가 완전히 마른 후, 먼지와 흙을 깨끗하게 닦아내고 미장을 합니다. 보통 이렇게 흙반죽으로 미장할 경우 완전히 마르기 진까지 벽난로에 불을 피위서는 안 됩니다. 미장을 할 때는 철망이나 성근 그물망을 부착하거나 화학섬유로 만든 파이버 메시를 대고 미장하면 균열을 방지할 수 있지요. 철망이나 그물망은 여러 번 감싸는데 격자 모양이 형성될 수 있도록 만들어야 합니다. 이 위에 흙미장이나 석회미장을 하는데 미장 두께는 최소 1~2cm 이상이 적당하고요. 여러 번 얇게 덧미

▶ 흙미장과 타일 혼합 외장

장하는데 약 5~6mm씩 반복해서 바릅니다. 미장재는 주로 흙/모래미장 또는 흙/모래/석회, 흙/모래/석회/석고 혼합 반죽을 사용합니다. 균열을 막기 위해 잘게 잘라 물에 푼 볏짚이나 수사, 바나나 섬유 등을 넣어줄 수 있지요. 마지막 마감으로 석회페인트를 바를 경우에는 석회를 우유처럼 묽게 푼 석회물 1통(말 통 기준)에 소금 100g을 섞으면 빨리 굳습니다. 또 희석한 석회페인트에 탈지유를 섞어서 바르면 얇은 도막을 형성하고 균열을 줄여주지요. 그러나 자칫 미장 면이 열에 의해 누렇게 변색될 수 있습니다. 참고로 생우유에 분필가루를 넣으면 지방이 분해되면서 탈지분유가 된답니다. 섬유재는 식물성 섬유인 수사, 바나나 섬유, 물에 불려 가늘고 짧게 풀어놓은 짚, 동물의 털 등을 사용합니다.

미장 배합 비율
미장 배합 비율
흙 1 : 석회 1 : 모래 2 : 섬유재 0.1
흙 1 : 모래 2 : 시멘트 1 : 섬유재 0.1
석고 1 : 석회 2 : 모래 5~6 : 섬유재 0.2

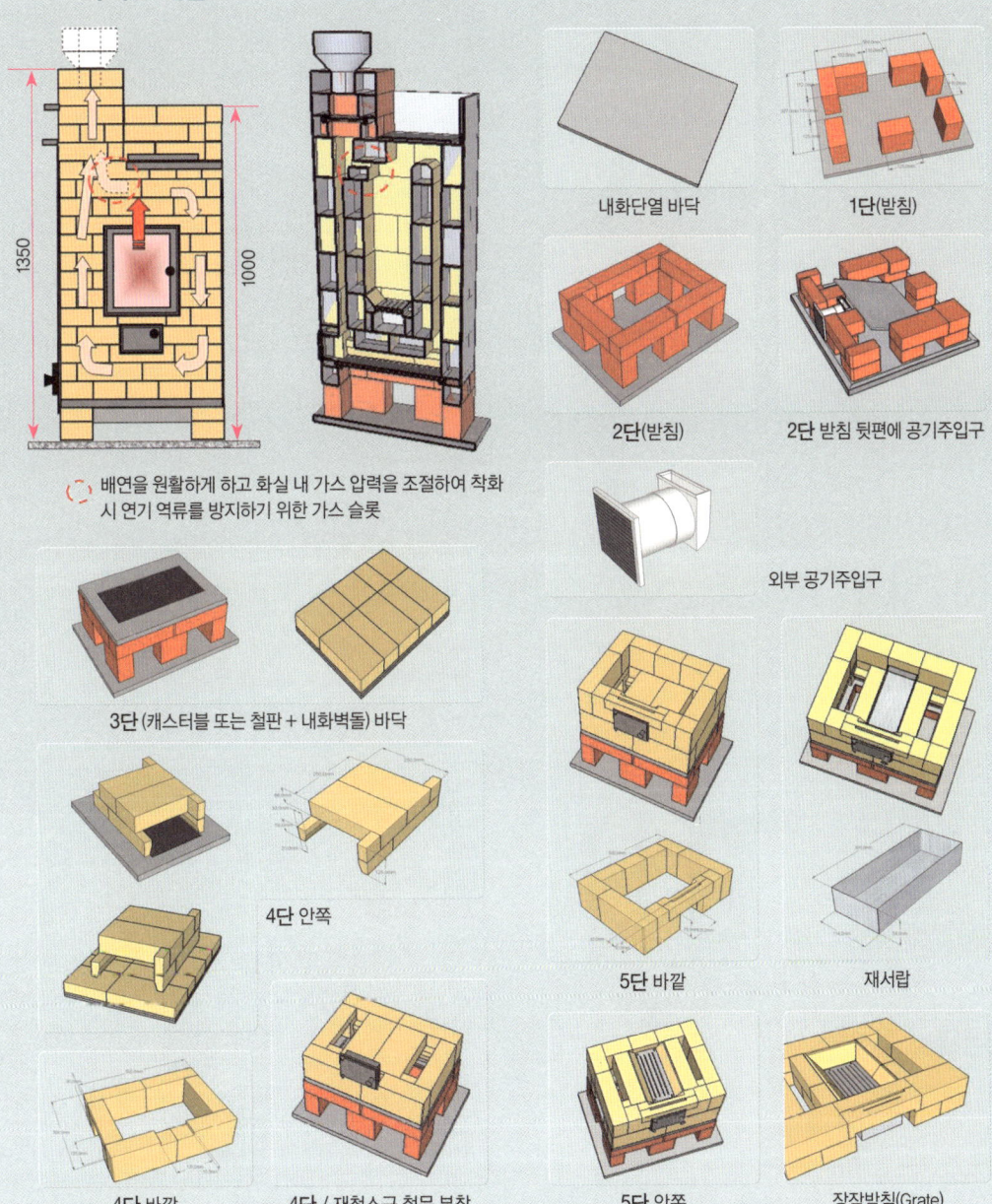

사이드 채널 Side Channel 러시아 벽난로

5단 안쪽 장작받침(grate)받침 세부 구조

6단 화구 개구부 시작

8단 화구 인방

7단

9단 우측 하강 열기통로 연결

화구문

9단 상부 철판 덮음

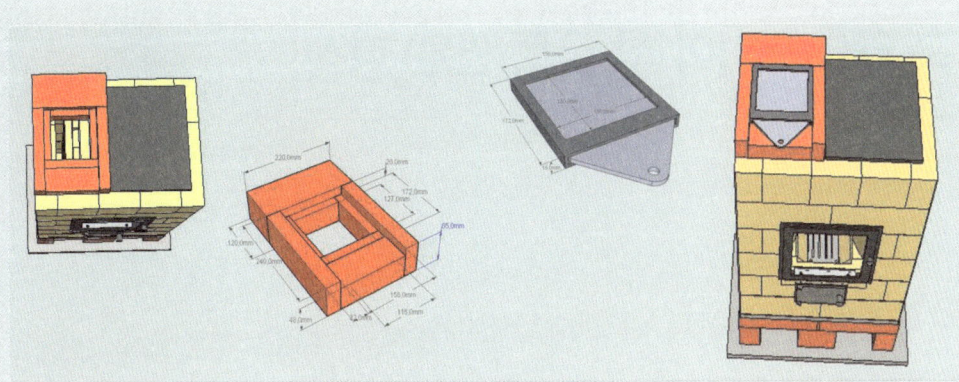

10단 댐퍼 자리

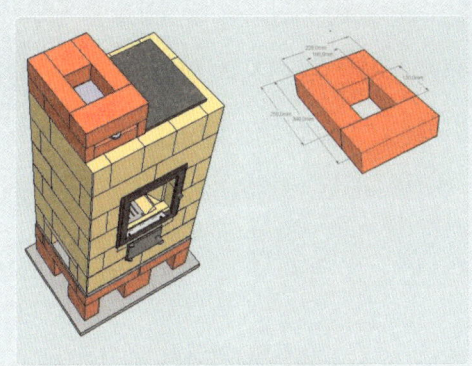

11단 댐퍼 덮음(굴뚝 연결)

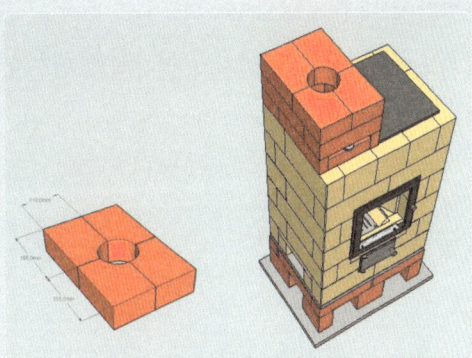

12단 굴뚝 연결

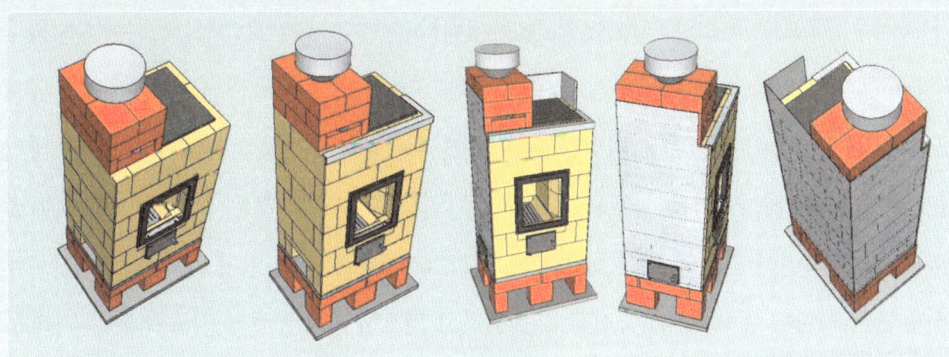

외부 몰딩 및 마감

제22장 | 벽난로의 외장

23 꼭 알아두어야 할 굴뚝(연통) 상식

굴뚝이나 연통은 벽난로나 화목난로에서 그 중요성이 자주 간과되는 장치입니다. 올바르게 세우지 않은 굴뚝은 고온 연소를 방해할 수도 있고, 벽난로의 내구성을 떨어뜨리기도 하고, 실내로 연기가 역류하게 만들어 생명을 위협할 수 있지요. 굴뚝은 최상의 벽난로를 결정짓는, 요즘 말로 '종결자'라 할 수 있습니다.

'굴뚝 효과'와 배연

굴뚝은 연기를 내보내는 배연장치입니다. 또한 연소에 필요한 공기를 화실로 빨아들이는 흡입력을 발생시키는 장치이기도 하지요. 굴뚝은 화실로 공기가 들어오는 화구나 공기주입구보다 최소 4~5m 이상 높게 세워야 합니다. 벽난로 노상으로부터는 최소 5~6m 높이로 굴뚝(연통)을 세우는 것이 일반적이지요. 이렇게 굴뚝을 높게 세우면 공기 흡입구와 굴뚝 사이에는 미세 기압차가 발생합니다. 굴뚝에 작용하는 기압은 낮고, 공기 주입구에 작용하는 기압은 높지요. 즉 차갑고 밀도가 높고 무거운 공기는 밑으로 깔려 화실로 들어오면서 기압이 낮은 굴뚝으로 연소가스, 즉 연기를 밀어 올립니다. 벽난로에 불을 붙이고 나면 굴뚝 내부는 점점 따뜻해지고 연소하면서 뜨겁고 밀도가 낮은 가벼운 연기가 굴뚝을 통해 외부로 배출되는 겁니다. 굴뚝 밑부분을 채우고 있던 연기가 밀려 올라가면 그 하부는 이론적으로 진공 상태에 가까워지는데 이 진공 상태의 공간으로 화실에서 발생한 강한 압력과 밀도를 가진 연소가스가 밀려들게 되지요. 이러한 작용이 연속적으로 반복되면서 공기주입구나 화구를 통해 밀도가 높고 무거운 공기를 화실로 빨아들입니다. 한마디로 '굴뚝 효과'가 발생하지요. 강한 공기 흡입력을 만들어내고 연기도 쑥쑥 잘 내뱉으려면 굴뚝이 높아야 합니다. 불이 잘 들지 않고 연기를 내는 구들 아궁이를 고치기 위해 아궁이 바닥을 낮추고 굴뚝을 높이는 이치와 같지요. 또 한 가지, 벽난로 전문가 조셉 터너의 제안과 같이 벽난로 내부의 열기통로의 길이가 길수록 굴뚝은 비례해서 더욱 높아야 합니다.

벽난로 전문가 조셉 터너의 굴뚝 높이에 대한 제안 《Masonry Stoves Design & Construction》

굴뚝 높이(m)	열기통로 길이(m)
3	1.5
4	2.5
5	3.5
6	4.5
7	5.5
8	6.5

굴뚝(연동) 단열과 결로

굴뚝은 따뜻해야 합니다. 단열이 잘되어 있어야 굴뚝 내부의 연기가 쉽게 식지 않습니다. 뜨거운 연기일수록 밀도도 낮고 가볍기 때문에 배연작용이 원활하게 일어납니다. 굴뚝 밖은 차갑고 굴뚝 안은 상대적으로 뜨겁지요. 굴뚝 내외부에 온도차가 발생하면 그을음과 습기가 엉겨 붙는데 그을음은 일종의 결로입니다. 굴뚝으로 배출되는 온도가 너무 낮으면 결로가 생기기 쉽고 너무 높으면 열 손실이 커지지요. 화목난로에서는 연통을 통해 최종 배출되는 연기의 온도가 최소 110℃, 즉 연기 중 수분이 증기상태를 유지하는 온도 이상이어야 연통 내부의 결로(목초액) 발생을 방지할 수 있습니다.

축열을 위해 열기통로가 긴 벽난로의 경우는 이와 다릅니다. 벽난로의 열기통로에서 연결되는 굴뚝 하부의 적정한 연소가스 온도는 평균 120~140℃로 알려져 있습니다. 굴뚝 상부의 적절한 최종 배출연기 온도는 50~60℃ 전후가 적절합니다. 함실의 열기를 고래 구조에 축열하고 연기를 배출해야 하는 구들의 굴뚝에서 배출되는 연기의 최종 온도도 이와 비슷합니다. 물론 배출되는 연기가 이 정도로 낮은 온도 상태에서 굴뚝(연통) 내외부의 온도차가 심할 경우 결로로 인해 그을음과 목초액이 발생하지요. 따라서 벽난로는 화목난로에 비해 더욱 철저하게 굴뚝(연통) 단열에 신경 써야 합니다. 만약 굴뚝 하부의 연소가스 온도가 250~300℃라면 축열부인 열기통로 내부 면적이 너무 작거나 열기통로 길이가 짧아서 충분히 열을 저장하지 못했다는 증거지요. 굴뚝 하부의 연소가스 온도가 100℃ 이하라면 열기통로 내부 면적과 길이가 너무 크거나 길다는 증거이고요. 열기통로가 너무 길어서 배출되는 연소가스(연기)의 온도가 너무 낮으면 굴뚝 내부에 결로가 쉽게 발생해서 그을음이 끼고 목초액이 흐르면서 오랜 시간을 두고 굴뚝과 벽난로 내부를 부식시킵니다. 오랫동안 그을음이 끼게 되면 자칫 화실의 불꽃이 튀어 불이 붙으면서 굴뚝 화재로 이어집니다. 그러나 화목난로와 달리 화실에서 굴뚝까지 거리가 긴 벽난로나 구들의 경우에 굴뚝 화재가 발생하는 일은 극히 희박합니다. 다만 굴뚝이 막히면서 화실 내 불완전연소가 발생하거나 연기가 실내로 역류할 수 있지요. 마찬가지로 벽난로의 열기통로는 충분히 넓어야 하고 특히 재가 쌓일 수 있는 수평 부분은 높아야 하고 반드시 재점검구가 있어야 합니다.

참고로 독일은 굴뚝청소부를 생명과 안전을 지켜주고 행운을 가져다주는 존재로 여기는데, 3년 이상 직업학교를 다녀야 자격증을 얻을 수 있는 직종입니다. 그만큼 굴뚝에 낀 그을음과 재를 긁어내는 것이 화재의 위험을 줄이고 벽난로의 효율을 높이는 데 결정적이기 때문입니다. 매년 초겨울 벽난로에 처음 불을 붙이기 전이나 겨울을 지나는 동안 가끔 벽난로 내부와 굴뚝의 재나 그을음을 깨끗하게 제거해줘야 합니다.

2011년 일산 화사랑 카페에 벽난로를 설치했는데 몇 달 후 찾아가보니 화구가 돌출되고 재청소구 철물이 내부에 가득 찬 가스압 때문에 폭발하듯 튀어나와 큰 사고가 날 뻔했다는 말을 들었지요. 그 사고 이후 화실에 불이 잘 붙지 않는다고 점검해달라는 요청을 받았습니다. 화사랑 벽난로의 문제는 꼭 이중 단열연통을 설치하라는 당부에도 불구하고 철제 스파이럴 홑겹연통을 그대로 사용한 결과였습니다. 연통이 그을음으로 막히니 팽창한 연소가스가 연통으로 나가지 못하고 화구와 재청소구 철물을 밀어낸 것이죠. 재청소구를 열어 열기통로 내부에 재를 긁어내고 연통 내부에 낀 한 양동이 이상의 그을음을 제거하고 나니 그제야 제대로 불도 잘 붙고 연기도 원활하게 배출되었습니다. 이렇게 재가 많이 쌓이게 된 이유는 충분히 건조되지 않은 장작이나 필름 코팅된 폐가구

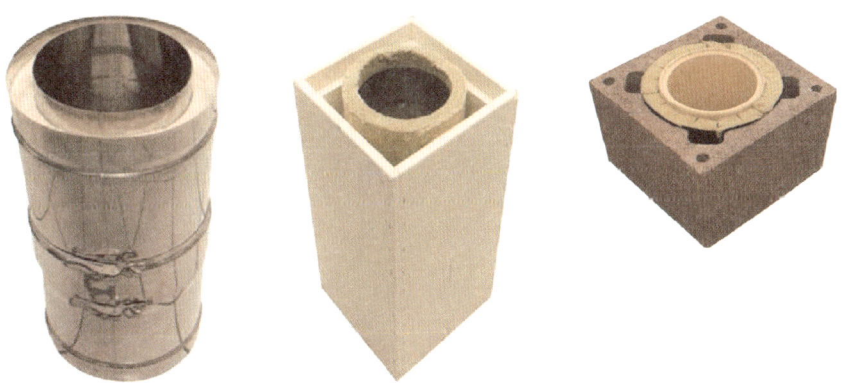

유럽 표준의 굴뚝이나 연통은 내산성, 내열성, 단열성을 만족하는 3중 구조로 만들어져 있다.

▶ 벽돌과 도기라이닝으로 조적하고 있는 벽난로 굴뚝 하부

재, 화학접착제가 섞인 합판 등을 태우고, 연통 단열이 제대로 되지 않았기 때문입니다.

　벽돌로 조적하는 굴뚝의 경우 북미나 서구의 기준은 매우 엄격합니다. 벽돌조적 굴뚝의 두께는 최소 12cm 이상이어야 하는데 그것도 홑겹이 아니라 그 내부에 내산성과 내화성을 갖는 도기라이닝을 끼워야 합니다. 또한 굴뚝의 외벽돌 부분과 도기라이닝 사이에 불연 단열재를 채우도록 규정하고 있습니다. 굴뚝 내부에 도기라이닝으로 걸림 없이 부드러운 굴뚝 내부면을 형성하면 굴뚝으로 빠져나가는 연기 배출 속도를 높이고 그을음이 달라붙는 것을 방지하지요. 또한 지붕을 뚫고 굴뚝이나 연통을 설치할 때는 목골조나 지붕 슁글 등 가연성 물질로부터 최소 5~10cm 이상 떨어진 곳에 세라믹 울 같은 불연재를 끼워서 설치해야 합니다.

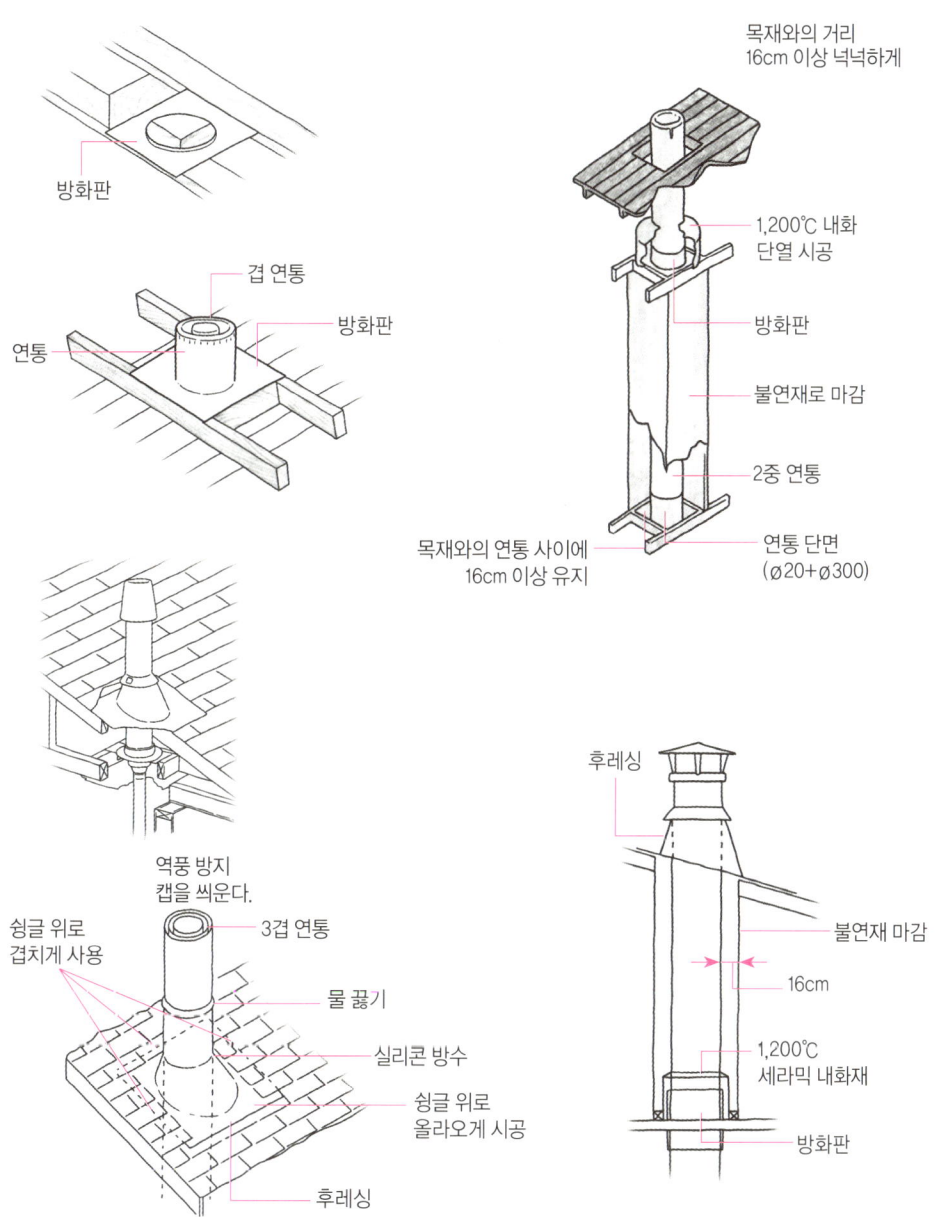

▶ 화재 예방과 누수를 차단하는 연통의 지붕 설치 방법

제23장 | 꼭 알아두어야 할 굴뚝(연통) 상식

굴뚝(연통)의 직경

'먹은 만큼 싼다'는 비유적인 말로 화목난방 장치의 공기흡입량과 연기배출량의 관계를 단순화시킬 수 있습니다. 이 말대로라면 흡입된 공기량만큼 굴뚝으로 연기가 빠져나가기 때문에 공기가 들어가는 공기주입부의 최대 단면적 크기만큼 굴뚝도 단면적 넓이가 커야 합니다.

화구가 커지면 굴뚝도 비례해서 커질까요? 화구가 크더라도 실제 공기가 들어가는 화구에 장착된 공기조절구나 재구덩문에 부착된 공기조절구, 2차 공기조절구 등의 최대 단면적을 합한 크기는 그리 크지 않습니다. 그러면 공기흡입 부위의 모든 단면적의 크기의 합이 곧 굴뚝 단면적이 될까요? 답은 그리 간단치 않습니다. 공기가 흡입되고 장작은 장작대로 연소하면서 나무가스를 발생시키는데 흡입된 공기의 양과 불완전연소된 나무가스 등을 포함한 연소가스는 화실 내에서 8배 이상 팽창합니다. 연소가스는 열기통로를 지나며 열을 빼앗기는데 이때 다시 온도가 떨어지며 수축하게 되고 압력도 떨어지지요. 흡입된 공기 외에도 나무가 연소하면서 발생하는 나무가스가 배출되는 연소가스, 즉 연기의 양을 증가시킵니다. 흡입되는 공기의 양 외에도 화실에 한 번에 넣어 태울 수 있는 장작의 양은 연기의 배출량에 영향을 끼칩니다. 굴뚝(연통)의 단면적 크기를 결정할 때 흡입공기량이나 장작의 양에 따른 발생 연소가스의 양이나 부피 외에도 굴뚝 안 연기의 상승 압력과 속도 역시 중요한 요소입니다. 연기가 빠져나가는 속도가 너무 느리면 굴뚝 내부의 연기 온도가 낮아지면서 결로, 즉 그을음이 생기기 쉽지요. 굴뚝이나 연통의 단면적이 크면 클수록 배출되는 연기의 양은 커지지만 배연 속도가 떨어지고 연통의 단면적이 적으면 배연 속도는 높아집니다. 이와 같이 배연에 영향을 끼치는 요소들은 다양하고 그 관계 또한 복잡합니다.

가정용 벽난로 연통의 직경은 요약하면 화실에 장착되는 나무 연료의 양에 따른 연소가스 발생량과 최대 공기주입량을 감안하여 정하는데 특수 장비를 갖추지 않으면 제대로 측정할 수 없습니다. 이럴 때는 그 어떤 공식보다 오랜 세월 동안 많은 사람들의 경험을 경청해야 합니다. 일종의 '경험과학'이랄까요. 결론적으로 말하면 30평 이내 난방을 위한 중소형 가정용 벽난로의 경우 아무리 화실이 크더라도 만약 연통을 사용한다면 그 직경은 150mm를 넘지 않습니다. 대형의 경우에는 150~200mm관을 사용하되 이중으로 단열 처리하여 만듭니다. 그러나 또 다른 점을 고려해야 하는데요. 긴 열기통로나 고래 구조를 가진 축열식 화목난방 장치인 벽난로나 구들의 굴뚝에는 결로나 그을음이 발생할 수밖에 없습니다. 이 때문에 굴뚝이 쉽게 막히지 않도록 굴뚝(연통)의 직경을 화목난로에 비해 충분히 크게 만들어야 합니다. 참고로 구들의 경우 굴뚝 직경은 250~300mm 정도입니다. 다만 벽난로는 화실의 크기, 열기통로의 길이 등에 따라 적정한 굴뚝(연통)의 직경을 결정해야 합니다.

굴뚝 크기의 결정은 쉽지 않습니다. 굴뚝의 배연을 결정을 하는 요소를 종합해보면 굴뚝(연통)의 높이, 단면적 크기(연통이라면 직경), 굴뚝 단열 정도에 따라 배연량과 상승 속도, 상승압이 달라지는데 이 중에 가장 중요한 요소는 역시 굴뚝의 높이입니다. 연기를 쑥쑥 빨아내려면 무엇보다도 굴뚝이 높아야 하지요. "높이, 단면적, 단열 그중에 제일은 높이더라"라고 말할 수 있겠습니다. 완성된 벽난로의 공기 흡입 정도, 연기의 역류 방지, 연기 배출 등은 마지막에 굴뚝의 높이로 조율해줍니다.

굴뚝의 설치 위치와 주의사항

구들의 굴뚝은 보통 집 밖 가까운 지면 밑에서부터 세워 올립니다. 화목난로의 연통이라면 보통 가까운 벽에 구멍을 뚫거나 창 한쪽 개구부를 통해 연통을 수평으로 쭉 뺀 후 다시 처마보다 높게 세웁니다. 이런 방식으로 굴뚝이나 연통을 세우면 차가운 외기에 많은 부분이 노출되고 그만큼 빨리 굴뚝(연통)의 열을 빼앗기지요. 당연히 그을음과 목초액이 생기고 연통이 막히는 결과로 이어집니다.

공간난방 문화가 발전된 서구에서 굴뚝(연통) 시공의 상식은 지붕을 뚫고 수직으로 곧바로 올려 세우는 방식입니다. 이럴 경우 굴뚝(연통)의 대부분은 실내에 놓이게 되고 지붕 밖으로 노출되는 부분이 상대적으로 적습니다. 그만큼 굴뚝이 따뜻하게 유지되지요. 굴뚝을 지붕의 가장 높은 곳인 용마루 가까이 세울수록 집 안에 있는 부분이 많아지는데요. 용마루 가까이 굴뚝을 세우려면 결국 벽난로는 집 안의 중앙에 놓이는데 사실 벽난로는 외벽이나 벽 모서리보다 집 안의 중앙에 있을 때 효과적으로 집 전체를 따뜻하게 만들 수 있습니다.

굴뚝을 수직으로 세우면 연기가 걸리지 않고 쭉쭉 잘 빠져나갑니다. 역풍의 영향도

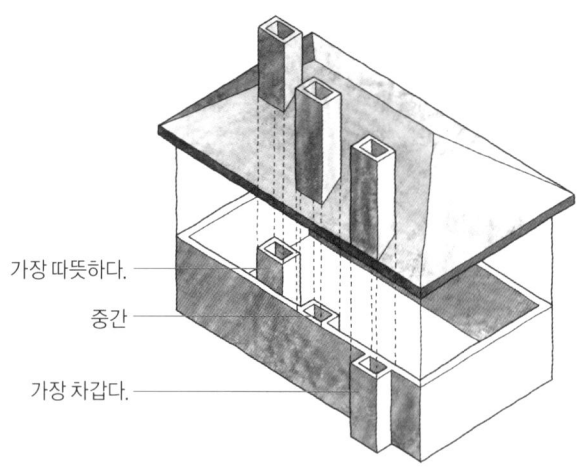

굴뚝은 따뜻할수록 좋다. 따라서 실내에 굴뚝을 두면 가장 좋다. 굴뚝의 대부분을 내부에 설치할 때 열 손실이 적고 굴뚝 막힘이 줄어든다.

덜 받고요. 창이나 벽을 통해 연통을 뺀다면 피치 못하게 수평으로 길게 뺀 후 다시 올려 세우게 되는데 수평으로 낸 부분이 길수록 연기 배출 속도가 느려집니다. 또한 역풍의 영향도 더 받습니다. 이렇게 배연 속도가 느려지면 그만큼 빨리 연기가 식고 결로가 발생할 가능성이 높아집니다. 배연 속도를 높이기 위해서는 연통이나 굴뚝을 벽난로로부터 수직으로 똑바로 높게 세우고 단열처리하며 굴뚝의 단면적(연통의 직경)을 작게 만들어야 합니다.

굴뚝(연통)의 지붕 돌출 높이

먼저 역풍에 대한 오해를 풀어볼까요. 역풍은 연통이나 굴뚝을 통해 바깥바람이 들어오는 현상이라고 많은 사람들이 잘못 알고 있습니다. 이런 경우는 매우 드물지요. 역풍은 주로 바람 때문에 연기가 잠시 배출되지 않고 화실 공기주입구 쪽이나 화구로 역류

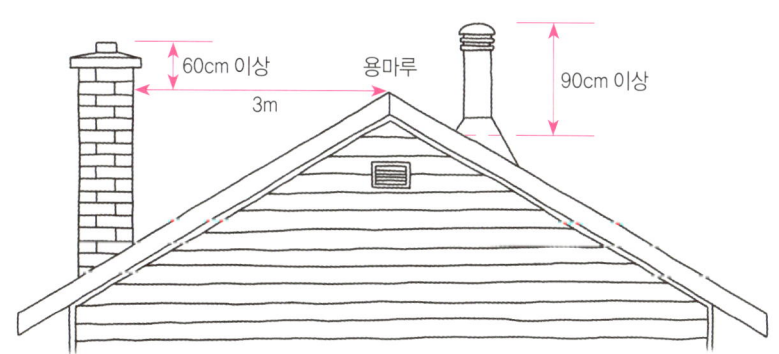

▶ **굴뚝의 지붕 설치 위치와 돌출 높이**(북미나 유럽의 기준)
굴뚝은 눈/비 등의 누적된 영향을 적게 받도록 가능하면 용마루 가까이 설치한다.
지붕에서 돌출된 굴뚝의 높이는 최소 90cm 이상이어야 한다.
어떤 위치에서도 굴뚝은 용마루보다 최소 60cm 이상 높아야 한다.
굴뚝의 상부는 지붕의 그 어떠한 구조물과도 최소 3m 이상 떨어져 있어야 한다.

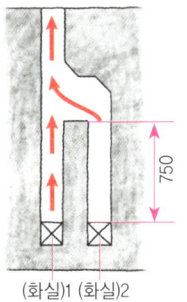
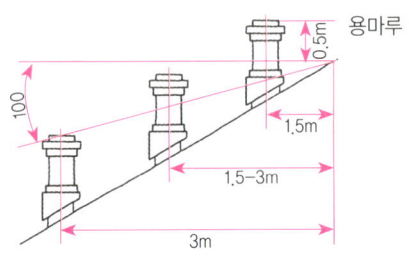

▶ 러시아의 굴뚝 설치 높이에 대한 규정

하는 현상이라 할 수 있습니다. 이를 근본적으로 막기 위해서는 역풍방지 캡^{Cap}이나 금속 삿갓 같은 연가를 씌우면 어느 정도 바람의 영향을 줄일 수 있고, 빗물이나 눈이 굴뚝(연통) 안으로 들어오는 것을 방지할 수 있습니다.

굴뚝은 북미나 유럽 기준에 의하면 지붕의 가장 높은 곳인 용마루보다 최소 60cm 이상 높아야 합니다. 또 아무리 용마루 가까이 굴뚝(연통)이 돌출되어 있다 해도 돌출된 밑부분부터 굴뚝(연통) 끝단 부분까지 최소 높이는 90cm 이상이어야 합니다. 용마루 가까이 굴뚝을 설치하는 것은 외부로 노출된 굴뚝 부위를 줄여서 굴뚝을 따뜻하게 유지하는 이점이 있지요. 또한 지붕에 흘러내리는 눈이나 빗물, 낙엽 등의 퇴적에 의한 영향을 최소로 줄일 수 있는 이점이 있습니다. 다른 지침들을 보면 지붕을 뚫고 돌출된 굴뚝(연통)으로부터 최소 3m 반경 안에 다른 건축물이나 구조물이 없어야 합니다. 3m 이내에 건축물이 있다면 건축물에 부딪힌 바람의 영향을 받아 역풍현상이 일어날 수 있기 때문이지요. 러시아의 경우엔 조금 완화된 규정을 갖고 있는데요. 용마루로부터 1.5m 이내에 굴뚝이 돌출되어 있을 때 굴뚝은 용마루(지붕의 가장 높은 곳)보다 최소 50cm 이상 높아야 하고, 1.5~3m 이내 지붕면에 돌출되어 있을 때는 용마루와 같은 높이로 굴뚝을 세울 수 있습니다. 만약 용마루로부터 3m 이상 거리의 지붕면에 굴뚝(연통)이 돌출되었을 때 굴뚝은 용마루보다 1m 이상 낮게 세울 수 있다고 규정하고 있습니다.

러시아나 유럽에서는 공간 구성에 따라 집 안 곳곳에 벽난로를 두어 보통 2~3개 이상의 벽난로를 설치하는데 하나의 굴뚝으로 연결해서 연기를 모아 배출하는 경우가 많습니다. 이렇게 복수의 벽난로에서 나온 연기를 한 굴뚝으로 내보낼 때는 각각 벽난로의 화실로부터 최소 7.5m 이상 높은 곳에서 연도를 합류시키도록 권고하고 있습니다. 두 벽난로 간의 상호 간섭으로 인한 연기의 역류를 방지하기 위해서이지요. 보통 4층 높이의 복합 건물에서 적용되는 권고사항이라 볼 수 있습니다.

굴뚝의 변형과 파손

굴뚝이 변형되거나 파손되는 원인은 여러 가지가 있습니다. 우선 외기에 의한 냉각이나 급격한 온도 변화가 가장 큰 원인 중 하나입니다. 벽난로가 외기에 의해 냉각되면 굴뚝에 가까운 부분과 화실에 가까운 부분 간에 지나친 온도 차이가 발생하거나 내부 결로가 생길 수 있습니다. 냉각 상태에서 재점화로 인해 급격한 온도 변화가 생기면 구조적인 변형을 일으킬 수 있지요.

두 번째는 단열되어 있지 않은 굴뚝 내부에 결로가 생겨 그을음이 끼고 목초액이 발생하면서 생기는 굴뚝 내부구조의 부식현상입니다. 목초액은 강한 산성인데 주로 굴뚝 라이닝이나 굴뚝 조적접합부 틈으로 새어 들어가 장기적으로 부식을 진행시키지요. 만약 실내로 노출된 굴뚝이 부식되면 이곳으로 치명적인 가스가 새어나올 수 있습니다. 이러한 문제를 예방하기 위해 굴뚝 단열과 이삼중 구조는 절대 빼놓아서는 안 됩니다. 단지 시공비를 아끼려거나 안이한 작업으로 홑겹의 적벽돌로 굴뚝을 세우거나 연통을 끼우는 경우가 있는데 절대 해서 안 됩니다.

굴뚝 결로를 막기 위해서는 우선 1년 이상 충분히 건조시켜 수분 함유량이 14% 이내의 잘 마른 장작을 사용하는 것이 무엇보다 중요합니다. 사실 결로는 화실 하부의 공기 유입부가 지나치게 습기가 많은 낮은 곳으로 개방되어 있을 경우 많이 발생합니다. 차갑고 무거운 공기는 밑으로 내려가고, 습기 많은 공기는 당연히 더 낮은 곳으로 내려앉습니다. 이 습기 많은 공기를 흡입한다면 아무리 잘 마른 장작을 사용한다 해도 연소가스에 많은 습기가 섞일 수밖에 없겠지요. 굴뚝 결로에 영향을 미치는 요소는 이 밖에도 장작받침의 크기, 벽난로 하부 노상의 높이, 열기통로의 크기와 길이, 벽난로 벽체의 두께, 굴뚝 단열 정도, 굴뚝의 높이, 화실 연소 온도, 공기 중 습도, 장작의 수분 함유량, 배출되는 연소가스의 온도 등 다양합니다.

▶ **연통을 벽난로 상부에 직접 연결하지 않고 벽돌로 조적한 별도의 하부 구조 위에 연통을 설치한 사례**
이와 같이 별도의 하부를 가진 연통 시공은 벽난로의 균열을 방지한다.

현대 벽난로에는 벽돌을 조적하여 굴뚝을 설치하는 경우는 매우 드뭅니다. 이삼중의 벽돌로 조적하여 지붕을 뚫고 굴뚝을 시공하는 일은 비용도 많이 들고 까다로운 작업이기 때문이죠. 특히 벽돌조적 굴뚝은 상당한 하중을 벽난로에 가하게 되는데 굴뚝의 무게 때문에 종종 벽난로 구조에 균열이 발생하는 경우가 생깁니다. 이 때문에 하중이 많이 나가는 석조 또는 벽돌 조적조 굴뚝을 설치할 때는 벽난로 위에 곧바로 세우지 않고 굴뚝 하부의 지면 또는 방바닥과 접하는 별도의 굴뚝 기초를 만들고 이 위에 굴뚝을 쌓아올려야 합니다. 현대에는 주로 녹이 슬지 않고 내열성과 내산성을 갖는 스테인리스 재질의 다중 단열연통을 주로 사용하는데 비교적 시공이 편리하고 가볍다는 장점이 있습니다. 하지만 일반 연통에 비해 m당 10~15만 원 이상의 고가입니다.

굴뚝댐퍼 Damper

기능과 용도가 가장 잘못 이해되고 있는 장치는 굴뚝이나 연통에 부착된 댐퍼 Damper입니다. 댐퍼의 용도를 화력 조절, 즉 연기 배출구를 여닫아서 공기 흡입을 조절할 수 있고 그에 따라 화력을 조절하는 용도로 사용하는 사람이 많은데 잘못된 습관입니다. 벽난로나 화목난로에 불이 있는 동안 댐퍼를 닫으면 자칫 연통을 통해 충분히 빠져나가지 못한 유독 가스가 실내로 역류할 수 있습니다. 화력의 조절은 공기조절구로 해야 마땅합니다. 사실 굴뚝이나 연통의 댐퍼는 화실 안의 불이 완전히 꺼진 후에 벽난로 내부의 열기가 빠져나가지 않게 하는 데 사용해야 하지요. 반대로 화실의 불이 꺼진 후에 굴뚝을 통해 차가운 바람과 냉기가 거꾸로 들어와 벽난로 내부를 냉각시키지 않도록 해줍니다. 특히 러시아의 시베리아는 겨울철 기온이 영하 40℃까지 떨어지기 때문에 종종 이중 댐퍼를 장착하여 냉기의 침투를 막곤 합니다.

'T'형 러시아 페치카 단별 조적도

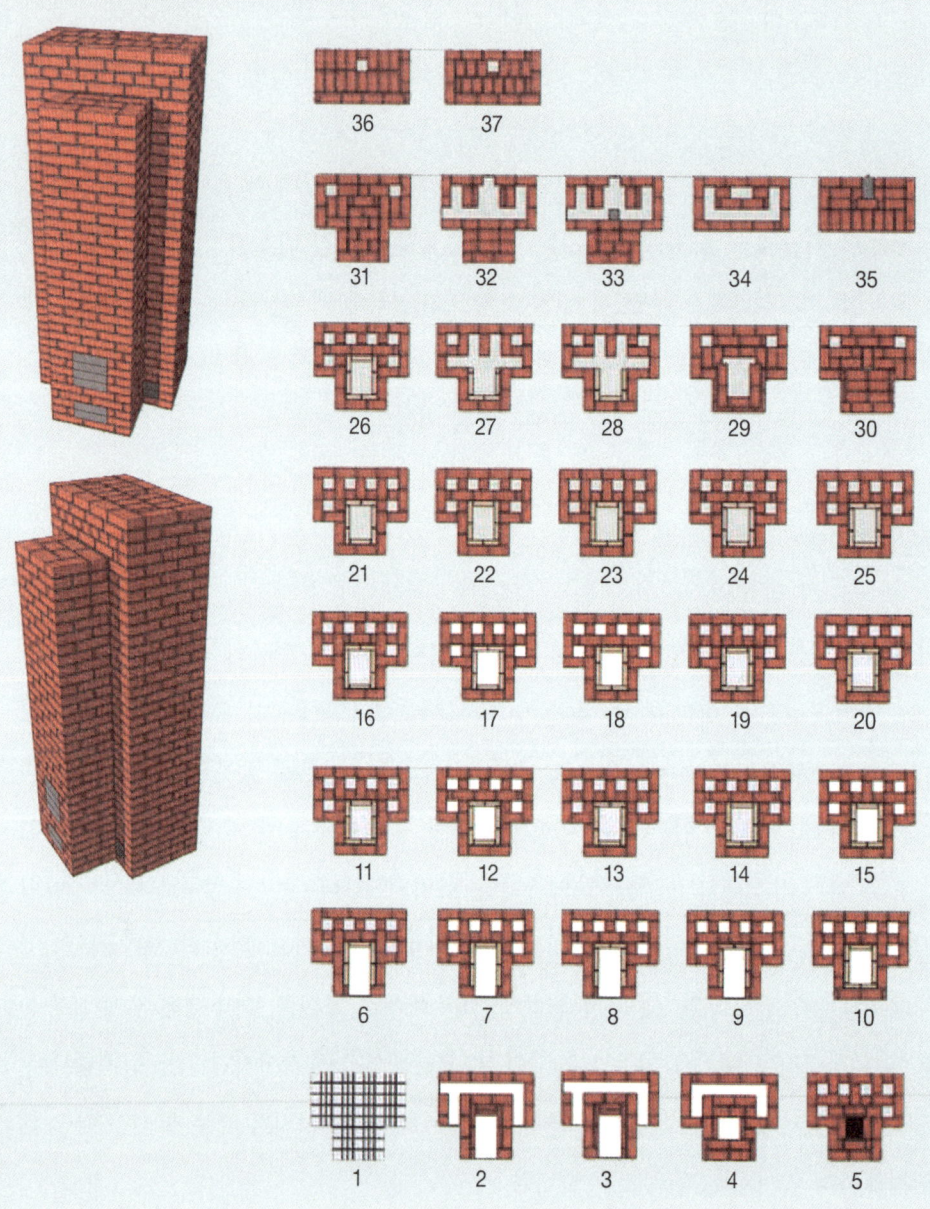

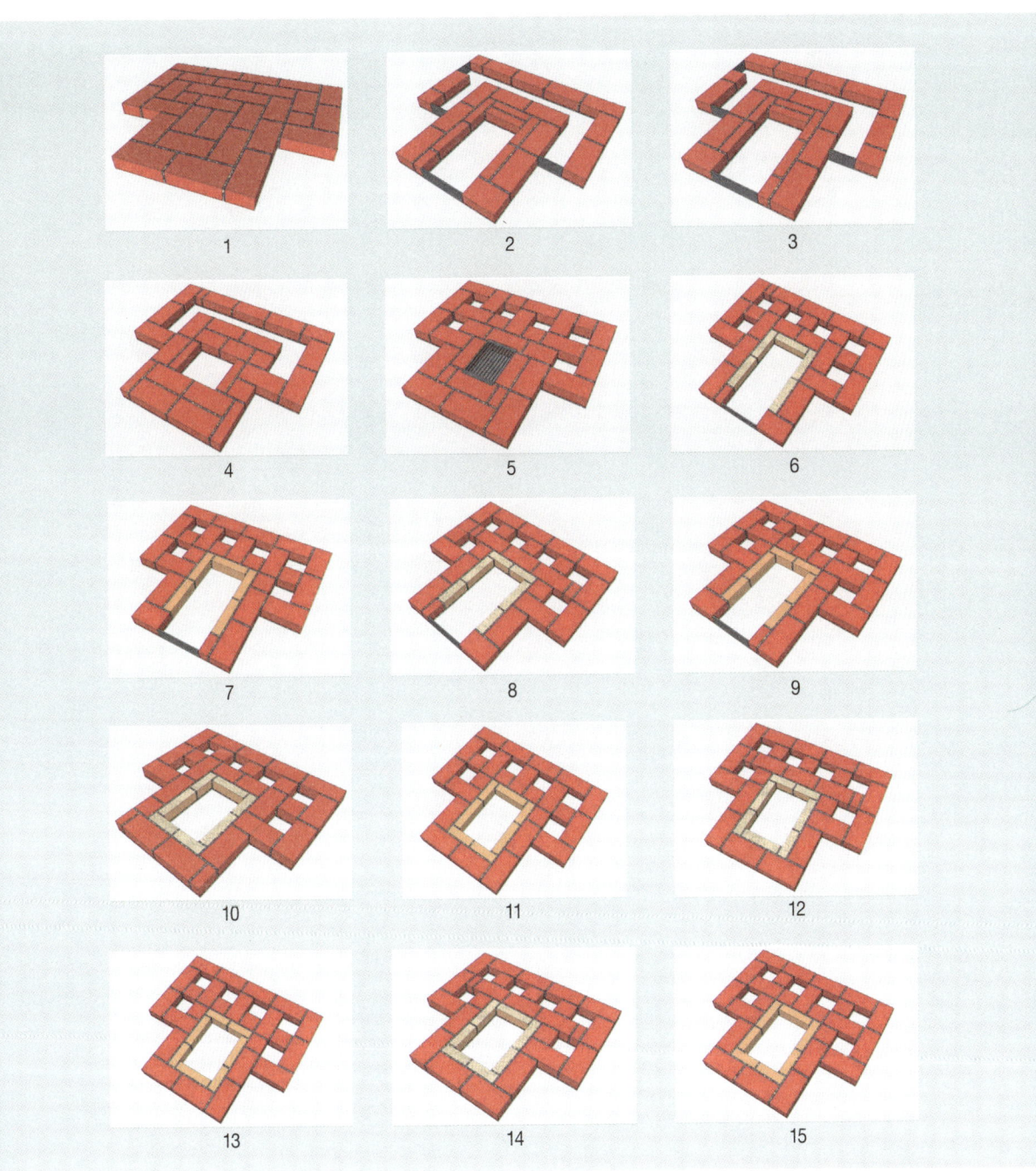

제23장 | 꼭 알아두어야 할 굴뚝(연통) 상식

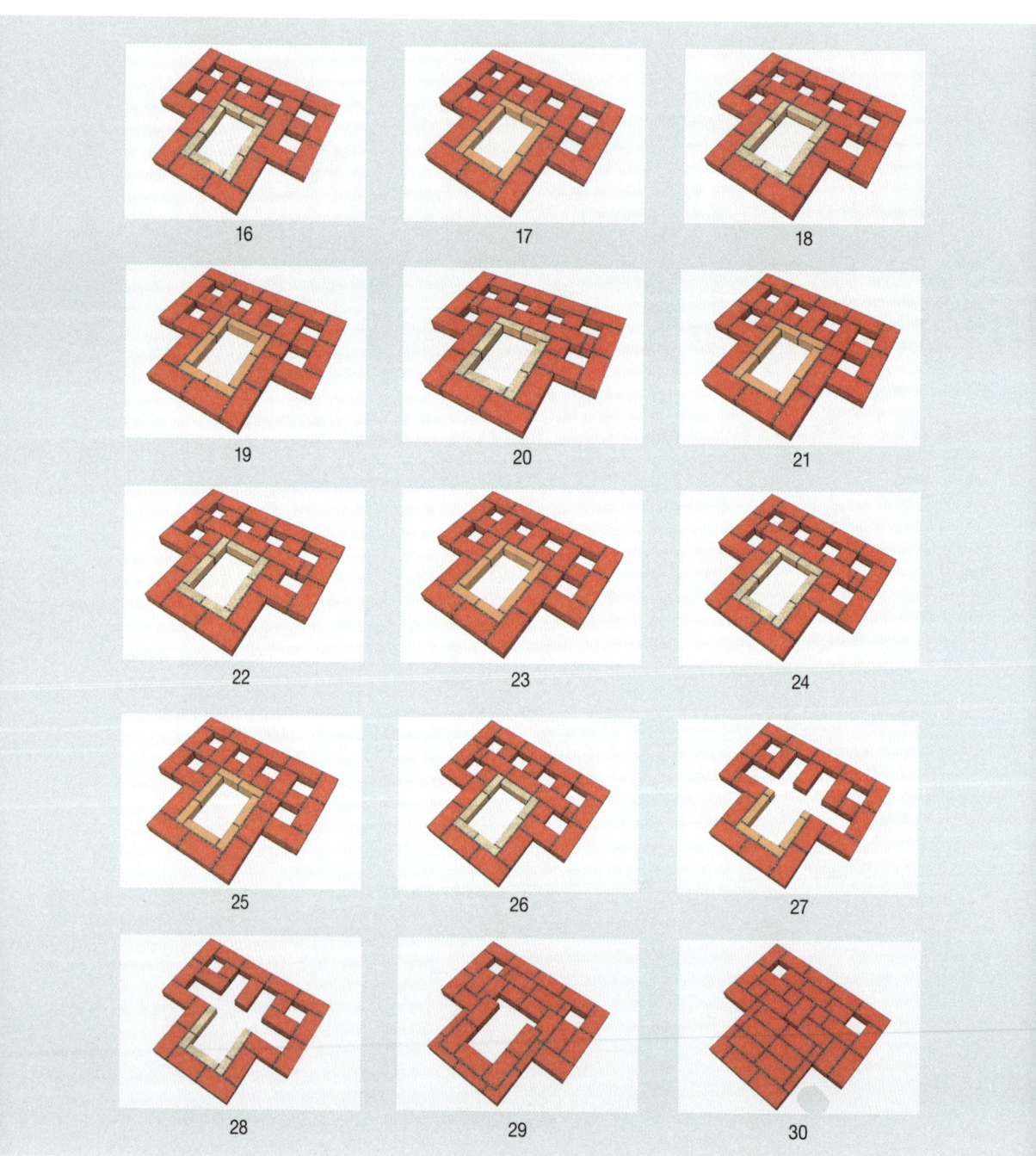

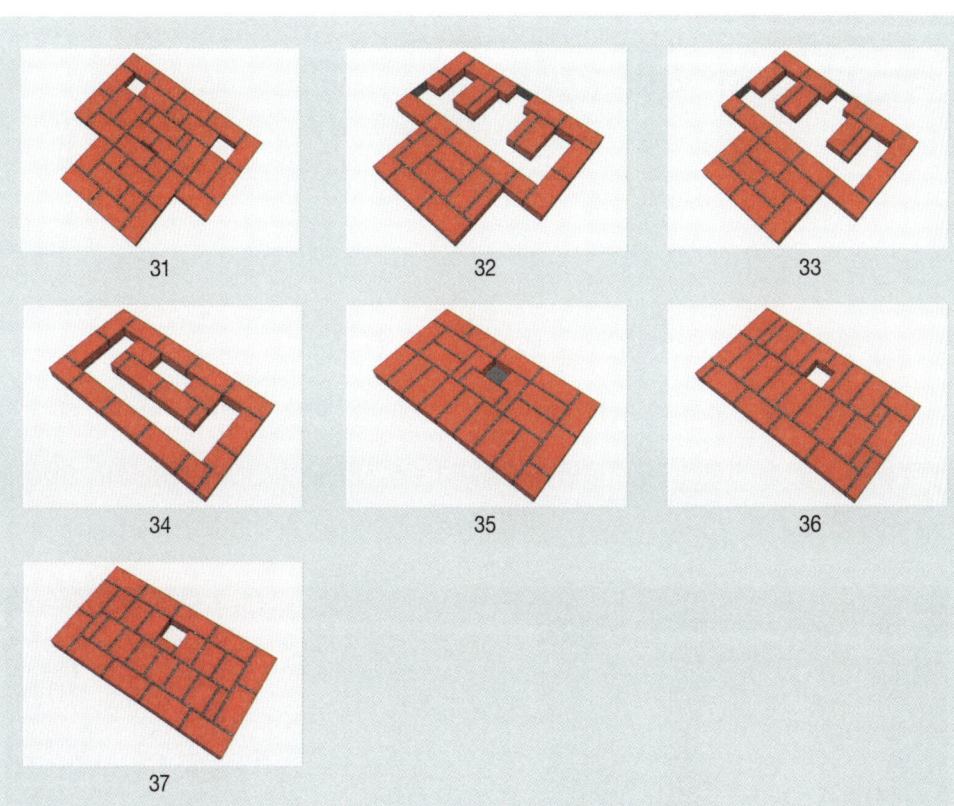

제23장 | 꼭 알아두어야 할 굴뚝(연통) 상식

24 벽난로의 사용과 관리

벽난로는 철제 난로가 아닙니다. 만약 벽난로 시공을 방금 마쳤다면 곧바로 화실에 장작을 넣고 불을 지피기 전, 사용할 때 몇 가지 주의사항을 유념해야 하는데요. 여기서 언급하는 사항들을 간과한다면 비싼 돈을 들여 만든 벽난로는 겨울이 지나기 전에 어딘

▶ 석회미장과 타일로 외장 마감한 벽난로

가에서 가스가 새거나 연기가 역류할 수 있습니다.

2주 이상 자연건조 후 사용

시공을 방금 마친 벽난로의 내부는 상당한 양의 습기를 머금고 있습니다. 내화본드나 내화몰탈의 수분을 내화벽돌이 빨아들여 축축하게 젖어 있는 것이죠. 외장 벽돌도 몰탈이나 미장 반죽의 수분으로 인해 상당한 양의 습기를 포함하고 있습니다. 이 때문에 만약 2주 이상 자연건조시키지 않고 불을 지피면 4가지 주요한 문제가 생깁니다. 첫 번째 문제는 강제로 높은 열을 가하면 너무 빨리 몰탈이나 내화본드의 수분이 증발하면서 접착력이 약화되는 것이죠. 두 번째는 충분한 접착이 이뤄지지 않은 상태에서 높을 열을 가하면 내부구조가 열팽창할 때 쉽게 균열을 일으킬 수 있습니다. 세 번째는 내화본드가 급격히 건조되면서 습기와 함께 규사 성분이 빠져나오는데 서리와 같은 침상의 결정체가 내부 통로에 끼게 됩니다. 이 규사 결정체와 그을음이 결합하면서 내부 열기통로가 막히지요. 네 번째는 완전히 건조되지 않은 상태에서 불을 지피면 습기가 많은 연기가 발생하며 이 때문에 걸로, 즉 목초액이 흐릅니다. 만약 새청소구나 재섬검구, 연통 하부에 목초액이 외부로 흘러나오면 더러워질 뿐 아니라 악취가 쉽게 가시지 않습니다.

불가피하게 시공을 마친 벽난로를 빨리 건조해야 할 때는 반드시 화실의 1/4 이상 화목을 넣지 않은 상태에서 불을 지펴 건조시켜야 합니다. 이 경우에도 하루에 2번 이상 불을 지피지 말아야 하고 처음엔 1/8, 그 다음엔 1/7, 그 다음엔 1/6과 같은 방식으로 화실에 투입하는 장작의 양을 조금씩 늘려나가되 이때에도 완전히 건조될 때까지 1/4 이상을 넘지 말아야 합니다. 즉 과열시키지 않고 낮은 열로 천천히 건조시켜야 합니다.

▶ 단순하고 깔끔한 디자인의 독일식 벽난로

초기 축열과 열 반응시간을 이해하라

　한 번 더 강조하지만 축열식 벽난로는 철제 화목난로가 아닙니다. 불이 꺼지면 계속 장작을 추가로 집어넣어야 하는 철제 난로와 달리 축열식 벽난로는 하루에 최대 2~3회 이상 불을 지펴서는 안 됩니다. 구들처럼 하루에 아침저녁으로 두 번 불을 피우면 되지요. 화실에 불을 지피고 곧바로 두꺼운 축열식 벽난로 몸체를 통해 열이 발산되기를 기다리는 어리석은 생각은 버려야 합니다. 그래서 당장 몸체가 뜨거워지지 않는다고 계속 추가로 장작을 넣어 화력을 높이려고 하지도 말아야 합니다. 화실에서 발생한 열기가 내

▶ 축열의자 위를 벽돌로 마감하고, 외장을 색토로 미장한 유럽형 벽난로

부구조에 축열된 후 외장으로 전도되어 실내로 열 발산이 이뤄지기까지 적지 않은 시간이 걸리지요. 화실에 불을 붙인 후 외부 벽체로 열이 발산하는 데까지 걸리는 시간을 열 반응시간이라 합니다. 열 반응시간은 벽난로 화실의 크기, 구조, 외장의 두께에 따라 다릅니다. 만약 초겨울 처음으로 벽난로에 불을 지폈다면 더더욱 열 반응시간은 늦지요. 벽난로 몸체에 처음으로 열을 저장하는 데 걸리는 시간이 늦기 때문인데 이때 처음으로 벽난로 몸체에 저장되는 열을 초기 축열이라 합니다. 규모가 큰 벽난로의 경우는 초기 축열에 3일 이상 걸리는 경우도 있지요. 보통은 하루나 이틀 정도 초기 축열 과정을 거칩니다. 구들도 초겨울 처음 불을 지필 때는 충분한 시간 동안 열을 가해주어야 방이 따뜻해집니다. 벽난로도 마찬가지입니다. 초기 축열 과정이 끝난 후에는 손실된 열량만큼만

보충해주면 되기 때문에 조금만 장작을 넣어도 외벽을 통해 열 발산, 즉 열반응이 일어나지요. 초기 축열을 할 때도 절대 과열시켜서는 안 됩니다. 시간이 걸리더라도 오랜 시간 아주 조금씩 화력을 높여가며 가열해야 합니다. 다시 한 번 강조하지만 과열은 절대 금물입니다. 과열은 균열의 가장 직접적인 원인입니다.

1년에 2회 재점검구 청소, 5년마다 종합 점검

벽난로는 철제 난로와 다르게 많은 열을 몸체에 저장하기 때문에 낮은 온도로 연기가 배출됩니다. 이 때문에 연통으로 고온의 열기가 빠져나가는 난로에 비해 쉽게 굴뚝(연통)

이나 열기통로 내부에 그을음과 목초액이 엉겨 붙어 막히거나 많은 재가 내부에 쌓일 수 있습니다. 내부가 막히면 가스압이 높아져 실내로 연기가 역류하거나 화력이 약해지지요. 이 때문에 최소 1년에 2회 정도 연통, 열기통로의 재점검구를 열어 재를 긁어내야 합니다. 생각보다 많은 양의 재가 내부에 쌓이거나 그을음이 엉기기 때문이지요. 연통은 언제나 재청소가 편리한 구조로 설계되어 있어야 합니다. 스위스나 오스트리아에서는 5년마다 벽난로를 종합적으로 점검하여 내부의 막힌 곳이나 부식이 일어난 곳들이 없는지 점검하고 보수하고 있습니다.

▶ 일반 벽돌로 외장을 마감한 북미식 벽난로

함수율 18% 이하 장작 사용은 필수

화목난방에 사용되는 장작은 함수율이 18% 이하여야 합니다. 잘 마른 나무는 맞부딪혔을 때 텅텅 쇳소리와 비슷한 소리가 납니다. 불이 오래가는 것이 좋다고 습기가 많은 생나무를 그대로 화실에 넣는 이들이 예상 외로 많은데요. 불은 오래갈지 모르지만 화력은 낮고 벽난로나 연통은 그을음과 목초액으로 인해 결국 막히게 된답니다. 보통 생나무는 함수율이 45~60% 정도인데 잘 마른 나무에 비해 사용할 수 있는 열에너지는 절반 정도에 지나지 않습니다. 갓 베어낸 활엽수라면 비를 맞지 않는 장소에 최소 2년 이상 건조한 후 사용하고, 침엽수종이라면 최소 1년 이상 건조한 후 사용하는 것이 좋지요.

화목의 최적 함수율은 14% 정도입니다. 니스 칠을 했거나 합성목재, 합판 등은 화목으로 사용해서는 안 됩니다. 연소 장치의 수명에 영향을 미칠 뿐 아니라 대기환경을 오염시키고 건강에 유해한 독성물질을 배출하니까요. 유럽의 경우 모든 처리된 가공 목재의 화목 사용이 금지되어 있습니다. 장작은 가능하면 통나무를 그대로 화실에 넣는 것보다는 잘게 자르고 쪼개어 넣는 것이 고온청정 연소에 도움이 됩니다.

▶ 오븐실과 타일마감 축열의자가 있는 유럽형 벽난로

고온청정 연소

만약 장작이 깨끗하게 연소된다면 굴뚝이나 연통에 연기가 보이지 않아야 합니다. 검은 연기는 불완전연소의 증거이고 흰 연기는 습기가 많다는 증거이죠. 고온청정 연소란 나무가 가지고 있는 열에너지를 최대한 뽑아낼 뿐 아니라 유독성 물질이나 분진, 휘발성 가스 등 대기를 오염시킬 수 있는 잔여 물질이 배출되지 않는 연소입니다. 즉 일산화탄소, 질소산화물, 유기탄소와 미세입자의 연기를 통한 배출량이 낮아야 합니다. 보통 나무 질량의 80%는 휘발성 화합물이며 열이 가해지면 나무가스의 형태로 분출되지요. 이들 나무가스는 나무가 가지고 있는 에너지의 60%를 차지합니다. 숯불 등 불씨가 나머지 30%를 차지하고요. 고온청정 연소를 위해서는 앞에서 언급했듯이 나무를 잘 건조시켜야 합니다. 장작에 포함된 습기는 냉각시키는 경향이 있기 때문에 고온 연소를 방해합니다.

고온청정 연소를 위해서는 점화단계에 따라 적절하게 공기량을 단계적으로 조절해야 하는데요. 초기 착화시에 가장 많은 공기가 필요하고 화실 내 온도가 상승하면 공기량을 줄여야 합니다. 지나치게 많은 공기의 공급은 도리어 화실을 냉각시키고 고온 연소를 방해하니까요. 나무에 포함된 다양한 휘발성 나무가스가 모두 적절하게 점화할 수 있는 충분한 온도는 최소 650℃이고, 적절한 최고 연소 온도는 850℃입니다. 만약 1,000℃가 넘으면 질소산화물이 발생합니다.

참고 사이트

미국

http://www.epa.gov/burnwise/　미국 환경청 화목난방 지침
http://www.nficertified.org/　미국 국립벽난로연구소
http://www.wiseheat.com/　미국 미시간주 바이오매스 에너지 지침
http://www.csia.org/　미국 굴뚝안전연구소
http://www.allpowerlabs.com/　미국의 소규모 나무가스화 열병합발전기연구소
http://www.hearth.com/　화목난로 제품의 선택 정보 제공
http://www.masonryheaters.org/　미국 벽난로-오븐전문가연맹
https://mainewoodheat.com/　미국 메인주의 유서 깊은 벽난로 가족기업

캐나다

http://heatkit.com/html/lopez.htm　캐나다 최대의 벽난로연구소
http://www.mha-net.org/　북미 벽난로협회
http://woodheat.org/　캐나다 화목난방 지침 정보 제공
http://www.pyromasse.ca/　캐나다의 주요 벽난로 시공업체
http://www.fireplacesandwoodstoves.com/　캐나다 온타리오 화목난로, 벽난로 온라인가이드

러시아

http://pechka.su/　러시아 페치카의 역사
http://www.pecheklad.ru/　모스크바 난로·벽난로 길드
http://www.pechsovet.ru/　러시아 벽난로·난로 동업협동조합 포럼
http://forum.stovemaster.ru/　러시아 난로·벽난로 장인들의 포럼
http://www.stroiteli.info/forum.php/　러시아 벽난로·화목난로 포럼
http://pechkiinfo.ru/　러시아의 화목난로, 벽난로, 사우나, 바비큐에 대한 종합 정보 제공
http://www.kamin-trofimov.ru/　러시아 벽난로, 바비큐에 대한 종합 정보 제공
http://sam-stroy.info/pechi/　러시아 난로·벽난로 정보 포럼
http://pechi.ws/　러시아 페치카에 대한 종합 정보 제공
http://atibadom.ru/　러시아 벽난로, 난로 시공 정보
http://stove.ru/　크즈네쵸프의 종탑형 벽난로 사이트
http://sdelaipech.ru/　알렉산더 자우츠키의 페치카 자가 제작 블로그

http://fireplace.su/ 모스크바의 페치카, 화목난로 전문 무역상

독일

http://www.holzvergaser-forum.de/ 독일의 나무가스화 포럼
http://www.kaminholz-wissen.de/ 독일 화목난로 지식 포털
http://www.grundofen.de/ 독일 알고이 지역의 벽난로 기업

오스트리아, 스위스

http://www.ofenkachel.at/ 오스트리아 타일 벽난로 사이트
http://www.kachelofenverband.at/ 오스트리아 타일벽난로협회
http://www.bioenergy2020.eu/ 오스트리아 바이오매스에너지 2020 연구 프로젝트
http://www.holzenergie.ch/ 스위스 목재에너지협회

프랑스

http://www.poele-de-masse.pro/ 프랑스 벽난로 장인 Vincent Pirard의 사이트
http://poeleflexoplus.unblog.fr/ 프랑스 플렉소오븐 블로그
http://www.deomturbo.com/ 프랑스 TLUD 화목난로 제조업체

영국, 스코틀랜드

http://www.stovesonline.co.uk/ 영국 화목난로 전문 시공·판매업체
http://www.ceramicstove.com/ 영국의 타일 벽난로 시공업체
http://www.stovemason.com/ 스코틀랜드 주요 벽난로 시공업체

핀란드, 체코

http://www.uuninmuuraaja.fi/ 핀란드 벽난로 장인 Jaakko Moilanen의 사이트
http://www.kaakelitehdas.fi/ 핀란드의 타일 벽난로 기업
http://www.pece-kamna-sporaky.cz/ 체코 벽난로 기업

스웨덴, 덴마크, 네덜란드

http://www.isander.se/ 스웨덴 타일 벽난로 장인 Valter Pettersson의 사이트
http://stenovne.dk/ 덴마크 벽난로 시공업체
http://www.vuurmeesters.com/ 네덜란드 벽난로 기업
http://www.tempcast.com/ 북유럽에서 설립된 세계적인 벽난로 기업

내화물, 벽돌

http://www.gobrick.com/ 국제 벽돌산업협회
http://www.masonryinstitute.org/ 미국 벽돌연구소
http://www.kfbma.org/ 한국 내화건축자재협회

기타

http://www.green-trust.org/wood_heat.htm 그린트러스트 화목난방 사이트
http://www.forgreenheat.org/ 청정, 지속가능, 지역 녹색난방 촉진 사이트
http://www.coach-bioenergy.eu/ 유럽연합의 유럽 중부지역 바이오매스 프로젝트 사이트
http://stoves.bioenergylists.org/ 개량 바이오매스 화덕 정보 사이트
http://www.hedon.info/ 가정용 에너지 네트워크 사이트
http://biomassmagazine.com/ 바이오매스 매거진 사이트
http://www.fireplacesmagazine.com/ 벽난로 온라인 잡지 사이트
http://www.antiquestoves.com/ 골동품 화목난로 사이트
http://www.makistove-museum.com/ 일본 화목난로 박물관 사이트